공동주택과 커뮤니티

안옥희 · 서지은 · 강혜경

신정

머리말

흔히 주택은 인간의 삶을 담는 그릇이라고 한다. 이는 주택이 단순한 공간일 뿐만 아니라 인간의 라이프스타일을 담는 중요한 삶의 도구이기 때문이다. 즉, 크기, 형태, 재질 등 그릇의 특징에 따라 담기는 내용물이 달라지듯, 주택의 특성에 따라 그 속에서 살아가는 우리의 삶, 특히 행복지수와 같은 삶의 질이 달라진다. 따라서 주택은 우리의 삶에 매우 중요한 환경이다.

우리나라는 전통적으로 한 가족(세대, 가문)이 독립된 하나의 주택에서 생활하였다. 그러나 현재 우리나라 주택의 75%는 일부 공간을 다른 가족과 공동으로 사용하는 공동주택이다. 즉, 현대사회의 우리나라 주택의 대표적인 유형은 공동주택이다. 단독주택에서의 주생활은 기본적으로 가족생활을 바탕으로 한다면, 공동주택에서의 주생활은 가족뿐만 아니라 이웃, 마을, 도시에서의 생활까지 그 영향을 받는다. 따라서 단위주호계획을 중심으로 한 단독주택계획과는 달리 공동주택계획에서는 반드시 거주자의 생활을 다루는 커뮤니티계획이 포함되어야 한다.

이에 본 필자들은 〈공동주택과 커뮤니티〉라는 주제로 본 저서를 집필하였다. 본 저서는 총 5장으로 구성하였다. 1장은 공동주택계획의 기초적 내용으로, 주택의 유형, 공동주택의 개념, 생활권과 근린생활권 그리고 개발형태에 대한 것이다. 2장은 우리나라와 외국의 공동주택 변천에 대한 내용이다. 3장은 공동주택계획의 요소와 과정에 관한 것으로, 공동주택단지의 기본 요소, 공동주택단지의 세부계획, 공동주택단지 개발의 과정, 그리고 계획의 사례에 대한 내용이다. 4장은 커뮤니티계획과 재생, 5장은 공동주택과 관리행정에 대한 내용이다. 이러한 구성은 과거의 공동주택에 대하여 알아보고, 현재의 공동주택계획에 필요한 사항을 익히며, 나아가 인간 중심의 공동주택, 주변 환경을 고려한 공동주택, 미래의 창의적인 공동주택계획에 필요한 내용을 고려한 것이다.

본 저서는 주거학, 건축학, 도시공학, 부동산학 등, 관련 전공자들이 단독주택계획에 대한 공부를 한 후 접하는 것이 학습효과를 높일 수 있을 것으로 생각하여 단위주호계획에 대한 내용은 포함하지 않았음을 미리 밝힌다. 또한 본 저서를 집필함에 많은 분의 도움이 있었다. 먼저 본 저서의 내용은 많은 학자들의 연구결과를 바탕으로 한 것이다. 여기에서 그들의 학구적 열정에 경의를 표한다. 그리고 2개 학기 3개 과목의 대학원 수업을 통하여 본 저서의 구성과 내용에 필요한 자료를 얻었다. 이에 수업에 참여한 많은 대학원생들에게 고마움을 전한다. 마지막으로 신정 출판사의 최용구 사장님을 비롯한 편집부의 수고에 감사드리며, 가족에게 사랑을 전한다.

2014년 3월 저자대표

안 옥 희

Contents

1장 공동주택계획의 기초

1. 주택의 유형과 공동주택의 개념
2. 생활권과 근린생활권
3. 개발형태

1장
공동주택계획의 기초

1. 주택의 유형과 공동주택의 개념

1) 주택의 유형

(1) 단독주택의 유형

① 단독주택

단독주택

단독주택은 한 세대의 주거생활을 위한 것으로, 다른 주택과 연결되어 있지 않은 단일대지 내의 단일주택으로 독립주택(獨立住宅, detached house)이라고도 한다. 즉, 단독주택은 한 세대주가 개인의 소유로 등기를 한, 한 세대의 주거용 주택과 그 부속토지이다. 이는 한 가족 또는 한 가구를 위한 주택으로, 이웃의 간섭을 받지 않고 독자적인 주생활을 할 수 있는 주택유형이다.

단독주택은 기존의 필지별 공급방식에서는 자연지형을 적극적으로 활용하지 못하는 경우가 많아 도로 등 기반시설의 훼손 및 변형이 발생하기 쉽다. 이 경우 블록형 단독주택단지를 계획하는 것이 좋다. 단독주택단지는 그 형태에 따라 위요(圍繞)형, 쿨데삭(cul-de-sac)형, 선형, 산재형으로 구분할 수 있다. 위요형은 단지의 외곽을 각 필지가 감싸는 형태로 단지 출입구가 하나이므로 거주자의 공동체의식을 강화하기 쉽다. 주로 중소형 필지에 적합하다. 쿨데삭형은 단지의 외곽도로에서 각각의 쿨데삭(막다른 골목)을 통해 접근이 이루어지므로 통과교통을 배제할 수 있어 비교적 독립된 생활이 가능하다. 주로 대형 필지에 적합하다. 선형은 주택의 배치가 선형으로 나열되어 있어 보행자도로를 보행자 전용도로 또는 자전거도로로 활용할 수 있다. 주로 지형적 여건에

■ 쿨데삭(cul-de-sac)
막다른 골목을 뜻하는 프랑스어로 주로 주택단지 내에 설계되는 도로의 한 유형이다. 단지 내 도로의 끝을 막다른 길로 하고 끝에 자동차가 회차 할 수 있는 공간을 주어 설계한 것.

의해 세장형(細長形) 블록이 불가피한 경우에 적합하다. 산재형은 특별한 형태 없이 지형에 따라 주택이 산재해 있으며, 대형필지의 전원주택단지에 적합하다.

표 1-1 단독주택 범위의 변화

1962	1976	1977	1978
▸주택	▸주택	▸단독주택(병용주택)	▸단독주택 ▸공관 ▸하숙
1980	**1988**	**1992**	**1999**
▸단독주택 ▸공관	▸단독주택 ▸공관 ▸다중주택	▸가정보육시설 포함 ▸단독주택 ▸공관 ▸다중주택	▸단독주택 ▸공관 ▸다중주택 ▸다가구주택

② 다가구주택

다가구주택은 여러 가구가 살 수 있도록 건축된 주택으로 각 구획마다 방, 부엌, 출입구, 화장실이 갖추어져 한 가구씩 독립하여 생활할 수 있으나 각 구획을 분리하여 소유하거나 매매(분양)하기는 불가능한 주택이다.

다가구주택

다가구주택은 임대수요를 올리기 위해 기존 단독주택의 방 면적을 줄여 방수를 늘리고, 독립적인 화장실과 부엌을 시설하여 다가구 거처용으로 음성적으로 개조하였던 것을 주택부족 현상을 해소하기 위한 방법으로 양성화한 것이다. 즉, 1989년 12월 〈건축법〉 개정 시 다가구주택에 관한 법령이 제정되었고, 1990년 3월 건교부령으로 건축기준을 제정하였다. 이는 소형임대주택의 건축을 허용하는 것으로서 본격적인 다가구주택의 규모 확장과 건축이 시작된 것이다. 최근에는 저소득층의 주거복지를 위하여 다가구주택 매입임대사업이 시행되고 있다. 이 사업은 도심 내 저소득층이 현재의 생활권에서 현재의 수입으로 거주할 수 있도록 다가구주택 등 기존 주택을 매입해 개·보수한 후 시중 전세가의 30% 수준인 보증금과 월 임대료로 저렴하게 임대하는 것이다.

표 1-2 다가구주택(건축법시행령 별표1 용도별 건축물의 종류)

다가구주택은 다음의 요건 모두를 갖춘 주택으로서 공동주택에 해당하지 아니하는 것을 말한다.

- ▸ 주택으로 쓰이는 층수(지하층을 제외한다)가 3개 층 이하일 것. 다만, 1층 전부를 필로티 구조(일반적으로 지상층에 면한 부분에 기둥, 내력벽(耐力壁) 등 하중을 지지하는 구조체 이외의 외벽, 설비 등을 설치하지 않고 개방시킨 구조)로 하여 주차장으로 사용하는 경우에는 필로티부분을 층수에서 제외한다.
- ▸ 1개 동의 주택으로 쓰이는 바닥면적(지하주차장 면적 제외)의 합계가 660m^2 이하일 것.
- ▸ 19세대 이하가 거주할 수 있을 것.

③ 다중주택

다중주택

다중주택은 학생이나 직장인 등 여러 사람이 장기간 거주할 수 있는 구조로 되어 있고, 독립된 주거의 형태를 갖추지 않은 것으로서 연면적이 330m^2 이하이고 층수가 3층 이하인 주택을 말한다. 즉, 각 실별로 욕실은 설치할 수 있으나, 취사시설은 설치하지 않은 것을 말한다.

표 1-3 다중주택의 개념 변화

년도	내용
1978	▸ 학생 또는 직장인이 장기체류할 수 있는 하숙
1980	▸ 하숙 삭제됨
1987	▸ 다중주택 - 연면적 330m^2 이하, 층수 3층 이하, 20구획 이하 - 구획전용면적: 12~33m^2 이하 - 인접대지 경계선까지 거리: 10구획 이상인 경우 2m 이상
1988	▸ 학생 또는 직장인 등의 다수인이 장기간 거주할 수 있는 구조로 된 주택
2000	▸ 독립된 주거의 형태가 아닐 것 ▸ 연면적이 330m^2 이하이고 3층 이하일 것

④ 공관

공관은 〈건축법〉에 의한 용도별 건축물의 종류상 단독주택에 해당하며, 정부의 관리, 대학의 총장 등이 공적으로 사용하는 주택이다.

공관의 종류는 그 목적에 따라 다양하다. 외교를 목적으로 주한외교관에게 빌려주는 공관은 〈국토의 계획 및 이용에 관한 법률〉에 의하며, 지방정부의 공공청사는 도시 · 군계획시설에 해당된다.

서울시 공관
(백인제 가옥)

(2) 공동주택의 유형

공동주택은 〈건축법 시행령 별표1〉, 〈주택법 제2조, 동법 시행령 제2조〉에서 건축물의 벽 · 복도 · 계단이나 그 밖의 설비 등의 전부 또는 일부를 공동으로 사용하는 각 세대가 하나의 건축물 안에서 각각 독립된 주거생활을 할 수 있는 구조로 된 주택이다.

구체적인 범위로 〈건축법〉에서는 아파트, 연립주택, 다세대주택 및 기숙사로 규정하고 있는 반면, 〈주택법〉에서는 기숙사를 제외한 아파트, 연립주택 및 다세대주택으로 규정하고 있다. 그리고 〈건축법〉에서는 공동주택을 공동주택의 형태를 갖춘 가정보육시설 · 공동생활가정 · 지역아동센터 · 노인복지시설(노인복지주택은 제외) 및 원룸형 주택을 포함하고 있다.

■ 주택(住宅, house)과 주거(住居, housing)는 혼용하여 사용되기도 한다. 그러나 엄밀하게 구분하면 주택은 건물 자체를 뜻하는 물리적인 의미가 강하며, 주거는 주택을 포함한 제반환경 혹은 그 지역에 사는 사람들의 생활이나 문화를 포함하는 포괄적 의미를 지닌다.

① 다세대주택

다세대주택은 1984년의 〈건축법〉 '지하층'에 대한 용어 정의에서 처음 나타난 용어로, 이때는 연면적 330m^2 이하로 규제할 뿐 층수에 대한 기준은 없었다. 현재 다세대주택은 1개동에서 다세대주택으로 사용되는 부분의 바닥면적이 660m^2 이하(지하주차장 면적은 제외), 층수는 4개 층 이하(1층 전부를 필로티 구조로 하여 주차장으로 사용 시 층수산정 제외)로 정의하고 있다.

다세대주택

표 1-4 공동주택 범위의 변화

년도	내용
1962	▸ 공동주택
1976	▸ 연립주택(2층) ▸ 아파트(3층 이상)
1978	▸ 연립주택 ▸ 아파트 ▸ 기숙사
1980	▸ 연립주택 ▸ 아파트
1984	▸ 다세대주택(330m^2 이하, 3층 이하, 2세대 이상) - 용어의 정의에 등장
1988	▸ 다세대주택 ▸ 연립주택 ▸ 아파트
1990	▸ 다세대주택 ▸ 연립주택 ▸ 아파트 - 주택건설촉진법에 의한 분류
1992	▸ 다세대주택 ▸ 연립주택 ▸ 아파트 - 가정보육시설 포함
2000	▸ 아파트 ▸ 연립주택 ▸ 다세대주택 ▸ 기숙사 - 건축법에 의한 분류 ▸ 아파트 ▸ 연립주택 ▸ 다세대주택 - 주택법에 의한 분류

다세대주택은 지하실이 주거용으로 사용될 수 있기 때문에 주거공간이 늘어나며, 좁은 대지를 여러 세대가 사용하므로 토지이용도가 상대적으로 높다. 따라서 주택공급을 확대할 수 있고, 임대가구가 필요에 따라 주거조건을 조정할 수 있다. 그리고 주로 도시외곽에 건설하는 영구임대주택보다 도시 기반시설의 이용이 편리하며, 기존 주거지, 소규모 대지, 개축할 주택 등을 이용할 수 있고, 도시 내의 조각 땅을 이용하여 도시 범위의 확산을 줄일 수 있다.

그러나 고밀화에 의해 슬럼화가 될 가능성이 있으며, 주차장 확보의 어려움으로 주택지 주변의 가로의 혼잡을 초래할 우려가 있다. 또한 소규모 주택업자의 시공 불량으로 부실주택이 양산될 수 있으며, 도시에 인구가 집중되어 추가적인 시설이 요구되기도 한다.

표 1-5 다세대주택의 개념 변화

년도	내용
1984	▸ 연면적 $330m^2$ 이하로서 2세대 이상이 거주할 수 있는 주택(층수 기준 없음) ▸ 지하층의 노출 완화(1/3→1/2)
1985	▸ 연면적 $330m^2$ 이하로서 3층 이하 ▸ 2~9세대 ▸ 건축면적 완화(외부계단의 끝부터 1m 후퇴한 선으로 둘러싸인 부분만 건축면적 산입)
1986	▸ 인접대지까지: 발코니 외부계단으로부터 2m 이상(개구부 없는 측벽은 1m) ▸ 2층 이하(주변에 영향이 적은 경우는 3층 이하) ▸ 주변 30m 이내에 단독주택이 70% 이상일 경우 평균층수 이하, 세대당 면적도 평균면적의 70% 이상, 6세대 이하로 권장
1987	▸ 구획전용면적: $20m^2$ 이상
1988	▸ 연면적 $330m^2$ 이하이고 3층 이하
1990	▸ 동당 연면적 $660m^2$ 이하이고 4층 이하
2000	▸ 1개동의 주택으로 쓰이는 바닥면적 $660m^2$ 이하(지하주차장 면적은 제외) ▸ 층수는 4개 층 이하(1층 전부를 필로티로 주차장 사용 시 층수 산정 제외)

② 연립주택

〈건축법〉에 연립주택이라는 용어가 등장한 것은 1976년도이다. 이때는 정확한 규정은 없었고, 다만 아파트를 3층 이상으로 규정하고 있어 연립주택은 2층 이하로 유추 해석하였다. 현재는 다세대주택처럼 1개동에서 연립주택으로 사용되는 부분의 바닥면적이 $660m^2$를 초과하고, 사용되는 층수 또한 4층 이하(1층 전부를 필로티로 주차장 사용 시 층수산정 제외)로 완화되어, 사실상 아파트형 연립주택의 건립이 가능하다. 즉, 연립주택은 1~2층으로 된 독립주택을 수평방향으로 연결시킨 공동주택으로 각 주호마다 독립된 대지를 갖고 있으며, 연결된 주호수와 층수에 따라 2호 2층 연립주택, 6호 단층 연립주택 등으로 호칭된다.

연립주택

법규상으로는 한 동의 건축연면적 660m^{2}를 초과하는 4층 이하의 공동주택을 말한다.

연립주택에는 테라스하우스(terrace house), 타운하우스(town house), 로우하우스(low house), 중정형하우스(patio house, court yard house) 등이 있다.

표 1-6 연립주택의 종류

종류	특징
테라스 하우스	▸ 경사지에서 자연 지형에 따라 건물을 테라스형으로 축조하는 것으로 각호마다 전용의 뜰(정원)을 갖는다.
타운 하우스	▸ 프라이버시 확보를 위해 인접주호와의 사이에 경계벽 설치를 연장한다. ▸ 각 주호마다 자동차의 주차가 용이하다. 단, 클러스터(cluster)인 경우는 입구 정원 근처에 공동 주차시킬 수 있도록 한다.
로우 하우스	▸ 단독주택보다 높은 밀도를 유지할 수 있으며 공동시설도 적절히 배치할 수 있어 도시형 주택의 이상형이다.
중정형 하우스	▸ 보통 한 세대가 한 층을 점유하는 주거형식으로 중정을 향하여 L자형으로 둘러싸고 있다. ▸ 입구의 연속적인 효과를 위해 도로나 공공 보도에 면해 중정을 배치시켜 중정이 입구가 되게 한다. ▸ 놀이, 휴식, 수영장 등 커뮤니티 시설이나 오픈스페이스를 확보하기 위하여 한 세대를 제거할 수 있다.

표 1-7 연립주택의 개념 변화

년도	내용
1976	▸ 2층 이하
1990	▸ 동당 연면적 660m^{2}를 초과하는 4층 이하
2000	▸ 1개동의 주택으로 쓰이는 바닥면적 660m^2 초과(지하주차장 면적은 제외) ▸ 층수는 4층 이하(1층 전부를 필로티로 주차장 사용 시 층수산정 제외)

표 1-8 다세대주택-다가구주택-연립주택

구분		다세대주택	다가구주택	연립주택
도입 시기		1984	1990	1976
분양유무		○	×	○
연면적	1984	330m² 이하	-	330m² 초과
	1990	660m² 이하	660m² 이하	660m² 초과
층수	1976	-	-	2층 이하
	1985	3층 이하	-	3층 이하
	1990	4층 이하	3층 이하	4층 이하
	1999	4개 층 이하	3개 층 이하	4개 층 이하
일조기준 (인접지까지의 거리)	1986	2m 이상	-	1/2H 이상
	1990	2m 이상	1m 이상	1/2H 이상
	1999	1m 이상	1m 이상	1/2H 이상

③ 아파트

우리나라에서 법적으로 아파트라는 용어는 1976년 처음 사용되었으며, 높이는 3층 이상으로 규정하였다. 그 후 1990년에 5층 이상을, 2000년에는 아파트로 사용되는 층수가 5개 층 이상으로 규정하고 있다. 이때 층수를 산정할 때 1층 전부를 필로티 구조로 하여 주차장으로 사용하는 경우에는 필로티 부분을 층수에서 제외한다.

아파트는 도시의 인구밀도가 증가함에 따라 도심지의 상업지역화, 지가상승, 불량주택지 발생의 해결방안으로 대두되었다.

아파트는 평면형식에 따라 계단실형, 편복도형, 중복도형, 집중형으로 구분할 수 있다.

아파트

■ 필로티(pilotis)

건물 상층을 지탱하는 독립기둥으로 1층을 거의 기둥만으로 한 층이 되게 하고 주위의 지반면과 연속시켜, 건물로 지상을 점유하지 않고 지상의 교통을 방해하지 않는 것이 특징이다.

표 1-9 아파트의 개념 변화

년도	내용
1976	▸ 3층 이상
1990	▸ 5층 이상
2000	▸ 5개 층 이상(1층 전부를 필로티로 주차장 사용 시 층수산정 제외)

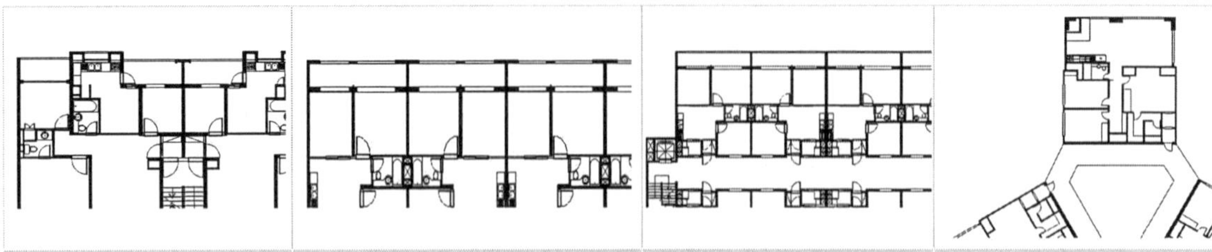

계단실형	편복도형	중복도형	집중형

그림 1-1 아파트 평면형식

표 1-10 평면형식에 따른 아파트의 분류

구분	특징
계단실형	▸ 계단실이나 엘리베이터 홀에서 직접 각 주호에 들어가는 형식 ▸ 통행부의 면적이 작으므로 건물의 이용도가 높다. ▸ 고층이면 엘리베이터를 설치해야 하므로 시설비가 많이 든다. ▸ 독립성이 좋다. ▸ 출입이 편리하므로 쉽게 도달할 수 있다.
편복도형	▸ 계단 또는 엘리베이터로 각층에 연결되고 각 복도에 의해 각 주호로 출입할 수 있게 한 형식 ▸ 복도 개방 시 각 주호의 거주성이 좋다. 단 방범이 소홀할 수 있다. ▸ 프라이버시는 좋지 않으나 고층 아파트에 적합하다. ▸ 통풍, 채광이 양호하다. ▸ 고층이면 난간을 높게 해야 한다.
중복도형	▸ 편복도형과 유사하나 복도 양측에 각 주호가 배치된 형식 ▸ 부지의 이용률이 높다. ▸ 프라이버시가 나쁘고 시끄럽다. ▸ 통풍, 채광상 불리하다. ▸ 복도의 면적이 1.8~2.1m로 넓다.
집중형	▸ 엘리베이터, 계단 등을 중앙에 배치하고, 그 주위에 각 주호를 집중시키는 형식 ▸ 부지의 이용률이 높고 많은 주거를 집중시킨다. ▸ 가장 컴팩트한 평면형으로, 고층의 경우 구조, 공비의 면에서 유리하다. ▸ 중앙이나 그 주위에 설비를 집중시킬 수 있다. ▸ 프라이버시가 매우 나쁘며 통풍, 채광이 불리하다. ▸ 복도의 환기 등을 해결하기 위해 고도의 설비시설을 해야 한다.

④ 주상복합아파트

주상복합아파트

주상복합아파트는 주거공간과 상업공간이 복합된 건물이다. 보통 지상 2~4층은 상업공간이고 5층 이상은 주거공간인데, 2003년부터 주거면적이 70% 이하로 조정되었다. 아파트는 〈주택법〉의 적용을 받으나 주상복합아파트는 오피스텔과 함께 〈건축법〉의 적용을 받는다. 따라서 분양보증과 같은 계약자 보호규정은 없다. 그러나 오피스텔과는 달리 내부에 욕조를 설치할 수 있고, 1가구 2주택 적용을 받으므로 임차인은 〈주택임대차보호법〉에 의해 보호받을 수 있고, 2가구 이상 구입하여 세를 놓을 수 있으며 주택임대사업자로 등록해 세금감면 혜택도 받을 수 있다.

대체로 주상복합아파트는 도심에 위치하여 교통이 편리하고, 내부에 문화 · 오락 · 편의 · 상업시설 등이 있어 생활이 편리하다. 또한 초고층이므로 조망이 좋고, 내부구조를 원하는 대로 배치할 수 있다. 그러나 상업용지에 세워지므로 분양가가 비싸고 관리비와 재산세도 일반 아파트보다 많으며, 전용면적이 적어 답답하며, 일반 아파트보다 수요가 적어 환금성이 떨어진다.

⑤ 도시형 생활주택

도시형 생활주택
(원룸형 주택)

도시형 생활주택은 〈국토의 계획 및 이용에 관한 법률〉에 따라 도시지역에 주택건설사업계획승인을 받아 건설하는 20세대 이상 150세대 미만의 도심의 공동주택이다. 도시지역 내 1~2인 가구의 증가와 임대주택 부족을 해소하기 위한 도시형 생활주택은 대중교통이 편리한 역세권 주변으로 주차장 완화구역으로 지정되어야 하며, 원룸에 비해 규모가 크므로 내부시설과 보안이 개선된 것이다. 도시형 생활주택은 주변에 문화시설(극장, 놀이 공원 등)과 생활에 편리한 시설이 많으며 종합시장, 할인점 등이 있어 생활이 편리하다. 또한 일자리 구하기가 쉽고, 지하철, 버스 등 대중교통 수단이 발달하여 교통이 편리하다.

도시형 생활주택의 형태는 단지형 다세대주택, 원룸형 주택으로 구분된다. 단지형 다세대주택은 세대 당 주거전용면적 85m^2 이하의 다세대주택(주거층 4층 이하, 연면적 660m^2 이하)으로, 기존의 연립형 주택과 비슷하다. 원룸형 주택은 세대당 주거전용면적 12~50m^2 이하로 세대별 독립된 욕실과 부엌이 있어야 하며, 각 세대는 지하층을 설치할 수 없다. 도시형 생활주택의 대부분은 원룸형 주택이다.

표 1-11 도시형 생활주택

단지형 다세대주택	원룸형 주택
▸ 전용면적 85m^2 이하 ▸ 4층 이하(1개 층 추가 가능) ▸ 연면적 660m^2 이하	▸ 전용면적 12~30m^2 이하 ▸ 욕실, 부엌 있음 ▸ 세탁실 등 편의시설 공동
▸ 20~149가구, 분양가 상한제 적용하지 않음, 청약가점제와 지역우선공급 하지 않음	

⑥ 기숙사

기숙사

기숙사는 학교의 학생이나 공장 등의 종업원들을 위하여 지은 건축물이다. 독립된 주거의 형태를 취하지 않고 공동취사 등을 할 수 있는 구조의 건물을 말하며, 〈교육기본법〉에 따른 학생복지주택을 포함한다.

2) 공동주택의 개념

공동주택은 〈주택건설촉진법〉에 의하면 대지, 벽, 복도, 계단 및 설비 등의 전부 또는 일부를 공동으로 사용하는 세대가 하나의 건축물 안에서 각각 주거 생활을 영위할 수 있는 구조로 된 주택을 말한다. 이 중 5층 이상의 주택은 아파트, 동당 건축 연면적이 660m^{2}를 초과하는 4층 이하의 주택은 연립주택, 동당 건축 연면적이 660m^2 이하인 4층 이하의 주택은 다세대주택으로 규정하고 있다. 즉, 공동주택은 좁은 대지 위에 많은 사람들을 수용하기 위하여 의도적으로 주택을 수평 및 수

직방향으로 집합시킨 주거군이다.

로마제국 시대에 처음으로 등장한 공동주택인 인슐라(insula)는 임대용으로 1층에 상점이 딸린 3, 4층 규모의 복합건물이었다. AD 8년 7월 대화재 이후 네로 황제는 화재방지를 위해 인슐라 간의 인동간격, 높이, 발코니의 규정 등, 공동주택에 관한 기준을 만들었다.

■ 주택법에서의 주택의 정의
주택이란 세대(世帶)의 구성원이 장기간 독립된 주거생활을 할 수 있는 구조로 된 건축물이며, 이를 단독주택과 공동주택으로 구분한다.

그림 1-2 인슐라 상상도 및 현재의 모습

공동주택이 우리나라에 도입된 것은 20세기 중반인 1940년대의 일제강점기 시대였다. 그 이후 우리나라에서의 공동주택은 경제개발과 산업화에 의해 수적인 팽창과 질적인 발전을 거치면서 오늘날 가장 보편적인 주택유형으로 자리하게 되었다.

그러나 획일적 주동유형, 판상형, 타워형, 혼합형으로의 고착화 현상, 도심, 근교, 경사지 등 입지적 특성을 무시한 배치, 도시환경과 경관보다 향과 조망을 우선하는 남향 일변도의 주동배치, 단지와 가로와의 단절성 등의 문제점을 안고 있다. 또한 최근에는 생활 가치관의 다양화와 주택수요의 변화, 생활의 24시간화와 여성의 사회진출의 진전, 도심거주 지향과 생활지원 서비스의 향상 등에 대응할 수 있는 새로운 공급시스템이 요구되고 있다. 특히 평균수명의 급진적인 증가로 고령시대로 접어드는 이 시점에서 고령자 대책주택인 실버하우징, 노인동거형주택, 장애자대응주택 등의 다양한 공동주택의 공급이 필요하다.

표 1-12 공동주택의 발생 배경

- 도시 인구밀도의 증가로 고밀도의 주거가 필요함.
- 도시의 지가 앙등으로 택지획득이 어려움.
- 도시 생활자의 구성이 핵가족화되는 경향이 있음.
- 공동주택은 유지관리가 상대적으로 쉬움.
- 직장 등의 사회적 여건에 따라 이주의 필요성이 증가하고 있음.
- 공동주택에서는 주거를 입체적으로 결합시켜 택지 환경의 개선이 가능함.
- 공동주택에서는 호수의 주거를 집합시켜 대지, 건축, 설비의 제비용을 절약할 수 있음.

표 1-13 공동주택의 장단점

장점	단점
▸ 1호당 대지의 점유면적이 절감되어 토지의 효율성을 높일 수 있다. ▸ 공기 조화, 급탕, 정화조, 변전 등의 설비를 집중화하기 쉽다. ▸ 어린이놀이터 등 단지 내 공동시설이 제공된다. ▸ 동일면적의 독립주택에 비하여 유지관리비를 절감할 수 있다. ▸ 의료, 교육, 구매시설 등이 계통적, 계획적으로 배치된다. ▸ 고층의 경우 조망이 좋고 지역의 랜드마크 역할을 한다.	▸ 자연과 격리되어 정서적 생활에 불편하다. ▸ 프라이버시가 침해될 수 있다. ▸ 획일성에 따라 각 세대별 독자성이 결여된다. ▸ 생활소음, 애완견 사육 등의 문제로 이웃 간의 문제가 발생할 수 있다. ▸ 주차공간과 오픈스페이스가 부족할 수 있다. ▸ 일조권 및 조망권이 침해될 수 있다. ▸ 초고층 아파트의 경우, 지표면까지의 거리가 있으므로 행동이 제약되는 경우가 많다.

그림 1-3 입지적 특성이 무시된 획일적 공동주택단지 개발 사례

그림 1-4 초고층화 경향 사례

2. 생활권과 근린생활권

1) 생활권

(1) 생활권의 개념

생활권은 일반적으로 인간의 생활이 영위되고 있는 장소와 그 범위를 의미한다. 이는 근린생활권의 개념을 확대 적용한 것으로서 활동패턴에 따라 단위주거로부터 대도시에 이르기까지의 사회조직 구성을 계층화하는 것이다.

생활권계획은 이러한 사회조직을 몇 단계의 위계로 나누고 각 위계별로 의미를 부여하며 목표를 세우고, 이에 필요한 사회적 · 물리적 기능과 요소들을 배분하거나 설치하는 계획이다. 생활권계획에서는 도시개발계획을 수행하는 데 있어 유용한 원칙으로서 토지이용계획 · 가로망계획 · 공공편익시설배치 등 도시공간구조 형성에 영향을 주는 전제요소를 확정한다.

(2) 생활권의 위계

생활권계획의 기본목표는 사회적 측면에서는 동질성을 갖는 지역공동체를 형성하는 것이다. 이를 통하여 이웃 간의 상호교류를 증대시킬 수 있으며, 주민 간의 동질의식 및 뿌리의식을 형성하고 안전의식 및 안정감, 지역사회에 대한 애향심, 단결력을 고취시킨다. 또한 물리적 측면에서는 인간 중심의 주거환경을 형성하는 것이다. 보행 위주의 단위생활권을 형성하고, 생활권계층에 따른 편익시설 및 서비스를 제공하여, 생활권별 동질화를 위한 상징성을 추구한다.

거주지는 정주단위에 따른 생활권을 중심으로 위계화한다. 이것은 지리적으로 군집된 거주자가 공통된 지역성(locality)에 의해 교육 · 문화 · 구매 등 일상생활을 그 지역 내에서 자족적으로 해결할 수 있도록 하여 주거생활의 편의보장 및 전체 도시의 구성단위로서 지역 간의 상호

■ 거주지는 정주지, 도시공간 공공건물, 주택 등 인간의 거주활동이 일어나는 장소를 뜻한다.

보완관계에 의한 공동사회를 형성하기 위한 것이다.

생활권의 위계는 도시규모와 서비스 수준 등에 의한 행정, 여가, 교육, 사회복지, 보건, 유통 등 각종 공공편익시설의 종류와 규모에 따라 구분할 수 있으며, 일반적으로 대도시는 소생활권, 중생활권, 대생활권의 3단계로 구분한다.

① 소생활권

소생활권은 1차 생활권, 근린생활권이라고도 한다. 이는 대규모 주거단지 규모의 생활권으로서 근린주구 단위와 일치하며, 보행권을 중심으로 기본단위를 설정하여 대중교통시설(지하철역 · 버스정류장 등)과 연계된다. 생활권의 경계는 지역 간을 연결하는 간선도로로 구별되고, 인구규모는 1~2만 명 정도이며, 행정동 단위와 일치하는 것이 생활권 형성에 유리하다.

소생활권은 초등학교 및 중학교의 통학권을 가지고, 전통시장 등이 형성될 수 있는 규모이며 일반적으로 주된 용도지역이 단일하게 형성된다.

② 중생활권

중생활권은 2차 생활권이라고도 한다. 이는 중소도시 규모의 생활권으로서, 2~4개의 소생활권으로 구성되고, 인구는 5~10만 명을 기준으로 한다.

일반적으로 고등학교의 통학권으로 구성되며, 대중교통시설 중심의 생활권으로 설정한다. 중생활권에는 나름대로의 지역중심지가 있으며, 중심지에는 상업업무, 위락 등 2가지 이상의 용도지역을 갖는 혼합적 토지이용을 도모한다.

③ 대생활권

대생활권은 3차 생활권이라고도 한다. 이는 대도시 규모의 생활권으로서, 자급자족할 수 있는 자기완결형 공간구조를 구성한다. 인구는 20~30만 명 정도이고, 구 단위의 행정구역과 일치시키는 것이 생활권 형성에 유리하다.

대생활권 내부에는 각종 용도지역이 설정되어 있으며, 도심 또는 부도심 성격의 중심지를 가진다.

표 1-14 생활권 위계별 공공편익시설의 종류

<table>
<tr><th colspan="2">생활권</th><th>소생활권(1차 생활권)</th><th>중생활권(2차 생활권)</th><th>대생활권(3차 생활권)</th></tr>
<tr><td colspan="2">공간적 범위</td><td>보행으로 10분이내의 거리</td><td>대중교통수단을 이용하여 10~15분 이내에 이동할 수 있는 거리</td><td>하나의 완결된 체계를 갖는 도시적 범위</td></tr>
<tr><td colspan="2">인구 규모</td><td>1~2만</td><td>5~10만</td><td>20~30만</td></tr>
<tr><td colspan="2">토지이용상 주요 특징</td><td>주거환경의 보호가 최우선</td><td>지역중심이 있고, 2~3가지의 토지용도를 보임</td><td>주거, 상업뿐만 아니라 생산시설도 입지함</td></tr>
<tr><td rowspan="5">주요시설</td><td>행정</td><td>동사무소, 파출소, 우체국</td><td>출장소</td><td>구청, 경찰서, 소방서</td></tr>
<tr><td>교육</td><td>유치원, 초등학교, 중학교</td><td>고등학교, 도서관</td><td>대학교, 연구기관, 박물관</td></tr>
<tr><td>사회복지</td><td>탁아소, 경로당, 주민회관, 운동장</td><td>청소년회관, 종합복지센터, 직업소개소</td><td>특수 복지센터, 양로원, 고아원, 장애인보호센터, 문화공연장</td></tr>
<tr><td>보건</td><td>병원, 약국</td><td>보건소, 종합병원</td><td>대형 종합병원, 특수병원</td></tr>
<tr><td>유통</td><td>슈퍼마켓, 소매시장, 은행, 지역사회, 금고</td><td>쇼핑센터, 소단위 도매시장</td><td>백화점, 대규모 유통센터</td></tr>
</table>

2) 근린생활권

(1) 근린생활권의 위계

근린생활권은 주거공간을 중심으로 한 최소한의 사회생활 단위이다. 근린생활권의 위계는 인보구, 근린분구, 근린주구, 근린지구, 도시생활권으로 확대된다.

① 인보구

인보구는 1단계 생활권이다. 이는 이웃이라는 이유만으로 가까운 친분이 유지되는 공간적 범위로서, 반경 100m, 면적은 6ha 정도를 기준으로 하는 가장 작은 생활권 단위이다. 인구 200~1,000명, 세대수 50~200호의 규모이며, 인보구 내에는 어린이놀이터, 소매점포(구멍가게) 등이 포함된다.

② 근린분구

근린분구는 2단계 생활권이다. 근린분구의 규모는 보행거리와 인구 및 공동의 활동공간에 의해 결정된다. 보행거리는 200~250m로서 면적은 20~25ha 정도가 되며, 주민 간에 면식이 가능한 최소단위의 생활권으로서 인구는 3,000~5,000명 이내가 바람직하다. 이는 일반적 의미의 동네의 규모이며, 공유공간을 확보하는 것이 좋다. 근린분구 내에는 유치원, 어린이공원, 상가 등이 포함된다.

③ 근린주구

근린주구는 3단계 생활권으로, 초등학교 설립기준이 된다. 근린주구의 규모결정에는 보행권이 강조되어야 한다. 즉, 근린주구는 보행으로 중심부와의 연결이 가능한 거리로, 적정 보행거리(반경)는 400~500m의 범위이며, 근린주구의 면적은 100ha가 된다. 인구 규모는 최소 10,000명으로부터 최대 20,000명이다. 근린주구 내에는 초등학교, 근린상가, 근린공원 등이 포함되고, 주민 간의 동질성이 강조되는 생활권이다. 또한 근린주구는 도시계획의 종합계획에 따른 최소단위이며, 간선도로, 녹지 등에 의해 다른 지역과 구별되는 것이 특징이다.

④ 근린지구

근린지구는 4단계 근린생활권으로, 도시생활의 대부분 시설이 필요한 범위이다. 보행거리는 약 1km 범위이고 근린지구의 면적은 400ha이다. 인구 규모는 100,000명 정도이다.

⑤ 도시생활권

도시생활권은 근린주구의 3~4배 정도의 소도시 규모이다.

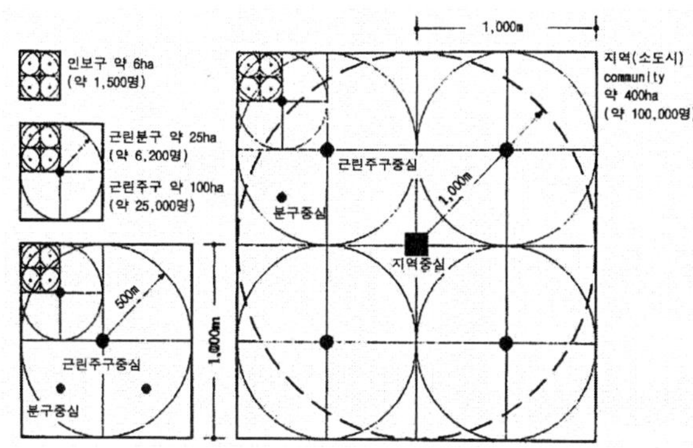

그림 1-5 근린생활권의 위계구성

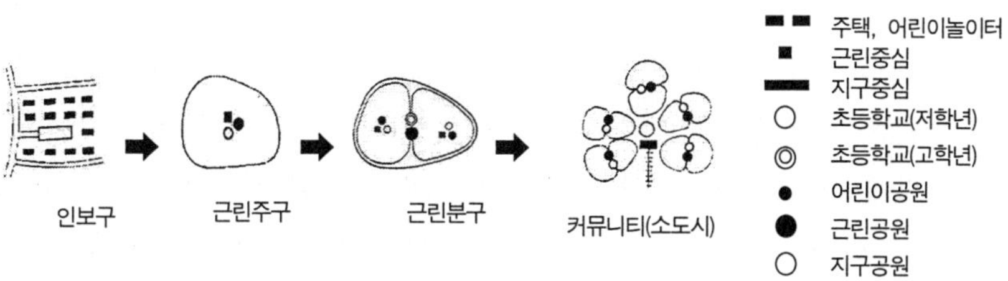

그림 1-6 생활권 위계별 주요시설

표 1-15 근린생활권의 위계적 구성

구분	반경, 규모	인구	기본시설	상호관계
인보구	100m 전후, 3~6ha	200~1,000명 정도	유아놀이터, 구멍가게 등	친분유지의 최소단위
근린분구	200~250m, 20~25ha	3,000~5,000명 정도	유치원, 어린이놀이터, 근린상점, 노인정, 독서실, 진료소, 파출소, 버스정거장 등	주민 간 면식이 가능한 최소생활권
근린주구	400~500m, 100ha	1만~2만 명 정도	초등학교, 어린이공원, 동사무소, 우체국, 근린상가, 유치원 등	보행 최대거리
근린지구	반경 약 1km, 400ha	10만 명 정도		도시생활의 대부분 시설이 필요한 범위
도시생활권	근린주구의 3~4배 정도의 소도시 규모			

(2) 근린생활권의 구성단위

① 단계별 생활권

근린생활권을 계획할 때에는 해당 지역 안에 거주하는 주민들의 생활양식, 편익시설의 이용행태에 따른 이용거리의 한계, 이용가구의 인구 및 소득수준, 행정구역의 범위 등에 따라 단계적으로 구성할 필요가 있다.

이렇게 단계적으로 생활권을 구성할 경우, 생활권의 특성에 따라 보행권, 통학권, 일상생활권, 행정단위권 등으로 구분하기도 한다.

② 사회적 활동에 따른 생활권

근린생활권을 주민들의 근린의식, 사회적 상호작용, 물리적 시설의 이용범위 등을 고려하여 사회적 근린생활권, 동질적 근린생활, 단위 근린생활권으로 구분할 수 있다.

표 1-16 단계별 생활권

구분	특성
보행권	▸ 생활권 계획에서 중심적인 전제는 일상적인 활동, 즉 취학아동의 등하교, 공원과 어린이놀이터 등에서의 레크리에이션, 생활필수품의 구매, 이웃과의 교류 등과 같은 일상적인 활동을 보행권 내에서 해결하는 것이다. ▸ 보행위주의 주거환경은 어린이의 등하교길, 놀이터로 가는 길 등이 통과교통에 의해 위협받지 않고, 주부들에게는 편익시설로의 접근, 어린이 감시 등 여러 가사활동에 편리하며, 일반 시민의 입장에서는 보행을 통해 교통의 안정성 및 경제성을 확보할 수 있다. ▸ 특히 자동차 교통에 의해 단절되지 않는 주거환경은 환경의 지각, 레크리에이션, 교류 등의 목적과 동네의식의 고취에도 적합하다.
통학권	▸ 단위생활권내에는 특수전문학교와 대학교를 제외한 각종 시설을 학생들의 보행권 내에 배치하여 안전하고 편리한 통학을 할 수 있도록 한다. ▸ 각 학교별 통학거리는 대략 초등학교는 800m, 중학교는 1,200m를 최대거리 기준으로 할 때, 통학권에 의한 근린생활권의 적정범위는 대략 1,000m 정도이다. 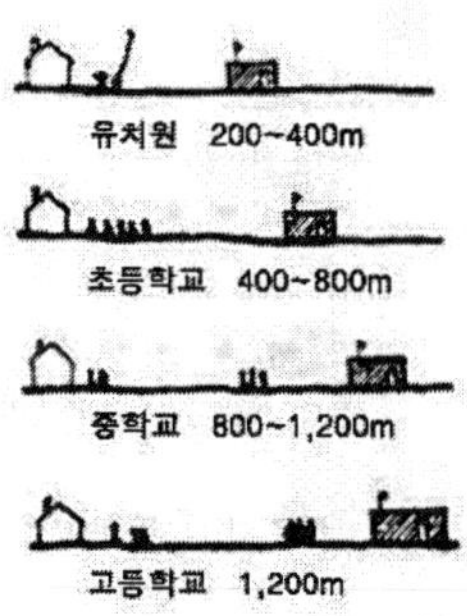
일상 생활권	▸ 정주체계의 일상생활권은 보행순환체계를 기준으로 하여야 한다. 이것은 한 주구 내에서 주민활동은 보행으로 이루어지며, 주어진 속도와 방향을 변화시킴에 있어 최대의 자유를 부여하는 인간척도에 맞는 체계이기 때문이다. ▸ 보행척도에 있어서 가장 큰 제한은 거리와 속도로서 인간이 일상생활을 영위함에 있어 무리 없는 보행거리의 한계는 800m이다.
행정 단위권	▸ 행정단위권은 인위로 생활권을 구획하는 것으로, 하나의 동(洞) 단위를 생활권으로 구성하는 것이다. ▸ 약 20,000명(4,000~5,000가구)을 1개의 동 단위로 하고, 이런 동 단위 3~5개 지구(地區)를 단위생활권으로 한다.

표 1-17 사회적 활동에 따른 생활권

구분	특성
사회적 근린생활권	▸ 순수한 근접성은 모두가 서로를 알 수 있도록 보장하며, 근린생활권의 경계는 사회적 상호작용으로 정해짐.
동질적 근린생활권	▸ 경계가 한층 더 넓으며 주택의 질과 거주인의 유형에 의해 경계가 정해짐. ▸ 사회적 교류의 수준은 낮으나 대부분의 거주자들은 서로를 알고 있으며 공인된 집단규범을 통해 사회적 통제가 가능함. ▸ 거주자들은 '우리와 같은 사람'으로 인식하지만, 비슷한 주택에서 사는 사람들로 구성된 서로 잘 알고 지내는 이방인(異邦人)들의 근린생활권임.
단위 근린생활권	▸ 보다 넓은 지역이 포함되며 주택과 인구가 이질적인 유형임 ▸ 학교, 교회, 상점 등과 같은 편익 · 위락시설(근린생활여건 시설물)이 균형을 이룬 범위를 포함함. ▸ 생활권 전체로 친구와 친지들은 분산되어 있으며, 그 사이의 공간들은 상호 의식관계가 있음.

3) 근린주구

(1) 근린주구의 개념

도시의 가장 기초적인 지역사회를 근린주구(neighborhood unit) 또는 근린생활권이라 한다. 근린주구라는 용어는 1929년 페리(C. A. Perry)가 주거단지의 커뮤니티 조성을 위한 하나의 계획단위로 이용한 후 널리 사용되기 시작하였다. 즉, 근린주구는 하나의 계획단위 개념으로 인식되고 있다.

고라니(G. Golany)는 근린주구를 공간상의 한계와 사회적 관계망(social network), 지역시설에 대한 집중적인 이용과 주민들 간의 감성적이며 상징적인 의미를 지닌 작은 지역으로 정의하고 있으며, 루츠(Ruth Glass)는 근린주구는 뚜렷한 물리적 성격이나 주민의 특수한 사회적 성격으로 분리되어지는 영역집단이라고 말하고 있다. 한편, 수잔네(Suzzane Keller)는 분리할 수 있는 큰 공간 단위가 있는 특수한 지역이며 지역의 특수성은 지리상의 경계, 거주민의 인종, 문화적 성격 또는 주민이 공동체로 느낄 수 있는 심리적 단위 등 정확하게 평가하기 힘든 서로 다른 기준에 의해 구분된다고 정의하고 있다.

이와 같은 근린주구에 관한 정의는 근린주구가 개인 간의 상호작용에 의해 한정되며 구성원의 사회적 원인에 의해 다른 지역과 분리된 상태를 의미하고 있다. 따라서 근린주구란 동질적인 공동체로서의 개념이 강조되는 사회적 단위로서 지연의식(地緣意識) 형성을 가능하게 하며, 공동서비스 혹은 사회활동을 영위하는 데 필요한 각종 시설을 설치 및 이용할 수 있는 지역적 · 공간적 범위이다.

오늘날 근린주구는 도시의 가장 기초적인 지역사회의 단위로서 인식되고 있으며, 도시 및 주거단지의 구성을 위한 가장 기본적인 물리적 · 공간적 계획 단계로 인식하고 있다. 주거단지는 사람들이 서로 좋은 근린관계를 형성하여 일상생활을 유지하며, 안전하고 쾌적한 주거생활을 할 수 있도록 주택과 근린환경이 잘 형성되어야 한다.

표 1-18 근린주구개념 도입의 의의

- ▸ 생활공동체(community)로서 주민의 사회적 상호작용을 도모하고, 공동유대(common ties)를 강화하며, 영역성을 제고하고 나아가 주민들이 보다 큰 긍지를 갖게 함.
- ▸ 물리적 · 공간적 측면에서는 인간척도(human scale)와 주민활동의 주기적 반복성이라는 두 가지의 기본척도에 알맞게 각종 편익시설을 확보 및 배치함으로써 주민들의 생활을 보다 편리하게 하고, 자동차의 침해 등으로부터 보호하여 안전하고 쾌적한 일상생활의 장을 만들어 주며, 관리가 용이한 공간과 시설단위를 조성함.

(2) 근린주구이론

근린주구이론의 근린주구 구성의 기본 요소는 초등학교, 공원 및 운동장, 상점, 공공시설에 보행자들이 안전하게 접근하도록 계획된 건물 배치와 도로체계이다.

초등학교를 중심으로 반경 400m의 면적에 약 10,000~20,000명의

▪ 우리나라 실정을 고려한 근린주구 기준안

① 근린주구 단위를 중학교 중심의 최적도보이용권으로 한다.
② 중학교는 주구 중심에 위치한다.
③ 생활여건시설은 녹지와 함께 중학교를 중심으로 주구 중심에 위치한다.
④ 초등학교 통학거리는 400m로 한다.
⑤ 중학교의 통학 도보거리는 800m로 한다.
⑥ 고등학교 통학 도보거리는 1,600m로 한다.
⑦ 인구밀도를 120인/ha로 한다. 반경 800m의 면적 $2km^2$ (200ha)을 기준하면 근린주구단위 인구는 약 24,000인이 된다.

인구규모를 제시하고 있으나, 이는 우리나라와 같이 인구밀도가 높은 나라에서는 비현실적인 기준이다. 또한 이를 토대로 근린주구 밀도를 계산하면 25~50인/ha 정도로 매우 낮은 수치가 되므로, 우리나라에서 이 이론을 적용하기 위해서는 우리 실정에 맞는 기준과 이에 따른 생활권 계획을 수립하여야 한다.

① 페리의 근린주구이론

페리(Clarence A. Perry)는 1910년부터 「학교시설의 광역적 이용」에 대한 고찰을 통하여 1929년에 근린주구단위(neighborhood unit)라는 개념을 정립하였다. 이는 초등학교를 기준단위로 설정하여 주구 내의 생활안정을 유지하고 편리성과 쾌적성을 확보하자는 것으로서 주거단지 구성에 있어서 가장 기본이 되는 6가지의 계획원리이다. 즉, 규모(size), 경계(boundary), 오픈스페이스(open space), 공공건축용지(institution), 근린상점(local shop), 주구 내 가로체계(internal street system)이다.

표 1-19 페리의 6가지 근린주구이론

- 규모: 하나의 초등학교가 필요하게 되는 인구규모(400m)
- 경계: 통과교통이 내부를 관통하지 않고 용이하게 우회, 간선도로에 의해 구획
- 오픈스페이스: 소공원과 위락공간의 체계
- 공공건축용지: 학교, 공공시설용지는 가능한 중심위치에 적절히 통합
- 근린상점: 1~2개소 이상의 상업지구를 주거지 내에 설치하여 주거생활의 안전과 쾌적성 확보
- 주구 내 가로체계: 주구단지 내로 통과교통이 없도록 함.

② 래드번에 적용된 근린주구이론

1928년 뉴욕시 주택공사는 뉴욕에서 24km 떨어진 뉴저지에 420ha 규모의 새로운 자동차 시대의 도시(대규모의 주택단지)를 개발하였다. 라이트(H. Wright)와 스타인(C. Stein)은 래드번(Radburn)계획에 12~20ha

의 슈퍼블록을 채택하여 격자형 도로의 불필요한 도로율 증가와 통과교통 및 단조로운 외부공간 형성을 배제하였다.

표 1-20 래드번에 적용된 근린주구이론

- 슈퍼블럭 구성: 자동차의 통과교통을 배제하기 위하여 12~20ha의 슈퍼블록을 채택하여 가운데로 통과교통이 지나지 않도록 함.
- 기능에 따라 4가지 종류의 도로로 구분
- 보도와 차도의 입체적 분리: 보행자와 차량의 분리를 위하여 도로와 직각으로 교차하면서 일정한 간격으로 배열 쿨데삭 개념을 도입
- 쿨데삭 구조인 세가로망 구성에 의한 전후 전환배치: 주거들은 쿨데삭을 중심으로 10여 호의 클러스터를 이루며 배치되고, 주택의 거실을 보도 혹은 정원 쪽으로 향하도록 배치하며, 그 사이는 공원으로 활용
- 공동의 오픈스페이스 조성: 오픈스페이스에 학교와 수영장 등의 공공시설이 직접적으로 연결되어 어린이들이 큰 도로를 횡단하지 않고 학교에 갈 수 있음.

(3) 근린생활시설

근린생활시설은 유사한 이용 빈도나 이용권을 갖는 시설, 기능상 접근을 필요한 시설 등을 집적시킴으로써 토지 이용의 효율성을 높여야 한다. 그리고 증축, 확충이 용이하도록 유휴 토지를 확보한다. 또한 지역의 구매시설 및 타 점포의 분포에 따라 하나의 중심을 형성할 수 있는 장소에 설치하고, 중심에는 광역시설을 설치하며, 공원 · 녹지 · 학교 등과 관련시켜 계획한다. 또한 이용 빈도가 높은 시설물은 중심에 두어 이용거리를 짧게 하는 것이 좋다.

특히 상업시설은 여러 곳에서 쉽게 출입을 할 수 있도록 주보행로에 따라 배치하며, 이용거리는 최대 800~1000m 이상, 최소 500m 이내이다. 인보구 규모의 상가는 단지입구에 배치하고, 근린주구 규모(인구 약 25,000명) 상가는 단지중앙에 위치시킨다.

교육시설의 경우, 유치원은 접근이 용이해야 하므로 보행로와 연결

한다. 놀이터는 안전을 위해 주위보다 약간 낮게 계획한다. 초등학교는 공공의 주보행로가 인접하게 위치하고, 완충공간으로 녹지대를 둔다.

표 1-21 건축법에 의한 근린생활시설의 구분

분류	제1종 근린생활시설	제2종 근린생활시설
규정 시설	▸ 슈퍼마켓, 일용품 등의 소매점 ▸ 300m^2 미만의 휴게음식점 ▸ 이용원, 미용원, 일반목욕장, 세탁소 ▸ 의원, 치과의원, 한의원, 침술원, 접골원, 조산소 ▸ 500m^2 미만의 탁구장, 체육도장 ▸ 동사무소, 파출소, 소방서,우체국, 전신전화국, 방송국, 보건소, 공공도서관	▸ 일반 음식점, 기원 ▸ 300m^2 이상의 휴게음식점 ▸ 안마시술소 ▸ 테니스장, 체력단련장, 에어로빅장, 볼링장, 당구장, 실내낚시터, 골프연습장 ▸ 종교집회장, 공연장 ▸ 금융업소, 사무소, 부동산중개업소, 결혼상담소 등의 소개업소 ▸ 제조점, 수리점, 세탁소 ▸ 청소년 전자유기장 ▸ 사진관, 표구점, 학원, 장의사, 동물병원, 총포판매소 ▸ 노래연습장, 단란주점 ▸ 의약품도매점, 자동차영업소

표 1-22 시설의 성격에 의한 근린생활권 내의 시설 구분

구분	사회적인 권리로서 인정되는 시설	근린단위에 들어가는 최소 경제행위 관련시설
분야	교육시설, 사회복지시설, 행정서비스 시설, 기타	근린상가, 기타
주요 시설	▸ 유치원, 초등학교, 독서실 등 ▸ 놀이터, 노인정, 보육시설 등 ▸ 동사무소, 파출소, 우체국 등 ▸ 주차장, 보행공간 등	▸ 소매점, 음식점, 문구점, 소형 의류점, 미용실 등 ▸ 은행, 스포츠시설 등

3. 개발형태

1) 재건축

(1) 재건축의 개념

재건축은 기본적으로 공동주택을 대상으로 하는 것으로 기존주택의 문제가 부분적인 보완 및 개선을 통해서 해결될 수 없을 경우, 노후한 주택이나 불량주택을 철거하고 그 철거한 대지 위에 주택을 새로 건설하는 것이다. 그리고 일정한 자격요건이 갖추어진 단독주택도 재건축의 대상이 되기도 한다.

건축물이 오래되어 구조적으로나 기능적으로 제 구실을 못한다고 판단될 때 그 건축물을 헐고 새 건물을 짓는 일을 개축 또는 재건축이라 한다.

기존의 아파트는 지어질 당시의 설계, 구조, 자재, 규모를 시간이 흐른 후 바꾸는 것이 쉽지 않아 재건축하는 경우가 많다. 그러나 최근 재건축과 관련된 규제가 강화됨에 따라 저층아파트조차 재건축시 추가부담이 발생하는 등 재건축이 쉽지 않으며, 고층아파트인 경우 재건축이 더욱 어려울 것으로 예상된다.

(2) 재건축의 내용

공동주택의 재건축은 건축물의 일부가 멸실되어 붕괴 그 밖의 안전사고의 우려가 있는 지역, 재해 등이 발생할 경우 위해의 우려가 있어 신속히 정비 사업을 추진할 필요가 있는 지역, 노후건축물 또는 불량건축물로서 기존 세대수 또는 재건축사업후의 예정 세대수가 300세대 이상이거나 그 부지면적이 10,000m^2 이상인 지역, 3개 이상의 공동주택단지가 밀집되어 있는 지역으로서 안전진단 실시결과 3분의 2 이상의 주택 및 주택단지가 재건축 판정을 받은 지역이 그 대상이 된다.

▪건축법 시행령 제 2조. "개축"이라 함은 기존건축물의 전부 또는 일부(내력벽·기둥·보·지붕틀 중 3개 이상이 포함되는 경우를 말한다)를 철거하고 그 대지 안에 종전과 동일한 규모의 범위 안에서 건축물을 다시 축조하는 것을 말한다.

단독주택의 재건축은 기존의 단독주택이 200호 이상 또는 면적이 10,000m^2 이상인 지역으로서 도로 등 정비기반시설이 충분히 갖추어져 인근지역에 정비기반시설을 추가로 설치할 필요가 없는 경우(다만, 정비기반시설을 정비사업 시행자가 부담하여 설치하는 경우는 제외), 노후 · 불량건축물에 당해 지역 안에 있는 건축물 수의 2/3 이상 또는 노후 · 불량건축물이 1/2 이상이면서 준공 후 15년 경과한 다세대 및 다가구 주택이 당해 지역 안 건축물 수의 3/10 이상인 경우 재건축의 대상이 된다. 또는 부지면적이 5,000m^2 이상으로서 시도조례로 따로 정하는 경우에도 가능하다.

재건축은 주택의 질을 향상시키고, 그에 따라 생활의 질 향상에도 기여한다. 또한 단위면적당 주택 수가 증가하여 토지를 효율적으로 활용할 수 있다.

(3) 재건축의 해결과제

① 도시기반시설의 부담

재건축은 기성 시가지 내에서 이루어지는 경우가 대부분이다. 따라서 기존 공동주택의 재건축에 있어서 용적률의 증가, 세대수의 증가에 따른 도로의 확장이나 신설이 거의 불가능하다. 교통문제 외에도 도시기반시설인 상하수도시설의 처리용량이 초과하게 될 가능성이 많다. 그러므로 재건축으로 인하여 도시기반시설에 부담을 주게 된다.

② 도시경관과 기존주거지의 특성 파괴

공동주택의 재건축은 투기성 및 개발이익을 전제로 한 대형평수의 개발로 원주민의 정착률이 저하될 우려가 있다. 또한 재건축이 진행되는 사업지 주변은 대부분 저층저밀주거단지로 이루어져 있음에도 불구하고, 지역특성을 고려하지 않은 획일적인 고층화 재건축사업에 의해 도시경관이 파괴되고 있다. 따라서 원주민은 사라지고 이주민들이 그

곳을 차지하게 됨과 동시에 개발이익만을 고려한 계속적인 고층화로 인해 도시는 황폐화되고 공동체의식은 사라질 가능성이 크다.

③ 개발이익을 전제로 한 재건축

공동주택의 재건축은 원주민을 위한 주거환경 개선이라기 보다는 주택공급의 양적 차원에서 행해지게 되어 투기성 및 개발 이익을 전제로 한 개발로 진행될 우려가 있다. 즉, 도시 및 주거환경측면에서 부정적 평가가 높으며, 주택공급의 확대에 치중함으로써 실질적인 주거환경 개선효과가 작을 우려가 있다.

④ 세입자의 문제

공동주택의 재건축은 〈도시 및 주거환경정비법〉에 근거한 민간주도 사업이다. 따라서 현행법상으로 세입자에게는 법적인 보호대책이 없으며, 세입자문제는 임대인과 소유자와의 임대차계약 또는 재건축조합과 세입자 간의 협의에 의해서 자율적으로 처리하도록 하고 있다. 즉, 재건축은 집주인들이 자기 소유의 주택을 헐고 새집을 짓는 형식이므로 세입자에게 보상해 줄 의무가 없는 것이다. 이는 재건축조합 또는 소유자와 세입자 간의 분쟁의 소지가 되고 있으며, 세입자의 이주 불응으로 인하여 재건축사업이 지연되는 사례가 빈번하다.

⑤ 재건축규제완화

〈도시 및 주거환경정비법시행령〉에 따라 예비안전진단을 폐지하고 정밀안전진단으로 일원화하여, 안전진단 시기 또한 재건축 추진위원회 승인 이후가 아닌 정비계획수립 때로 조정되어, 추진 주체가 기존 조합 등의 사업시행자주도에서 구청주도가 되었다. 이는 향후 조합설립에 탄력을 받을 가능성이 높다고 볼 수 있으나, 재건축 아파트의 가격이 급등하여 오히려 부동산 시장이 위축되거나 주변 지역의 전세 가격을 불안하게 만드는 요인이 되기도 한다.

(4) 재건축 사례

① 상도대림아파트 재건축 사례

주소	서울시 동작구 상도2동 36-1
총 세대수	총 699세대(일반 452세대, 조합 150세대, 임대 97세대)
대지면적	44,223m^2
연 면적	136,913m^2

대상지

재건축 전

재건축 조감도

② 고덕주공3단지 재건축 사례

주소	서울시 강동구 상일동 121,143번지
총 세대수	총 3,487세대(조합 2,580, 일반 749세대, 임대 655세대)
건축 규모	50개 동 B2/12~15F
대지 면적	203,693m^2
연 면적	649,297m^2

재건축 전

재건축 조감도

③ 안산군자주공7단지 재건축 사례

주소	경기도 안산시 단원구 선부동 961번지
총 세대수	총 578세대(조합 480세대, 일반 98세대)
대지면적	29,636m^2
연 면적	97,819m^2

재건축 전

재건축 조감도

2) 재개발

(1) 재개발의 개념

일반적으로 주택재개발이라 함은 기존 도시의 물리적 환경을 사회경제적 여건에 적응시켜 주로 도심부 또는 오래된 주거지역 중에서 건축물이 노후하거나 토지이용 상태가 불량하여 본래의 기능을 충분히 발휘할 수 없게 된 지역에 대해서 기존의 구조물을 철거하고 새로운 구조물로 대체함으로써 도시환경을 개선하고 아울러 지역에 활력을 불어넣고자 하는 도심재개발 사업을 의미한다.

재개발은 〈도시 및 주거환경정비법〉을 근거로 하여 정비기반시설이 열악하고 노후·불량건축물이 밀집한 지역에서 주거환경을 개선하기 위하여 시행하는 것이다. 즉, 주택재개발은 기존 도시 내에서 무계획적으로 지어진 주택 등의 건축물이 노후·불량하여 그 기능을 수행할 수 없게 되고 이들 건축물이 집단화됨으로써 지역사회의 주거환경 전체를 악화시켜 주민의 보건위생과 각종 도시의 병리현상을 유발하여 도시

전체의 환경에도 부정적인 영향을 미치는 현상을 개선하기 위해 도로 · 상하수도 · 공원 등 공공시설을 정비하고 기존주택은 헐고 새로 건축하는 등 주거환경을 개선하는 데 목적이 있다.

주택재개발은 공권력에 의하여 일정한 구역 내의 토지 및 건축물을 정비하는 도시계획사업의 일종으로서, 토지의 평면적 · 입면적 효용을 증진하기 위하여 특정한 구역 내의 토지 및 건축물을 정비하는 도시계획사업의 일종이다. 토지의 평면적 · 입체적 효용을 증진하기 위하여 특정한 구역 내의 토지 및 지상 건축물에 대한 권리를 권리자의 의사에 관계없이 강제적으로 교환 · 변경하는 공용환권의 방법으로 시행되는 것이며, 주택재개발 정비구역의 지정 및 제척 등은 행정청이 법령의 범위 내에서 도시의 건전한 발전과 공공복지의 증진을 위한 도시정책상의 전문적이고 기술적 판단을 기초로 하여 입안하는 재량행위로서 법률에 의하여 정해진 시행자만이 이를 시행할 수 있다.

(2) 재개발의 내용

재개발은 정비기반시설의 정비에 따라 대지로서의 효용을 다할 수 없게 되거나 도시의 환경이 현저히 불량하게 될 우려가 있는 지역, 건축물이 노후 · 불량하거나 과도하게 밀집되어 있어 토지의 합리적인 이용과 가치의 증진을 도모하기 곤란한 지역, 철거민이 50세대 이상 정착한 지역이거나 인구가 과도하게 밀집되어 정비기반시설이 불량하고 주거환경이 열악한 지역, 정비기반시설이 현저히 부족하여 재해발생시 피난 및 구조 활동이 곤란한 지역을 대상으로 한다.

재개발 정비구역의 지정요건은 면적이 10,000m^2 이상으로서 다음 기준 중 2개 이상에 해당하는 지역이다.

① 노후 · 불량건축물: 60% 이상인 지역

② 주택접도율: 40% 이하인 지역

③ 호수밀도: 60% 이상인 지역

④ 과소필지, 부정형 · 세장형 필지: 50% 이상인 지역

한편, 주택재개발은 민간자본의 수익성 위주의 사업구조와 외관 중심적인 개발에 치중해 온 결과, 사회적 자원의 낭비와 고질적인 투기현상이라는 부작용 뿐 아니라 도시서민의 주거복지문제는 도외시되어 왔다는 지적이 있다.

표 1-23 재개발의 효과

- 경제적 측면: 토지이용이 고도화되고 경제활동이 촉진되며, 각종 공공시설을 합리적으로 설치하여 관리비를 절약하게 된다.
- 사회적 측면: 도시환경정비로 인하여 범죄나 비행 등 사회적 병리현상과 환경오염을 줄일 수 있다. 특히 비위생적인 생활환경의 개선으로 위생증진을 기한다. 또한 시설물의 과밀을 완화하여 화재 등의 재해예방, 문화공간의 확보로 사회적 기능을 순화한다.
- 도시시설적 측면: 도로 및 교통시설의 확충과 주차장 구비로 교통체증을 감소시키며, 보행공간이나 오픈스페이스의 확보로 이용자의 편익과 안전에 도움을 준다.
- 건축적 측면: 불량주택들을 정비하고 상점으로의 차량 접근이 용이해지고 녹지와 휴식공간의 확충으로 도시의 환경을 쾌적하게 한다. 그리고 편리한 설비의 건축물의 건립으로 기능이 원활해지고, 건물외관과 건물높이의 조정 등으로 도시환경을 창출한다.
- 도시경관 측면: 아름다운 건축물 건립, 녹지공간의 정비, 도로공간의 미화 등으로 아름다운 도시경관을 만든다.

(3) 재개발 사례

① 석관 제2구역 주택재개발

주소	석관 1동 58 - 56번지 일대
면적	51,492m^2
규모	20층, 14동
용적율	247%
세대수	899세대 (임대 154세대)
입주	2014 5월 예정

재개발 조감도

② 부개4구역 재개발

주소	인천시 부평구 부개동 13-5
총세대수	총 1,120세대(조합 864세대, 일반 65세대, 임대 191세대)
대지면적	66,917 m^2
연면적	174,742 m^2

재개발 조감도

③ 돈암 제 5구역 재개발

주소	돈암 1동 13-7번지 일대
면적	20,990m^2
규모	23층, 6동
용적율	243%
세대수	490세대(임대 84세대)

재개발 조감도

3) 신개발

(1) 혁신도시

혁신도시는 지방이전 공공기관과 지역의 산학연(産學硏)을 유기적으로 연계하면서 지방의 활력을 높이고 지방의 균형적 발전을 선도하는 거점으로 육성되는 도시이다. 근거법은 〈공공기관 지방이전에 따른 혁신도시 건설 및 지원에 관한 특별법〉이다. 즉, 혁신도시는 공공기관과 인근대학(연구기관) 및 산업단지 등과 연계를 통해 지역의 산업, 문화 등 다양한 분야의 혁신을 창출하고 확산하며, 지역의 특화발전 및 자립형 지방화를 앞당겨 균형발전을 선도하는 역할을 수행하는 도시이다.

혁신도시는 인구 약 2~5만 명, 개발규모는 250~350인/ha 수준의 중·저밀도로 개발되는데 인구 2만 명 수용을 위한 면적은 약 50~100만평 규모이며, 인구 5만 명 수용을 위한 면적은 약 150~250만 평 규모이다. 각 지역은 지역여건과 지역별로 이전하게 될 공공기관의 특성을 살려 차별화된 콘셉트를 선정하여 산학연관의 시너지효과를 통한 지역성장 동력거점을 조성함으로써 지역발전을 유도하고자 하는 기본구성과 계발계획을 수립하여야 한다.

전국의 혁신도시는 총 11개이다. 즉, 부산, 대구, 광주/전남, 울산, 강원, 충남, 충북, 전북, 경북, 경남, 제주이다.

① 혁신도시 부산 동삼지구 사례

소재지	영도구 동삼동 1125번지 일원
면적	616천m²
주요기능	해양수산 클러스터
이전기관	한국해양연구원, 한국해양수산개발원, 국립해양조사원, 농림수산검역검사본부 수산물안전부
특성	공동주거지, 해양수산, 금융산업, 영화진흥 등을 중심으로 영화의 메카이면서 국제행사와 동아시아 교역의 중심도시로 육성하기 위한 혁신도시 개발 사업이다.

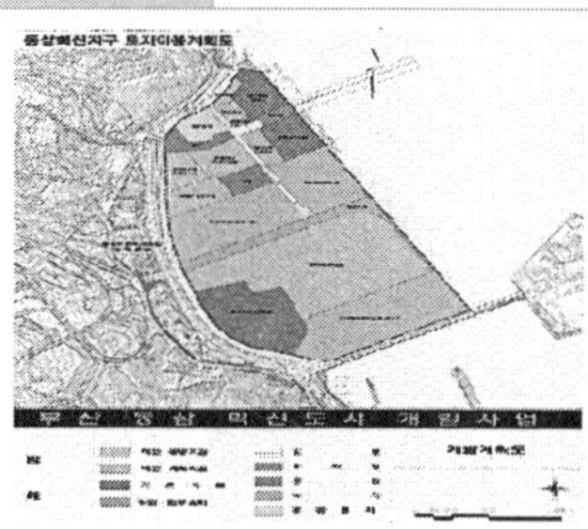

토지이용도

조감도

② 혁신도시 대구 사례

소재지	대구광역시 동구 신서동 일원
면적	4,216천m²
사업기간	2007년 ~ 2012년
특성	구미, 포항, 울산 등 산업 집적지의 기능을 광역적으로 지원하는 거점도시 기능, 내륙 산업클러스터의 혁신주도형 구조로 개편, 생활권 내에 입지하고 있는 30여개 대학 간의 학술교류 등을 촉진하고 도시가스 수급 전망, 대규모 이전기관의 균형적 배치, IT산업 지원 등을 위해 기타 이전기관 배치하기 위한 혁신도시 개발 사업이다.

예정지

조감도

③ 혁신도시 울산 사례

위치	울산광역시 중구 우정동 일원
면적	2,984천m^2
사업기간	2007년~2012년(준공예정, 그러나 2013년 기준으로 아직 준공되지 못함.)
이전기관	에너지(한국석유공사, 에너지관리공단, 에너지경제연구원, 한국동서발전), 노동복지(한국산업안전공단, 한국산업인력공단, 한국산재의료원, 근로복지공단, 노동부종합상담센터산업안전 등), 기타(운전면허시험관리단, 국립방재연구소)
특징	울산 혁신도시는 신재생에너지 시범단지(solar village)를 조성하고, 학교, 박물관, 공공청사 등에 태양광발전시스템을 설치하였다. 중심녹지축(green avenue)이 보행공간, 문화시설, 상업시설과 연결되어 있고, 공룡테마파크를 조성하여 주변 문화유적과 연계한 지역이미지 강화를 꾀하고 있다.

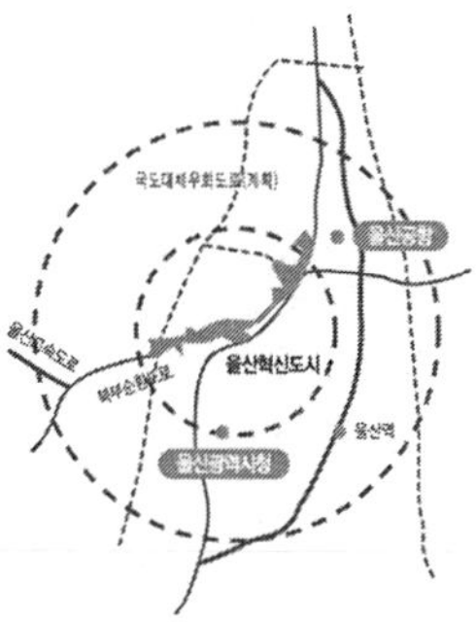

위치도

조감도

(2) 행정중심복합도시

행정중심복합도시인 세종시는 행정기능 중심의 자족형 복합도시이다. 국토의 균형발전을 위해 〈연기 · 공주지역 행정중심복합도시 건설을 위한 특별법〉에 근거한 중앙행정기관 등의 이전 계획에 따라 중앙행정기

■ 세계의 대표적인 혁신도시는 프랑스의 소피아 앙티폴리스, 스웨덴의 시스타, 미국의 실리콘벨리, 일본의 요타시와 츠쿠바, 대만의 산죽 등이다.

관 및 그 소속기관이 이전하여 행정기능이 중심이 되는 복합도시로 새로이 건설된 도시이다. 세종시 도시건설의 기본방향은 다음과 같다.

① 조화로운 민주 도시

도시기능을 분산 배치한 민주적 도시공간 구조를 조성한다. 그리고 다양한 계층이 어우러지면서 살아갈 수 있는 주거환경, 균등한 기회가 제공되는 수준 높은 교육환경, 누구에게나 삶의 질을 보장하는 다양한 문화 및 복지기반을 조성한다.

② 시민중심의 열린 도시

국민에게 친근하게 다가가는 중앙행정기관 및 연구기관을 배치하고 시민들이 이용하기 편리하게 도시행정기관을 개방적으로 배치한다.

③ 환경이 보전되는 지속가능 도시

자연과 인간이 함께 사는 생태친화적인 도시환경을 조성하고, 자원을 절약할 수 있는 도시기반시설을 설치하여 운영한다.

④ 편리한 선진 도시

전국 어디서나 원활하게 접근할 수 있는 광역교통망, 대중교통을 이용하여 어디나 갈 수 있는 도시교통환경, 어디서나 편리하게 이용할 수 있는 도시정보, 통신망을 조성한다.

⑤ 역사와 문화가 살아있는 아름다운 도시

자연과 인공이 어울리는 도시경관을 조성하고 삶을 풍요롭게 하고 발전시킬 수 있는 문화환경을 조성한다. 그리고 아름답고 친근감이 있는 건축문화를 창출하고, 지역의 전통문화와 역사를 보전하고 계승하여 정체성이 있는 도시를 건설한다.

⑥ 재해에 안전한 도시

시민이 안심하고 살 수 있는 방호체계를 구축하고, 자연재해에 안전하고 친근하게 이용할 수 있는 하천으로 관리한다.

표 1-24 행정중심복합도시 현황

건설지역	세종특별자치시 일대(종전의 충남 연기군 남면 · 금남면 · 동면 일부, 공주시 장기면 · 반포면 일부)
면적	72.91km²(분당의 4배 규모)
지리적 특성	중심부에 원수산이 있으며 금강과 미호천이 합류하는 지점, 대전 · 청주 10km, 서울 120km 거리에 위치
교통여건	동쪽으로 경부고속철도와 경부선 및 경부고속도로가 지나가고, 서쪽으로 대전~당진 고속도로가 지나가며 청주공항이 24km 거리에 위치

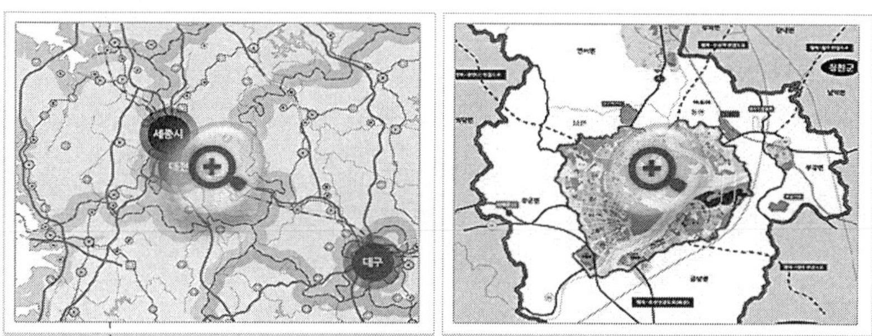

세종시 위치도

참고 및 인용문헌

김철수 (2007). 단지계획. 서울: 기문당. pp.120~121.

김철수 (2009). 단지계획. 서울: 기문당. pp.128~129.

김추윤 외 (1999). 도시계획론. 바른길. p.474.

김태중 (2010). 주거단지설계메뉴얼. 구미서관. pp.43~44, pp.48, pp.52~53, pp.56~57.

남재호, 이기동. 건축계획 문제연구. 서울: 세진사.

방경식 (2011). 부동산용어사전. 서울: 부연사.

성북재개발실무연구회. 현장에서 본 주택재개발사업 실무편람. 서울: 세진사. p.31~35.

안옥희 외 (2003). 주택계획. 서울: 기문당. pp.209~210.

양동양 (2006). 도시 · 주거단지계획. 서울: 기문당. pp.101~106.

이영석 (2009). 주거환경계획. 서울: 내하출판사. pp.27~28, p.38.

이창걸 (2008). 울산 혁신도시 건설사업에 관한 연구, 울산대학교 학위논문.

이창석 (2010). 재건축 · 재개발 컨설팅 이론과 실무. 파주: 형설출판사. pp.12~13, pp.30~32, pp.55, pp.68~70.

A&C산업도서출판공사편집부 (2003). Contemporary Architecture 다세대, 연립주택, 산업도서출판공사. p.209.

Golany, G. (1976). New Town Planning, N.Y. John Wiley Sons Inc., p.181.

Keller, S. (1968). The Urban Neighborhood, N.Y., Princeton Univ., p.87.

Reginald, R. Issacs (1966). "Attack on the Neighborhood Unit Formula", Urban Housing, N.Y., The Free Press, p.109.

REWiki

http://www.macc.go.kr/행정중심복합도시건설청

https://www.daelim-apt.co.kr/

그림출처

인슐라 현재모습. http://www.luigibernabobrea.it/luoghi/tyndaris_e.html

공간. http://news.naver.com/main/read.nhn?mode=LSD&mid=sec&sid1=102&

oid=001&aid=0005910143
다세대주택. http://cacns.co.kr/admin/bbs/board.php?bo_table=03_02&wr_id=30
아파트. http://news.joinsland.com/brand/view.asp?pno=110867
도시형생활주택. http://www.designdb.com/dreport/dblogView.asp?bbsPKID = 20454&gubun=0
기숙사. http://blog.naver.com/PostView.nhn?blogId=ynuniv&logNo=70104072424
혁신도시, 제주. http://www.lhsgp.co.kr/business/overview.asp

2장 공동주택의 변천

1. 우리나라 공동주택의 변천
2. 근대 이후 외국의 공동주택 변천

2장
공동주택의 변천

1. 우리나라 공동주택의 변천

1) 1960년대 이전

우리나라는 해방 이후 주거문제가 점점 더 중요해지던 때에 한국전쟁을 겪게 되면서 매우 심각한 주택부족 현상을 겪게 된다. 이에 전후 복구사업과 함께 재건주택, 부흥주택, 희망주택 등을 본격적으로 지으면서 표준화를 통한 주택의 대량공급을 시도하였으나, 주택재료는 목재와 흙벽돌이었으며 주택계획과 건설기술의 질적 성장은 더디었다.

- 재건주택은 국제연합한국재건단 등의 지원을 받아 건평 9평에 방 2칸, 마루 1칸, 부엌 1칸짜리 흙벽돌로 지은 후생주택이다.
- 부흥주택은 한국전쟁 후인 1955년 현 대한주택공사(LH)의 전신인 대한주택영단이 대규모로 조성한 공영주택이다.

1950년대의 서울은 대로를 중심으로 상점건물이 배치되고 주택은 그 뒤편에 있었다. 주택은 농촌가옥과 비슷한 단층에 ㄷ자나 ㄴ자형의 한옥이 대부분이었으며, 전후 복구용 주택을 건설하면서 마당이 딸린 한옥은 점차 사라졌다. 이 시기의 주택은 단독주택이 대부분이었다.

종암아파트

1958년 서울에 건설된 종암아파트는 아파트의 선구적 사례로 꼽힌다. 주택영단은 국제개발협력처를 통한 미국의 재정지원과 상업은행의 융자로 1957년 11월 성북구 종암동의 서울시 소유지에 4~5층짜리 4개동을 시공하였다. 이때 '아파트먼트 하우스'라는 용어가 처음 사용되었고, 현재 사용하는 '아파트'라는 말은 여기서 생겨났다. 종암아파트는 규모(152세대)보다는 모델로서의 성격이 강하였는데, 그 당시 이승만 대통령이 아파트 낙성식에서 아파트의 현대성과 수세식 화장실의 편리함을 역설하였다. 종암아파트는 편복도식으로 각 가구당 면적은 17.3평이며, 연탄보일러가 설치되었다. 각 세대는 거실, 온돌방 2개, 부엌, 수세식 양변기가 있는 화장실로 구성되었다.

2) 1960년~1970년대

1960년대에 들어서면서 정부는 주택산업을 경제적 산업으로 보고 주택산업에 대한 정부참여를 활발히 하였다. 이에 보다 효율적인 주택개발을 위한 제도적인 체계를 만들기 시작하였다.

제1차 경제개발5개년계획(1962~1966)에 주택개발이 포함되었다. 1962년 주택영단은 대한주택공사로 이름을 바꾸고, 마포아파트를 건설하였다. 마포아파트 계획 당시에 건설자금을 후원하였던 미국 대외원조처(USOM, Unite Stater Operations Mission)는 원안을 반대하였다. 그들은 전후의 전기, 기름, 물의 공급이 부족했던 상황에서 엘리베이터, 중앙난방, 수세식 화장실은 너무나 호화스럽다고 판단했던 것이다. 이에 원안의 구조와 규모를 축소하여 연탄난방에 승강기가 없는 6층 소형아파트(9, 12, 15, 16평)가 건설되었다.

마포아파트단지는 '아파트단지' 개념을 확립한 초기 현대식 아파트로 평가된다. 상가와 놀이터, 유치원 등의 공동시설이 근린시설로 모여 있고, 관리사무소 건물이 있다. 주변에 배치된 장방형의 4개 동은 중심에 모여 있는 Y자 6개동을 감싸고 있다.

1. 마포아파트 철거 모습
2. Y자 형태의 마포아파트 모습
3. 마포아파트의 야경(1970)

그림 2-1 마포아파트

1970년대 초까지 주택은 대부분 중소기업이나 개인 목수들이 지었으며, 주거형태는 개인주택이 주를 이루었다. 종암아파트와 마찬가지로 마포아파트도 건설규모(642세대)보다 아파트 건설기술을 발전시켰다는 점에서 의의가 크다.

동부이촌동단지

1971년 완공된 강북의 동부이촌동단지는 대한수자원공사가 택지를 조성하였고, 공공기금과 AID차관으로 대한주택공사가 건설하였다. 30 ha의 대지에 총 3,260세대 중 서민용 소형주택(12~13평형)은 784세대이고, 그외 공무원아파트(1,312세대), 외국인을 위한 외인아파트(500세대), 중대형 아파트인 한강맨션(700세대) 등으로 다양한 주민을 위한 단지로 계획되었다. 20평에서 80평까지 다양한 규모가 있었으며, 가장 큰 평수는 부유층이 사는 저택이라는 의미로 '맨션'이라는 이름이 붙여졌다. 그리고 아파트 전 세대가 기름보일러의 중앙난방이었다. 한강맨션의 경우, 대대적인 광고와 모델하우스를 통한 홍보로 아파트는 서민들이 사는 곳이라는 부정적인 이미지를 바꾸는 계기가 되었다.

1974년에 대한주택공사가 완공한 반포단지는 강남개발과 대단지 아파트 시대를 촉진시켰다. 22평부터 복층의 64평까지 다양한 크기의 반포단지는 전 세대가 중앙난방이었다. 아파트 분양이 시작되자 엄청난 인파가 몰린 것이 계기가 되어 3년 후 정부는 아파트분양 추첨제를 도입하였다.

(1) 한강맨션아파트

한강맨션아파트는 우리나라 최초의 중산층 아파트로, 본 공사를 하기 전에 견본주택을 건립하여 분양 홍보한 첫 아파트이다. 공급면적 89m^2(27평), 105m^2(32평), 122m^2(37평), 168m^2(51평), 188m^2(57평) 등 5개 주택형의 24개동(관리동 포함), 총 660가구의 단지로, 평면은 우리나라 최초의 완전 입식구조로 설계되었다. 특히 침실과 부엌을 완전히 분리하고 중산층 아파트라는 점을 강조하여 고급자재를 사용하였다.

한강맨션아파트는 학교와 공공기관, 상가 등 각종 편의시설과 주거 공간을 한 곳에 모아 놓아야 한다는 근린주구론에 입각한 아파트단지 개발을 하였다는 점에서 큰 의미를 지닌다. 한강변을 따라 주거동과 상가, 학교 등을 길게 가로축으로 배치하였고, 상가 1층은 아케이드 방식이었다.

1. 길을 따라 늘어선 노선상가 모습 3. 한강맨션아파트 전경
2. 한강맨션아파트의 1970년 모습

그림 2-2 한강맨션아파트

(2) 여의도시범아파트

1971년 10월 여의도시범아파트는 287만m^2(87만 평)의 택지에 12층 아파트 24개동 1584가구 규모로 조성되었다. 여의도를 대규모 택지로 개발하기 위해 서울시는 1968년 2월, 밤섬을 폭파하여 나온 11만 4000t의 돌로 여의도와 한강 사이 제방을 쌓았다. 1970년 지금의 마포대교인 서울대교 준공으로 여의도는 육지가 되었고, 건축가 김수근은 국회와 종합병원이 있고, 사람은 2층으로, 차는 1층으로 다니게 하는 보행자용 인공 데크(deck)를 갖춘 여의도개발 마스터플랜을 세웠다.

김수근

12층 높이의 여의도시범아파트는 당시 우리나라 아파트 중 가장 높았다. 처음으로 아파트에 엘리베이터가 설치되었고, 세대마다 냉온수

급수, 스팀난방 시설을 갖추었다. 파출소, 쇼핑센터, 유치원부터 고등학교까지 단지 가까이에 배치한 방식도 새로운 시도였다. 여의도초등학교를 졸업한 사람은 여의도중학교, 여의도고등학교로 진학할 수 있는 특수학군제 때문에 사람들은 여의도로 옮겨오기 시작하였고, 1970년대 후반 중동건설경기 호황으로 늘어난 유동자금이 여의도의 아파트로 몰려 1977년 목화아파트 청약 경쟁률은 45대 1을 기록하였다.

1. 백조아파트
2. 삼부아파트
3. 시범아파트

그림 2-3 여의도아파트

(3) 잠실아파트단지

1971년부터 서울시는 잠실 인근 한강변에 308만 평을 매립해 용지를 조성하고, 1975년 3월부터 1978년 10월까지 대한주택공사가 그중 41만 평에 5개 단지를 건립하였다. 잠실아파트단지는 총 364동, 19,180가구, 인구 10만 명의 거대한 규모이다. 당시 이 정도 규모의 단지는 세계적으로도 일본과 서독, 영국에 있는 8~9개에 불과하였다.

잠실 1~4단지는 건물을 남향으로 길게 평행 배치하였던 이전 단지와 달리 건물들이 중앙을 향해 모여 있는 ㅁ자형 클러스터(cluster) 방식으로, 중정형 공간구성이다. 단지중앙은 놀이터나 작은 공원을 조성하였다. 하지만 길게 이어진 상가에 비해 중앙에 위치한 상업시설은 이용이 불편하여 수익성이 떨어지고 단지 내 차량이 늘면서, 중앙공간은 주차장으로 변하였다.

1976년부터 건립된 5단지는 1~4단지와 달리 강변을 따라 나란히 배치하는 형식이었다. 층수는 15층으로 당시로서는 고층아파트이었으며, 판상형과 타워형을 혼합 배치하였다.

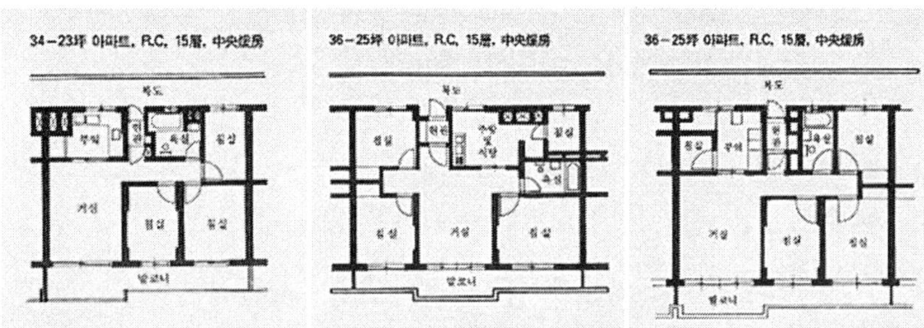

그림 2-4 잠실아파트 평면도

3) 1980년~1990년대

1986년 아시안게임과 1988년 올림픽이 열렸던 1980년대에는 전반적으로 건설시장과 부동산시장의 활황기이다. 국제규모의 스포츠 제전을 앞두고 도시 미화를 위해 대형건물과 대규모 주택의 건설이 장려되었고, 그로 인해 대형화되고 고층화된 건물건설에 대한 규제가 전반적으로 완화되어, 부동산투기와 도시 밀집화가 가속화되었다.

(1) 아시아선수촌과 올림픽선수촌아파트단지

80년대의 대표적인 아파트단지는 아시아선수촌아파트단지와 올림픽선수촌아파트단지라고 할 수 있다. 이 두 아파트단지는 현상공모를 통하여 설계되었다.

아시아선수촌아파트는 조성룡과 문정일이 공동 설계한 작품이 최종 당선되었다. 이 설계안은 ㄷ자형 2~3개 주거동 가운데에 마당의 개념으로 공간을 비우고, 필로티 구조로 주민들의 공동생활의 활성화를 유도하였다. 아시아선수촌아파트는 9, 12, 15, 18층, 전용면적 99~179m^{2}의 다양한 주택형으로 구성되어 있으며 총 1,356가구로 구성되었다.

올림픽선수촌아파트는 황일인과 우규승이 공동 설계한 작품이 최종 당선되었다. 올림픽공원으로 이어지는 대형광장과 쇼핑센터 주변으로 건물들이 원형의 아치 모양으로 배치됐는데, 중심부에는 저층이 자리잡고 외곽으로 나갈수록 층이 높아지는 부채형태였다. 올림픽선수촌아파트는 122개동, 5,540가구로 구성되었다.

1. 올림픽공원과 올림픽선수촌아파트 2. 아시아선수촌아파트 단지
3. 올림픽 제1, 2체육관과 올림픽선수촌아파트

그림 2-5 아시아선수촌아파트와 올림픽선수촌아파트

(2) 부산 망미아파트단지

1986년 준공하여 구릉지개발의 모델을 보여 준 부산 망미아파트단지는 바다를 향한 남향 25도, 북서향 40도의 경사에 15층짜리 고층아파트 1998가구와 5층 계단식으로 건립된 40가구의 테라스가 있는 테라스 주택은 두 세대 사이에 중앙정원(중정)을 조성해 휴식공간을 마련하고, 타워형 고층아파트는 다른 건물의 조망을 가리지 않도록 단지 외곽에 두고, 일자굴곡형은 단지 후면이나 중심부에 배치하였다.

면적은 76~116m²로 7개 유형이 있는데, 소형인 70m²대는 방 2개와 거실, 나머지는 방 3개와 거실로 구성되어 있다. 방 3개인 아파트 현관에 들어서면 양쪽으로 작은 방이 있고 거실 건너편으로 발코니를 끼고 있는 큰 방이 있다.

1. 부산 망미주공아파트 전경　2. 단지 내 생태연못
3. 바다에서 바라본 모습

그림 2-6 부산 망미주공아파트

(3) 상계주공아파트

상계주공아파트(16개 단지 4,0224가구)는 1989년 12월에 준공되었다. 제5차, 제6차 경제개발5개년계획에 따라 저소득층을 대상으로 주택을 공급하는 차원에서 건설된 것이다. 네모형의 주동(아파트 건물) 외에 Y자와 U자, V자, L자 등 다양한 형태의 건물을 지형에 맞게 배치하였다. 아파트 높이도 최고 25층으로 높아졌고, 평형 배치도 믹싱 개념을 도입하여 29.7~82.5m²(9~25평)으로 구성된 각 가구를 한 동에 섞어 넣었다. 또 거주자 맞춤형 아파트를 지향하여 큰 방과 작은방, 거실과 방 사이에 이동식칸막이를 이용하여 아이가 생기거나 손님이 방문했을 때 방 크기를 쉽게 조정할 수 있도록 하였다. 부모-자녀 세대가 같이 살 수 있는 2세대형, 별도의 현관을 설치한 3세대형 등 다양한 공간구성이 있다. 상계주공아파트는 아직도 주민자치활동이 활발하며, 8단지 아파트는 2013년 11월에 재건축이 확정되었다.

1. 단지 내 고가수조 타워
2. 상계 신시가지의 단지 배치도
3. 상계 주공아파트 대단지의 모습

그림 2-7 상계주공아파트

(4) 신도시 개발

일산신도시

1990년대에는 신도시(new town) 개발이 시작되었다. 1기 신도시인 일산, 분당, 평촌, 중동, 산본 등 주택 200만 호 건설로 아파트는 우리나라의 대표적인 주거유형으로 자리 잡기 시작하였다.

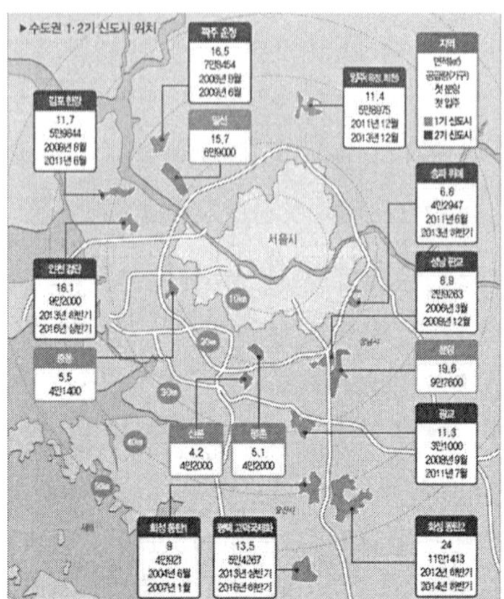

그림 2-8 수도권 신도시

4) 2000년대 이후

2000년대는 아파트의 품질경쟁이 심화되어, 1990년대 후반부터 도입된 아파트 브랜드화가 본격화되었다. 이에 건설업체들은 차별화된 계획요소를 개발하여 신축아파트에 도입하였는데, 건설업체에서 내세운 차별화 전략들은 크게 브랜드화, 마감재의 고급화, 첨단설비의 보편화, 웰빙트렌드, 환경친화적인 요소 등이다.

■ 아파트 브랜드가 국내에 첫 선을 보인 것은 1990년대 후반이다.

1998년(동아건설의 솔레시티, 월드건설의 월드메르디앙)을 시작으로 1999년(삼성 쉐르빌·타워팰리스·가든스위트·하이페리온 등), 2000년(삼성 래미안, 대림산업 e-편한세상) 등이 뒤를 이었다.

한편, 2010년 이후 지속되는 경기악화로 수요자들이 대형주택보다는 소형주택을 선호하게 되었다. 노무현 정부는 분양가상한제를 재도입하여 가격규제를 하였다. 2006년에 85m^2 이하 주택에만 적용하였던 분양가 상한제를 85m^2 초과 주택으로 확대 적용하고, 적용 예외이었던 후분양주택까지 적용을 확대하였다.

▸ **아파트 분양시장 광고 변화**

톱스타의 전유물로 여겨졌던 아파트 분양시장 광고가 비용이 적게 들고 재미있는 실속마케팅으로 변화하고 있다. 과거 톱스타를 통한 '이미지 마케팅'을 대신, 좀더 재미있고 친근한 캐릭터들을 통해 상품의 장점을 설명하는 '정보 제공 마케팅'으로 실수요자 층을 공략하고 있다.

대우건설의 경우에는 2011년 관련업계 최초로 캐릭터 마케팅을 시작, 정대우 과장을 선보이며 광고에 나서고 있다. 정 과장은 기발한 상상을 즐기며 불가능한 것에 도전하고 이를 실현해 가는 과정에서 행복을 느끼는 긍정적인 성격의 소유자로 나온다. 지난해부터는 5인조 남녀 혼성밴드 '정대우 밴드'로 대우건설의 각종 CF에 출현하고 있다.

신동아건설은 세종 행정중심복합도시 1-1생활권 L6블록에 공급 중인 '세종 신동아 파밀리에' 아파트의 공식 캐릭터 '파미'와 '리에'를 제작해 발표했다.

업계 관계자는 "과거 아파트 광고는 국내 여배우들의 인기를 가늠하는 척도로 여겨질 만큼 광고시장에 차지하는 비중과 영향력은 상당했다"며 "건설경기 침체의 장기화로 건설사들이 마케팅 비용을 절감하고 보다 재미있게 소비자에게 다가가기 위해 노력하고 있다"고 말했다.

출처: 이투데이(2013. 06. 14). 일부 수정함.

2. 근대 이후 외국의 공동주택 변천

1) 영국

■ 산업혁명
(Industrial Revolution)
18세기 중엽 영국에서 시작된 기술혁신과 이에 수반하여 일어난 사회·경제 구조의 변혁으로, 점진적이고 연속적인 기술혁신의 과정이라고 보는 것이 일반적이다.

18세기 산업혁명으로 영국의 도시는 급격히 성장하기 시작하였다. 인구의 증가와 기계의 발명으로 인해 근대적인 도시 체계를 형성하면서 도시화를 가속시켰다. 대부분의 대도시들은 인구와 산업의 도시집중으로 인하여 규모면에서 비대해져 주택문제, 교통문제 등과 같은 사회문제가 발생하였다. 이러한 도시문제를 해결하기 위하여 적정규모의 이상적인 공동체를 이루는 '이상도시계획안'이 등장하였다.

(1) 오웬의 평행사변형계획

오웬

오웬(R.Owen)이 제안한 도시는 건물에 의해 구획된 블록이 1,200명을 수용하고, 1,000~1,500ac의 토지로 둘러싸여 있다. 가구 안에는 평행사변형의 두 부분으로 나누어 공공건물을 배치한다.

모든 건물들은 평행사변형(parallelogram, 공장촌)의 커다란 광장 주변에 배치되며 4면은 어른들 숙소와 어린이를 위한 기숙사, 창고, 객실과 병원으로 구성되고 중앙건물에는 교회, 학교, 취사장과 식당을 갖춘다. 개별 주거건물 안쪽으로 여유 공간이 있어야 한다는 것이 가장 중요하며, 최대 구성원을 수용하기 위해 평행사변형은 가능한 최대 규모로 계획되었다. 또한 취사를 위한 공동시설이 있으므로 부엌은 필요하지 않고, 아파트는 항상 통풍이 잘 되며, 중앙집중식 냉난방 시스템을 도입하여 간단한 조작으로 실내공간의 적온과 청정을 유지해야 한다.

오웬의 이 같은 제안은 정치적, 경제적 측면에서부터 건축계획과 재원조달계획에 이르기까지 모든 부분을 다룬 근대도시계획의 첫 시도이다. 특히 오웬의 '이상도시안'은 현대적인 도시기능에 부응하기 위해서 제안된 전원도시운동에 커다란 영향을 주었다.

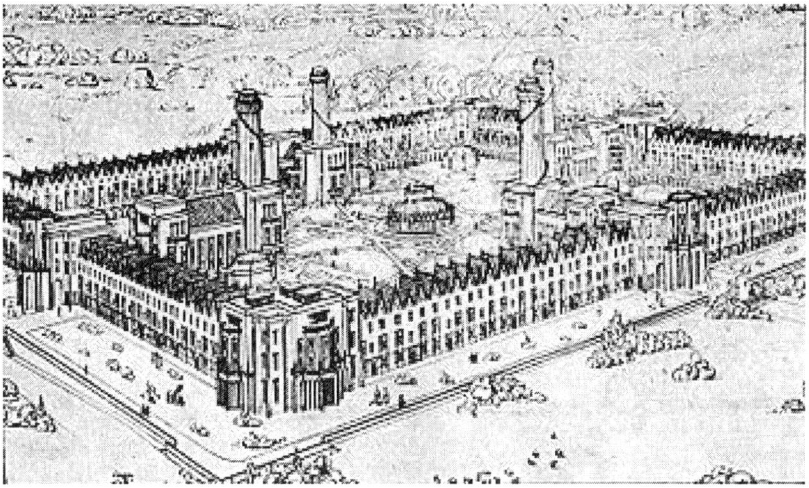

그림 2-9 새로운 하모니(R. 오웬)

(2) 하워드의 전원도시

하워드

전원도시란 도시의 장점과 농촌의 장점을 통합하는 개념으로, 19세기 산업도시의 제반문제를 해결하기 위한 방안으로 제시되었다. 1898년 하워드(Ebenezer Howard)는 자연환경으로 건강한 생활을 유지하면서 사람들에게 작업과 여가의 기회를 부여할 수 있는 전원도시의 필요성을 강조하였다. 전원도시의 기본은 개인에 의한 자발적 참여와 협동관계의 구축에 의한 새로운 사회질서를 모색하는 협동적 사회주의 이념이다. 그리고 대규모 도시는 결코 협동에 근거한 조직의 기반이 될 수 없다는 생각이 덧붙여졌다. 결과적으로 하워드가 제시한 자석다이어그램은 도시와 농촌지역 간의 통합을 의미하는 제3의 자석, 즉 도시-농촌을 만드는 개념이었다. 경제적으로는 고임금-저임대료의 사회이며, 자연의 아름다움과 동시에 '흥밋거리와 일자리가 있는 도시'인 도시와 농촌의 결합을 추구하였다.

전원도시의 원형은 3,000ac의 농촌지역에 둘러싸인 1,000ac의 도시에 약 30,000명을 수용하는 개념으로서, 이는 오웬의 이상도시 개념에 영향을 받은 것이었다. 경제적 측면의 전원도시론은 토지가치의 변화 개념에 기초를 두고 있다. 즉, 전원도시로 어느 정도 이주가 이루어진 이후 토지의 가치가 상승하면 다시 새로운 거주지를 개발하는 방식이다. 하워드는 전원도시가 상호 연결되어 중심도시를 둘러싼 도시의 군집 개념을 제시하였다.

1946년 영국 정부는 하워드의 전원도시론에서 제시된 도시계획이론을 기본개념으로 삼고 〈뉴타운 법〉을 제정하였다. 〈뉴타운 법〉은 제2차 세계대전으로 집을 잃은 사람들에게 주택을 마련해 주는 것을 목적으로 한 것으로, 대중교통을 도시의 골격으로 활용한 밀집된 주거단지 개발의 신도시를 뜻하였다. 이후 〈뉴타운 법〉에 따라 영국에는 1972년까지 총 32개 신도시가 조성되었다.

그림 2-10 하워드의 자석다이어그램과 전원도시계획안

(3) 백투백주택

백투백(back-to-back)주택은 19세기 영국의 도시인구 집중을 해결하기 위하여 소규모로 형성된 도시연립주택이다. 백투백주택은 여러 채의 주택이 후면부의 벽을 서로 공유하면서 연립하는 형식으로 주택의 한쪽 면만 외기와 접하게 되어 환기와 통풍이 매우 열악한 주거환경으로, 도시노동자의 일반적인 주거형태로 볼 수 있다.

처음에는 2층 정도의 높이였으나 점차 지하층이 있는 3층 형식으로 지어졌다. 지하층은 독립된 출입구를 만들어 외부인에게 임대하는 경우가 많았고 맨 위층은 다락방 형식으로 건축되었다.

그림 2-11 백투백주택 평면도와 외관

(4) 베드제드

영국 런던 남단에 세워진 에너지 효율 도시마을인 베딩톤 제로 에너지단지(Beddington Zero Energy Development, BedZED)는 2002년에 완공된 영국의 성공적인 환경친화적 주택단지이다.

바이오리즈널 리클레임드(Bioregional Development Group)이라는 환경컨설턴트회사와 건축가 빌 던스터(Bill Dunster)가 설계한 베드제드는 최적의 조건에서 최대한으로 에너지를 절약하고 토지를 사용한다는 단순한 아이디어를 기본으로 하고 있다.

이 단지는 82개의 아파트주택, 복층아파트, 타운하우스, 그리고 복지회관과 탁아소를 포함한 작업공간으로 이루어졌으며, 베드제드의 최우선 목적은 소모되는 만큼의 에너지를 새롭게 다시 만들어 낼 수 있는 공간으로 설계하는 것이다.

주택은 전체적으로 20° 기울어진 남향으로 지어졌으며, 지붕에는 광기전성 패널과 환기탑(Wind Cowls)이 설치되어 있는데, 열교환기가 부착되어 있어 바깥의 찬 공기가 실내의 더운 공기와 섞이면서 따뜻해지도록 설계하였다. 이로써 난방기구를 사용하지 않고서도 실내온도를 조절할 수 있다. 주거공간은 대부분 남쪽으로 배치되었고, 삼중으로 된 지붕의 채광창을 통해 실내로 들어온 고에너지의 일광은 오랫동안 보존되어 에너지효율을 높여 인근보다 전기 사용량을 45% 정도 줄일 수 있다. 주택건설에는 부분적으로 재생 목재를 사용하고 이 외 사용된 재료도 모두 재생산된 지역 생산품이다. 그중 사용된 강철의 90%는 브링톤 철로를 재활용한 것이다.

주택은 연달아 여섯 채 이상 나열되어 짓지 않으며, 주택 사이에는 충분한 여유공간이 있어 걷거나 자전거를 이용하는 보행자들이 편히 다닐 수 있도록 한 보행자를 중시하는 친환경적인 운송설계에 따라, 자가용은 이 지역의 일정 경계선 부분까지만 들어올 수 있도록 제한되었다. 뿐만 아니라 모든 주택에는 물과 쓰레기를 재활용할 수 있는 시설과 나무 조각을 태워 에너지를 공급할 수 있도록 열과 전력을 결합하는 시설도 함께 설치하였다.

현재 영국에서는 2016년 이후 모든 새로운 주택을 탄소중립으로 만드는 것을 목표로 하고 있다. 탄소중립이란 경제활동으로 배출되는 탄소의 양이 전혀 없는 상태가 되는 것이다. 탄소중립이 되기 위해서는 화석연료 사용을 통한 탄소배출을 전면 차단하거나 산소를 공급하는 숲 조성 등을 통해 탄소배출을 상쇄해야 한다. 그리고 태양열·풍력·지열 등 신재생에너지를 사용하는 것이다.

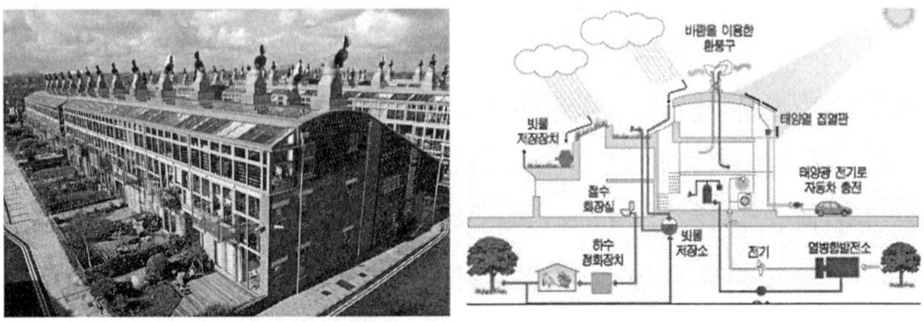

그림 2-12 베드제드 전경과 에너지관리 시스템

2) 프랑스

영국처럼 프랑스 역시 1830년 이후 콜레라 전염병이 돌자 1853년경(나폴레옹 3세) 파리에서는 도시의 위생적인 시도를 위하여 대규모 도시 건설과 주택건축의 변화가 일어났다.

1852년 〈파리 도로 계획법(Decret relatif aux de paris)〉에 의해 파리시를 통과하는 30m 넓이의 도로를 건설하였다. 마지막 성곽을 폭파시키고 옛 도로를 대로(boulevard)로 변경시킴으로써 방사선 도로와 순환도로에 의한 도로시스템이 생겨났다. 이때 파리시의 건물이 절반 정도 헐렸고, 인구의 1/3정도가 1층은 호화 상가나 기업체가 입주한 도로변에 건설된 6층 높이의 아파트에 이주하였다.

르 꼬르뷔제(Le Corbusier)와 기디온(S. Giedion) 등은 전원도시론에 대한 반발로 새로운 도시형태를 제안하였다. 르 꼬르뷔제는 영국의 전원도시에 대하여 도시 확장으로 인하여 생기는 토지와 도시개발의 시간적 낭비를 초래한다고 비판하였다. 그는 1922년 인구 300만 명의 대도시계획안(La Ville Contemporaine)을 발표하였다. 이는 파리의 세느강과 몽마르트 언덕 사이의 모든 것을 철거하는 전면 재개발방식으로, 격자형의 도로패턴에 십자(十字)형 축을 형성한 초고층고밀의 도시 형태이다. 중심부에는 3,000명/ha의 인구를 수용하는 60층(높이 180m)의 건물이 24동 배치되며, 그 건폐율은 불과 5%로서 중심에는 철도나 비행기 착륙이 가능하도록 배치되었다. 건물 주변에는 아파트가 격자형으로 규칙적으로 배치되어 넓은 공원과 오픈스페이스 및 도로를 확보할 수 있게 하였다.

르 꼬르뷔제

■ 르 꼬르뷔제의 300만 명을 위한 도시계획
첫째, 도시 중심부의 난잡함은 배제되어야 한다.
둘째, 중심부의 밀도는 높아도 좋다.
셋째, 중심부에 교통기관을 집중시켜야 한다.
넷째, 공지와 공원은 충분히 확보되어야 한다.

르 꼬르뷔제의 대도시계획안은 당시 많은 도시계획가와 건축가의 호응을 얻었으며, 그를 중심으로 1928년 근대건축국제회의(CIAM: Congros Interantionanxd'Architecture Moderne)가 개최되었다. 그러나 대도시계획안은 실행되지 못했다.

초기의 CIAM에 의해 시작된 도시계획의 수법으로는 지역지구제, 인동간격, 그린벨트, 보차분리, 근린주구, 건물의 고층화 등이다. 샹디가르(Chandigarh)와 브라질리아(Brasilla) 등은 CIAM의 수법으로 세워진 대표적인 도시이다. 이 두 도시는 CIAM의 사상, 특히 1933년 아테네에서 개최된 제4회 근대건축국제회의 주제인 '기능적인 도시'를 충실히 적용한 것으로서 30년에 걸친 CIAM운동의 종합적인 결산이었다.

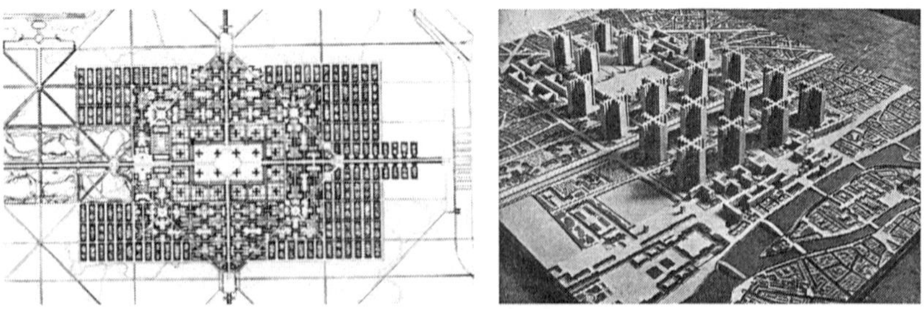

그림 2-13 르 꼬르뷔제의 대도시계획안(1922)

인도의 상디가르

표 2-1 인도의 샹디가르

- 르 꼬르뷔제가 직접 계획한 도시로서 인체의 모습에 바탕을 두어 계획되었다.
- 1951년 50만 인구를 위한 도시계획으로, 근린주구단위로 1,200×800m 격자형 모듈로 대지를 나누었다.
- 도로체계는 각각의 성격과 스피드에 따라 V1에서 V8(V1과 V2는 고속화 도로이며, V7과 V8은 아주 좁은 도로)로 차별화하였고, 블록 중심부에는 독립된 보도체계가 있는데, 이 보도폭이 40m 정도이다.
- 공공시설은 도시와 격리하고, 격자형을 변형시켜 격자형의 중심존에 거대한 녹지망을 형성하였다.
- 행정센터는 외곽에, 업무센터는 도시 내에 두었다.
- 그러나 인도인의 사정에 맞지 않는 서구적인 도시계획으로 평가받고 있다.

표 2-2 브라질의 브라질리아

- 1957년 브라질의 새로운 수도인 브라질리아를 코스타(L. Costa)의 기본계획으로 건설한 것이다. 대상지는 댐 건설로 조성된 호수로 두 부분이 둘러싸여 있다.
- 두 개의 도로가 교차되는 곳에 도심이 형성되었고, 조망축과 구심점이 강조되는 바로크형으로 설계되었다. 동서로 가로지르는 8.8km 직선축의 광로를 따라 정부청사, 시청사, 상업업무지구가 형성되었다. 그리고 활처럼 휜 남북축을 따라 대형 가구의 주거지구가 있고, 호수와 남북측 사이에 대사관, 대학, 호텔, 관저 등이 위치해 있다.
- 호수 주변에 저밀도의 주택지가 형성되었고 호형축의 도로는 약 150m 폭이며, 기념축 도로는 4개의 도로가 같은 거리에 있으며, 두 도로 사이에는 광로가 있다.
- 주거군은 4~8층 아파트로 대부분 필로티로 구성되어 접근이 용이하며, 넓은 공간감을 준다. 지하주차는 많이 설치하여 오픈스페이스가 많다.

브라질리아

표 2-3 유니테 다비타시옹

- 마르세유의 유니테 다비타시옹(Unite d'habitation)은 1915년의 도미노하우스와 1921년의 씨트하우스 프로젝트를 적용시키기 위한 것이었다. 유니테는 23개 평면, 337개의 주호를 구성하고 있는 18층의 아파트이다. 이 수직도시는 길이 137m, 너비 20m, 높이 61m이다.
- 5층에는 상점가와 르 꼬르뷔제 호텔이 있고, 2, 5, 7, 8, 10, 13, 16층에 복도가 있는 동선체계이다. 전체 높이의 중간부분인 7층과 8층에 상업시설이 있으며, 거대 주거동을 받치고 있는 6m 높이의 2열 기둥은 8.38m 간격으로 총 34개가 배열되어 있다.
- 복층형으로 된 유니테아파트는 두 명의 자녀를 가진 가족을 위한 아파트이다. 침실은 더 넓은 부엌과 거실을 위해 최소 크기이다. 부엌은 평면 중앙에 있고, 출입문에 가깝고 2층 높이의 천장고를 갖는 거실공간과 연결되어 있다.
- 중앙난방과 부분적으로 설치된 에어컨, 하수구와 부엌마다 있는 아이스박스, 오전과 오후 모두 차양이 채광을 조절한다.
- 세탁실, 탁아소, 유치원, 레스토랑, 호텔 블록을 공용시설로 설치하였다.
- 옥상정원에는 놀이터, 어린이 물놀이터, 조깅 트랙과 운동공간이 있다. 블록 안에는 추가적으로 병실, 약국, 바가 있다.

그림 2-14 유니테 다비타시옹

3) 미국

1853년 뉴욕만국박람회에서 오티스(Elisha Otis)가 승강기를 고층건물에 적용하였다. 1871년 시카고 대화재 이후 고층건축 기술의 발달로 공동주택도 많이 건설되었다.

(1) 레이크 쇼어 드라이브 공동주택

미스 반 데 로에

미스 반 데 로에(Mies van der Rohe)의 레이크 쇼어 드라이브(Lake Shore Drive, 1948, 1951) 공동주택에는 각 층 중앙부에 두 개의 계단실 및 엘리베이터 코어 사이 중복도 주변에 부엌, 욕실 영역을 배치하고, 평면의 외주부 주변에 침실을 배치한 주동형태로 디자인하였다. 1927년 독일 바이젠 호프 집합주택단지계획에서 시도한 부엌, 욕실, 통로를 코어로 집중화시키는 방식을 응용한 것이다. 평면적으로는 벽체와 기둥을 분리하고 외벽에 멀리온(mullion)이 설치되었다. 그는 마치 외피가 멀리온으로 짜인 직물처럼 무주(無柱)공간의 단일한 매스로 표현되는 형태언어를 개발하였고, '구조의 골조미와 유리의 충진재'라는 건축적인 형태미학 차원으로 발전되어, 당시 국제주의적인 건축가들에게 반복 재생산되었다.

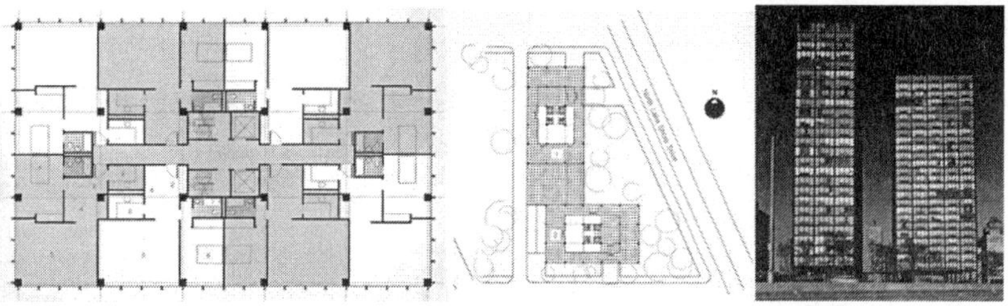

그림 2-15 레이크 쇼어 드라이버 공동주택 평면과 외관

(2) 트윈 팍스 노스웨스트 공동주택

미국 뉴욕 브롱스(Bronx)에 위치한 트윈 팍스 노스웨스트(Twin Parks Northwest)는 18층 규모이고, 중복도식의 플랫(flat)형과 스킵(skip)형의 단면이 조합된 계획이다. 중복도층의 전면부는 플랫형, 배면부에는 스킵플로어형의 주호로 계획되어 있다. 플랫형 단위세대는 주호의 깊이보다 폭이 넓어 외기에 많이 접하게 되고, 스킵형 주호 세대마다 2칸에서 8칸까지 전면 폭(bay) 점유면적을 달리 구성해 다양한 크기와 평면을 선택할 수 있다.

그림 2-16 트윈 팍스 노스웨스트 공동주택의 외관

4) 일본

1907년 하워드의 전원도시론이 일본에 소개되면서 1919년부터 〈도시계획법〉과 〈시가지건축물법〉이 제정되고, 각 나라의 교외주택지 개발기술에 관한 연구가 수행됨으로서 대규모 집합주택이 계획되기 시작하였다.

1923년 관동대지진에 의해 동경의 주택난이 가중됨에 따라 주택문제가 본격적으로 거론되면서 동윤회(1924)가 발족되었다. 처음에는 남향의 목조주택을 위주로 건설하였지만, 1925년부터 철근콘크리트의 저층 집합주택을 건설하면서 식당, 점포, 진료소, 오락실 등의 공동시설을 계획하였다.

■ 동윤회
동윤회(同潤会, どうじゅんかい)는 관동대지진 후 설립된 재단법인으로, 주택공급을 목적으로 만들어졌다. 대체로 도시 중산층을 위한 양질의 주택공급을 하였으며, 1934년 준공된 에도가와아파트가 동윤회의 마지막 아파트이다.

한편, 1941년 일본주택규모협의회를 통해 〈주택 및 기타 부지설계기준〉이라는 주택의 규격, 일조기준과 시설기준 등으로 정하였고, 일본건축학회에서는 근린주구에 관한 연구결과 등을 제시하였다. 당시 일본의 집합주택은 일조확보와 통풍확보를 위해 평행배치방식 위주로 계획되었으며, 주거동과 도로의 형태, 오픈스페이스를 비롯한 옥외공간에 대한 설계기법이 개발되었다.

1957년에 고속도로가 착공되면서 자동차의 존재가 공간구성에 고려되기 시작하였다. 즉, 주거단지계획에 보차분리방식을 적용하였다.

1960년대에 시작된 일본의 신도시건설은 센리를 시작으로 오픈 커뮤니티 개념을 적용한 고죠지(1964), 어바니티(urbanity) 구성기법을 적용한 타마(1966)를 비롯하여 지바(1966), 고호쿠(1966) 등이 순차적으로 건설되었다. 초기 신도시의 주거단지계획은 일조확보를 위해 획일적으로 평행배치를 적용하였으나, 점차 다양한 배치기법이 시도되었다. 또한 1960년대 이후부터 심한 지가의 앙등으로 인해 고층 및 중복도형 주동의 계획으로 고밀화되었다. 이러한 단지의 거대화, 획일성, 일조결여 등으로 생활환경의 질이 많이 낮아졌다.

1970년대 초에는 층고제한의 철폐로 인하여 ㅡ자형에서 I자형으로 바뀌면서 고층개발이 시작되었고, 고밀주거에서는 주거환경과 공용공간의 질이 중요하다고 인식하기 시작하였다. 1973년 주택의 공급과 수요가 일치하게 되자 '양에서 질'로 전환하였다. 이에 개성주택, 가변주택, 프리스페이스(free-space)주택 등이 시험되었고, 전통성을 고려한 다다미방이 있는 주거유형도 재등장하였다. 이와 함께 저층집합주택이나 공용정원이 있는 타운하우스, 메조네트(maisonette) 타입이 새로운 주거유형으로 제시되었다.

1980년대는 '양에서 질로의 전환'에 대한 모색이 구체화되는 시기이다. 대표적인 주거단지는 K.A.P(Kummamoto Art Polis), 넥서스 모모치, 넥서스 월드(NEXUS World), 롯코 아일랜드 등을 들 수 있으며, 환경문제 해결과 지속적 커뮤니티 개발이라는 이슈 아래 타마의 환경공생단지, 마쿠하리의 유럽가로형 아파트 등이 건설되었다.

1990년대는 1980년대에 이어 새로운 주거방식과 새로운 개념의 집합주거계획이 실험되었다. 이는 재개발, 가로만들기, 설계방법의 디자인체계, 새로운 도시주거의 유형도입, 환경공생형 주택의 건설 등이다.

2000년대는 민간임대주택, 주택 리모델링, 도심복합개발 등 새로운 시장 성장과 부동산금융 활성화로 활로를 찾고 있다. 이를 위해 일본 정부는 정기차가권 신설(2000), 도시재생특별조치법(2002), 주생활기본법(2006)을 제정하고, 지역주택교부금으로 분권을 강화하는 등 제도를 정비하고 있다.

■ 타운하우스
단독주택을 두 채 이상 붙여 나란히 지은 집으로 벽을 공유하는 형식이다. 대개 2~3층인데, 연립주택과 다른 점은 수직공간을 1가구가 사용한다는 점이다.

■ 정기차가권
임대사업자가 정당한 사유 제시 없이 계약갱신 거부나 임대료 변경이 가능해지도록 한 조치로써, 민간임대 투자 확대를 유도하기 위한 제도이다.

■ 주생활기본법
주생활기본법은 1966년부터 시행한 주택건설계획법의 대체법률로 제정되었다. 이로써 중앙정부의 공공, 민간주택 공급목표량 제시를 중단하고 5년 단위의 전국, 지자체별 주생활기본계획을 수립하고 주택성능, 거주환경, 유도거주면적, 최저거주면적 관련 정책목표를 설정하도록 하였다

(1) 센리 뉴타운

1960년대 오사카의 주변지역 철도를 따라 주택이 무계획적으로 들어섰다. 이에 오사카시는 동쪽 20km, 남쪽 30km 이내의 근거리 지역에 표고 300m 이내의 대상지를 선택하여 신시가지 개발을 시행하였다.

센리 뉴타운(千里, Senri newtown)은 대지면적 1,160ha이며, 세대수는 37,330명으로 계획하였다. 단지계획은 전형적인 근린주구이론에 의해

단계적으로 구성되었다. 즉, 영국의 신도시 계획기법을 기초로 근린주구론과 독일식 평행배치방식 등을 원론적으로 적용하였다. 일상생활권과 커뮤니티 형성의 각 단계에 대응하여 인보구로부터 근린분구, 근린주구, 지구, 주택도시 순으로 조성하였다. 근린주구 3~5개 정도를 묶어 지구를 구성하였고, 뉴타운 전체는 3개 지구 12개 주구로 계획되었다.

오사카시와 연결되는 지방간선도로, 12개 주구를 연결하는 지구간선도로, 지구 내 주요시설 및 근린센터, 학교시설 등과 지구간선도로를 연결하는 버스노선인 주구간선도로, 주구의 한 블록을 구획하는 구획도로 및 구획도로에서 각 대지를 연결하는 세가로의 위계로 계획하였다. 세가로는 통과교통이 생기지 않도록 쿨데삭 방식으로 하였으며, 전용도로는 세가로와 세가로를 연결하는 보행자 전용이다. 즉, 보행자와 차의 분리를 철저하게 하고 전용도로를 중심으로 그 주변에 학교, 근린센터, 공원을 설계하는 녹도시스템을 적용하였다.

그림 2-17 센리 뉴타운의 현재 모습과 주거단지

(2) 타마 뉴타운

타마 뉴타운(多摩, Tama newtown)은 동경도심에서 서쪽 25~40km의 거리에 위치하며, 면적 약 3,000ha, 인구 약 31만 명으로 계획된 일본 최대의 뉴타운이다. 뉴타운 개발은 동경부(TMG)와 주택도시정비공단(HUDC), 동경부 주택공급공사(TMHSC)가 중심이 되어 시행되었다. 1970년에 입주가 시작된 이래 1991년까지 약 21,500호(인구 약 15만)의

주택이 공급되었으며, 현재까지 활발한 개발이 진행 중이다.

타마 뉴타운은 전형적인 근린주구로 구성된다. 각 주구는 약 100ha 전후의 구역으로 구분되어 각각 독립된 생활권을 형성하게 되어 있다. 전체 총 23개의 주구로 구성되어 있으며, 하나의 주구는 초등학교, 중학교를 포함하며 인구 약 8천 명 정도로 구성되어 있다. 각 주구에는 근린공원 및 아동공원을 선형으로 연결하여 공공녹지를 구성하였으며, 각각의 주구는 다시 철도역을 중심으로 하여 5개의 주구로 통합되며 주구 내에는 지역공원, 고등학교, 병원 등의 시설물과 지구 중심시설이 위치한다.

뉴타운 전체는 간선 및 집산도로에 의해서 각 주구가 분할되어 있고 이들 도로는 소음을 최소화하고 감속을 통하여 교통사고의 발생을 방지하기 위해 곡선형으로 계획되어 있으며, 주택지 내부는 루프형 또는 쿨데삭형의 도로가 주류를 이룬다.

■ 간선도로와 집산도로
간선도로는 대량의 통과교통을 처리하는 도로로서 시·군의 골격을 형성하는 도로이다.
집산도로는 근린주거구역의 교통을 보조간선도로에 연결하여 근린주거구역 내 교통의 집산기능을 하는 도로로서 근린주거구역의 내부를 구획하는 도로이다.

보행자를 우선으로 하는 교통계획으로 보행자 전용도로를 우선적으로 계획하고 그 위에 차도를 입체 교차시켰으며 보행자 전용도로는 산책로나 레크리에이션의 장으로도 이용할 수 있도록 계획하였다. 또한 문화시설, 업무시설 등이 모여 있는 타운센터는 신도시 중심부에 40만 명을 대상으로 복합 센터로 계획되었으며 각 지구마다 서브센터가 고속철도역을 핵으로 하여 계획되었다.

그림 2-18 타마 뉴타운 주거단지

(3) 치바 뉴타운

치바 뉴타운(千葉, Chiba Newtown)은 동경도에서 약 30km, 치바시에서 약 20km 떨어진 곳에 위치한다. 총 면적 2,900ha, 계획인구 약 34만 명이며, 8개의 도시 고속철도역을 중심으로 구성되어 동경 방면 통근자의 베드타운으로 계획되었다.

치바 뉴타운은 계획지구의 지형, 간선도로 등의 제반 조건에 의해 3개 지구로 나눈다. A지구는 국철이 지나가며, 주변 지역의 시가지화가 예측되므로 중심 지구에는 편의시설을 배치하였다. B지구는 치바 뉴타운의 중심부에 위치하는 지구로써 그 주위를 포함하여 시가지의 중심 지구가 되도록 계획하였다. C지구는 전원 분위기가 강하므로 자연환경을 이용하여 독립주택을 중심으로 구성하였다.

주구 구성은 근린주구 내 1개 초등학교를 기본단위로 하여 전체 41개 주구로 구성되었다. 타운센터에는 일상생활에 필요한 서비스를 중심으로 레저서비스, 지식정보서비스, 연구개발 산업 및 문화시설 등을 계획하여 베드타운의 기능을 담당함과 동시에 주변도시와의 연계를 통하여 독자성을 확립할 수 있도록 계획되었다.

치바 중심 지구는 동경 도심과 동경 국제공항을 연결하는 교통축과 북쪽 지역의 생활거점지역이다. 이 지구는 생활에 기반이 되는 상업, 업무 기능이나 행정관리 기능 외에 교육문화 기능과 정보서비스 기능이 중시되었다.

그림 2-19 치바 뉴타운의 주거단지와 조감도

(4) 시노노메 캐널코트

시노노메 캐널코트(Shinonome Canal Court)는 동경에 위치한 공장 부지였던 시노노메(東雲) 지역의 16ha 부지를 도심 주택지로 재생한 대규모 토지이용 전환 프로젝트로 야마모토 니켄, 이토 토요 등이 전체적인 계획을 하였다.

이토 토요
(2013년 프리츠커 상 수상)

단지계획의 기본개념은 다섯 가지이다. 첫째, 새로운 시대의 양호한 환경, 둘째, 정주 감각에 의한 생활변화, 셋째, 다양한 생활양식에 대응, 넷째, 24시간 생활, 다섯째, 시대의 요구 창출이다. 시노노메 단지는 커뮤니티를 강조하고 있는데, 일반적인 커뮤니티와는 달리 도심적 커뮤니티로서 일과 생활이 복합되어 있고, 이들이 도시적 활력을 불어넣음으로써 다양한 활동이 혼재된 커뮤니티로서의 성격을 설정하고 있다. 또한 여섯 명의 건축가가 각기 다른 블록을 설계하면서 디자인 회의를 통해 하나의 통일된 단지를 구성하고 있다는 점에서 하나의 프로젝트에 다수의 주체가 참여하여 진행하는 협력설계가 다양성과 통일성을 동시에 확보하는 중요한 방법일 수 있다는 점도 시사한다.

시노노메 단지는 블록을 기본 배치형식으로 하지만 폐쇄적인 블록형이 아니라 주거동과 주거동 사이 공간을 적극 활용하여 단지 외곽의 도시공간과 유기적인 연계를 추구하고 있다. 즉, 단지공간을 S자형으로 관통하는 보행로를 설치하였다. 이 보행로는 지상 레벨을 따라 가면서 양쪽으로 주거동을 연결시켜 모든 주거동이 이 보행로를 중심으로 연계되어 있다.

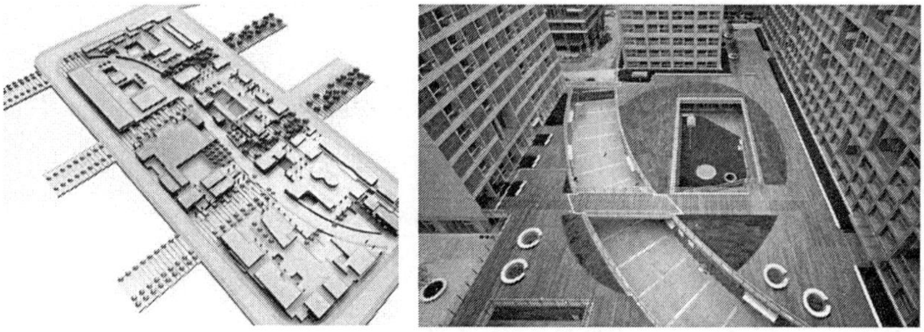

그림 2-20 시노노메 주거단지 배치도와 전경

참고 및 인용문헌

경기개발연구원 (2013. 6. 10). GRI 현안분석-버블붕괴 이후, 일본의 부동산 정책 변화와 시사점.

공동주거관리연구회 (2008). 공동주거 관리이론. 파주: 교문사. p.7.

김지연 (2010). 현대 일본 공공 집합주택의 공간계획 특성에 관한 연구. pp.95~100.

네이버 캐스트. 아파트문화사, 상계 주공아파트, 장박원(매일경제 기자).

네이버 캐스트. 아파트문화사, 여의도단지아파트, 장박원, 이유진(매일경제 기자).

네이버 캐스트. 아파트문화사, 잠실아파트 단지, 장박원(매일경제 기자).

네이버 캐스트. 아파트문화사, 잠실아파트 단지, 장박원(매일경제 기자).

대한건축학회 (2010). 주택계획이론과 설계. pp.336~337.

아파트분양광고. http://www.etoday.co.kr/news/section/newsview.php?idxno=747476

양동양 (2006). 도시 · 주거단지계획. 서울: 기문당. pp.21~22.

장림종, 박진희 (2009). 대한민국 아파트 발굴사. 효형출판. pp.96~97, pp.206~207.

최두호 (2007). 주거단지 계획이론의 변천과 계획요소의 특성연구, 한양대학교 박사논문. pp.17~18, pp.28~30.

Valerie Gelezeau (2007). 아파트 공화국. 후마니타스. pp.25~29, pp.30~34, pp.42~45.

http://blog.naver.com/gisoogsa/120011534085

그림출처

마포아파트, 네이버 캐스트, 아파트문화사, 마포아파트.

한강맨션아파트, 네이버 캐스트, 아파트문화사, 한강맨션아파트.

여의도아파트, 네이버 캐스트, 아파트문화사, 여의도 시범아파트.

잠실아파트, 네이버 캐스트, 아파트문화사, 잠실 아파트단지.

오엔. http://en.wikipedia.org/wiki/Robert_Owen

새로운 하모니(R. 오웬). http://en.wikipedia.org/wiki/Robert_Owen

하워드의 전원도시계획안_1. http://www.library.cornell.edu/Reps/ DOCS/howard.htm

하워드의 전원도시계획안_2. http://up-mk436-naturearchitecture.blogspot.kr/2010/05/garden-cities-sir-e-howard.html

하워드의 자석 다이어그램. http://ko.wikipedia.org/wiki/%EC%A0%84%EC%9B%90%EB% 8F%84%EC%8B%9C

백투백주택_1. http://www.clappsbaskets.co.uk/elandtim/FamilyHistory/Davis1.html

백투백주택_2. http://fredandkatetaylor.com/All%20documents/World_of_F&K.html

백투백주택 평면도. http://www.clappsbaskets.co.uk/elandtim/FamilyHistory/Davis1.html

르 꼬르뷔제의 대도시계획안_1. http://rosswolfe.wordpress.com/2011/04/02/at-the-intersection-of- nature-and-architecture-modernism%E2%80%99s-response-to-the-alienation-of-man-2/

르 꼬르뷔제의 대도시계획안_2. http://rosswolfe.wordpress.com/2011/04/02/at-the-intersection-of-nature-and-architecture-modernism%E2%80%99s-response-to-the-alienation-of-man-2/

인도의 샹디가드. http://n-movimiento.blogspot.kr/2011/09/on-path-of-le-corbusier - chandigarh.html

브라질의 브라질리아. http://www.kgi.ruhr-uni-bochum.de/projekte/rub_expo/k4/k4_t4.htm

유니테 다비타시옹(Unite d'habitation). http://www.galinsky.com/buildings/marseille/

유니테 다비타시옹(Unite d'habitation). wikimedia commons

레이크 쇼어 드라이버 공동주택. http://blog.naver.com/PostView.nhn?blogId=joycg&logNo=130081734783&parentCategoryNo=6&viewDate=&currentPage=1&listtype=0

레이크 쇼어 드라이버 공동주택 평면계획_1. http://www.archdaily.com/59487/ad-classics-860-880-lake-shore-drive-mies-van-der-rohe/

레이크 쇼어 드라이버 공동주택 평면계획_2. http://www.architectureweek.com/2006/0503/culture_1-2.html

타마 뉴타운 주거단지. http://warp.ndl.go.jp/info:ndljp/pid/1022127/www.

mof.go.jp/zaito/zaito99/p10_13e.htm

타마 뉴타운 녹지시설. http://warp.ndl.go.jp/info:ndljp/pid/1022127/www.mof.go.jp/zaito/zaito2002e/za02e-07.html

베드제드 에너지 관리 시스템. http://blog.naver.com/jhr444jsm/110111298537

베드제드. http://en.wikipedia.org/wiki/BedZED

시노노메 주거단지 배치도. http://blog.naver.com/hanlim2011?Redirect=Log& logNo=140120644122

시노노메 주거단지. http://ashui.com/mag/tuongtac/nhin-ra-the-gioi/2027-nhat-ban-mo-hinh-cai-tao-khu-shinonome-canal-court-tokyo.html

종암아파트. http://blog.daum.net/audtldus12/3

동부이촌동단지. http://blog.naver.com/PostView.nhn?blogId=aerosohn&logNo= 40058232853

일산신도시. http://blog.daum.net/landpolicy/240

선수촌 아파트. http://navercast.naver.com/contents.nhn?rid=38&contents_id=922

하워드. http://www.ourwelwyngardencity.org.uk/page_id__84_path__0p3p.aspx

르 꼬르뷔제. http://soulfood-dish.tistory.com/m/post/view/id/39

미스 반데 로에. http://jjjjeonda.blogspot.kr/2013/01/ludwig-mies-van-der-rohe- contents-1.html

레이크 쇼어 드라이버 공동주택 평면과 외관. Hilary French (2010). 건축 거장들의 명품 공동주택. 도서출판 선. pp.96~97.

트윈 팍스 노스웨스트 공동주택의 외관. Hilary French (2010). 건축 거장들의 명품 공동주택, 도서출판 선. pp.136~137.

센리 뉴타운의 현재 모습과 주거단지. http://amanaimages.com/info/infoRM.aspx?SearchKey=25397005133&GroupCD=0&no=
http://sui-haku.at.webry.info/201002/article_4.html

타마 뉴타운의 주거단지와 조감도. http://cafe.naver.com/japaniku/851
http://www.pref.chiba.lg.jp/kigyou/nt/cnt-photo.html

치바 뉴타운의 주거단지와 조감도. http://cafe.naver.com/japaniku/851
http://www.pref.chiba.lg.jp/kigyou/nt/cnt-photo.html

3장 공동주택계획의 요소와 과정

1. 공동주택단지의 기본 요소
2. 공동주택단지의 세부계획
3. 공동주택단지 개발의 과정
4. 공동주택단지 계획의 사례

3장
공동주택계획의 요소와 과정

1. 공동주택단지의 기본 요소

1) 외부공간

(1) 외부공간의 개념

공간은 기본적으로 하나의 물체와 그것을 지각하는 인간과의 상호관계에 의하여 형성된다. 공간은 건축에서는 내부, 외부, 반외부 공간으로 구분된다. 내부공간은 벽, 바닥, 천장에 의하여 형성되는 3차원적 공간이고, 외부공간은 바닥과 벽의 두 면에 의해 형성되는 무개공간(roof less), 즉, 천장이라는 공간 요소 중 한 가지가 부족한 3차원으로 형성되는 공간을 말한다. 그러나 천장의 유무가 외부공간을 결정짓는 절대적인 기준은 아니며, 공간을 인간이 어느 정도 개방적으로 또는 폐쇄적으로 인지하느냐에 의해 좌우된다고 할 수 있다. 한편, 외부공간은 자연의 틀에 의해서 형성된 공간이며, 자연 그 자체와는 다른 것이다. 즉, 외부공간은 인간에 의해서 창조된 목적이 있는 외부환경이며, 이러한 공간은 기본적으로 어떠한 물체와 그것을 지각하는 인간과의 사이에서 생기는 상호관계에 의해서 생성된다.

최근 주거환경에 대한 관심이 증대되면서 공동주택 외부공간의 역할 또한 중시되고 있다. 공동주택 외부공간은 공적 공간으로서 생활, 서비스, 주차, 놀이, 휴양, 오락, 이웃과의 친교 등의 목적을 가지며, 사회적 접촉을 유도하여 공동생활 요소를 담는 사회적 영역이다. 공동주택단지의 외부공간은 1차적으로 주거동의 배치에 따라 그 형태가 결정되고, 2차적으로는 옥외 부대시설의 공간 활용에 의해 구성된다. 즉, 외부공간이란 공간 내에서 인위적으로 형성된 내부공간을 제외한 잔여공간을 지칭하며, 자연과 접촉되는 공간이 아닌 건물 군이 집합된 지역에서 타 건물에 의해 창조된 공간을 의미한다. 우리나라의 경우, 주거 내 대표적인 외부공간으로 마당이 있다.

공동주택단지의 외부공간은 주거동과 기타 건축물을 제외한 단지의 나머지 공간이므로, 단독주택의 마당만큼 사적인 공간은 아니며 반공적, 반사적 공간으로 인식 할 수 있다. 즉, 각 세대를 단위로 하는 사적 영역을 확보하기 위한 공간으로서의 성격과 불특정 다수인의 다양한 옥외생활 행위(휴식, 놀이, 상호교육, 이동, 서비스)를 수용하는 생활공간이다. 따라서 아파트 외부공간은 반공적 공간으로 성격 지을 수 있다.

표 3-1 공동주택단지 외부공간의 역할

역할	내용
외부환경으로서의 역할	▸ 옥외공간은 많은 식물계로 구성되어 있다. ▸ 물리적으로는 기상과 기후에 대한 영향, 바람의 편향, 수량조절, 대기와 수질오염 예방 등과 같은 효과가 있다. ▸ 심리적 · 휴양적 · 오락적 · 교육적 · 미적 효과가 있다.
실내생활환경 보전의 역할	▸ 일반적으로 생활환경을 좌우하는 요소는 일조이며, 채광 및 분위기 · 접근도로 · 주차장 · 녹지의 순으로 외부환경 요소보다는 실내환경 요소가 많은 비중을 차지하는데, 이들은 외부공간 확보를 통해서 이루어진다.
사회적 역할	▸ 주거에 대한 소유의식과 영역성을 향상시킨다. ▸ 관리의식을 높이고 주민들의 공동체 행위와 밀접하게 연결되어 주거생활에 대한 만족도 향상에 기여한다.

외부공간은 공동주택단지의 성격상 주민의식과 형태에 미치는 영향이 적지 않음에도 불구하고 상대적으로 소홀히 취급되어 왔다. 우리나라의 공동주택단지 외부공간 설계의 일반적 경향은 먼저 주거동을 밀

도에 맞추어 배치하고 남는 대지에 주차장을 배치한 후, 접근성이 용이하지 못한 곳에 어린이놀이터를 배치하고 자투리 공간에 녹지를 계획함으로써 효율적으로 이용하지 못하는 사례가 많다.

공동주택단지의 외부공간은 단지 주민들의 프라이버시 확보와 다양한 옥외 생활환경을 동시에 제공할 수 있어야 하기 때문에 외부공간의 중요성은 매우 높다.

한편, 최근 옥외공간에 대한 관심이 고조되고 있는데, 이는 공동주택단지의 문제점으로 주민 간 커뮤니티의 단절과 근린의식의 저하가 지적됨에 따라 외부공간 계획이 더욱 중요한 요구사항으로 인식되고 있기 때문이다.

표 3-2 우리나라 공동주택의 일반적 문제점

구분	항목
이미지	▸ 단순한 파사드 ▸ 고층에 관한 비인간적 척도
외부공간녹지	▸ 단순한 외부공간 ▸ 불충분한 녹지 ▸ 활용도가 낮은 중규모의 공원
단지계획도로 및 주차장	▸ 과대한 포장 ▸ 과대한 통과교통 ▸ 보행자 및 자전거용도로 부족 ▸ 차량, 주차장 중심의 계획
보행 공간	▸ 보행자의 영역성 부족 ▸ 커뮤니티를 위한 공간부족 ▸ 스트리트 퍼니쳐, 가로등의 부족
편익시설	▸ 편익시설의 공급부족 ▸ 공공 휴게시설의 불충분
환경, 생태	▸ 자연 대사기능 약화 ▸ 소음, 매연

표 3-3 공동주택단지 외부공간의 문제점

대상공간	문제점
커뮤니티공간	▸ 고밀개발에 의한 단지 내 오픈스페이스의 부족 ▸ 놀이공간 및 휴게공간의 부적합한 위치 선정 및 연계성 부족 ▸ 외부공간에서의 범죄발생 위험 ▸ 획일적인 외부공간 녹지 조성
경계공간	▸ 인공적인 경계부 처리에 의한 폐쇄적인 단지조성 ▸ 단지 경계공간 및 모퉁이 공간의 시공간화 ▸ 단지 외관 보행 축과의 연계 미비 ▸ 단지 모퉁이 공간 활용 실태
보행공간	▸ 차량중심의 단지 내 보행환경 ▸ 보행자 공간의 안전성 및 편리성 미비 ▸ 보행공간의 기능상 문제
차량공간	▸ 차량 진입 공간 및 주차공간의 안전성 부족 ▸ 주거단지 경관의 악화 ▸ 부적합한 차량진입공간과 주차공간 배치계획에 의한 소음 발생 등의 프라이버시 침해 ▸ 경사지의 소극적 활용으로 인한 효율적이지 못한 토지이용
주동내부 및 주동 주위 공간	▸ 사적공간과 공적 공간사이의 완충공간으로서의 역할 미비 ▸ 이웃 간의 교류를 위한 적절한 공용공간의 부족 ▸ 초고층아파트 거주로 인한 자연과의 단절감 초래 ▸ 주동 내 공용공간 설치의 현실적 문제 ▸ 지하공간 활용상의 문제
서비스시설공간	▸ 기능을 충족시키기에 비좁은 규모와 형상 ▸ 조화로운 단지 경관 조성을 저해하는 서비스시설 공간 ▸ 단지 내 위생환경 악화의 원인 제공 ▸ 청소년의 비행장소로 이용되고 있는 일부 재활용품 보관소

출처: 박태동(2006). 아파트 단지 내 커뮤니티 형성을 위한 외부공간 구성에 관한 연구.

(2) 외부공간의 구성

① 가로

가로는 도시경관과 깊은 관계가 있다. 또 가로는 그 도시의 도시성을 상징하는 가장 중요한 요소이자 척도이다. 우리가 어떤 도시를 생각할 때 처음으로 머리에 떠오르는 것은 가로에 대한 인상이다. 가로의 제1차적인 기능은 이동하기 위한 교통을 포용하는 것이지만, 길의 흐름은 건축과 도시의 경관에 큰 영향을 미치는 중요한 요소이다. 따라서 가로는 그 기능과 위치, 폭원과 설계속도 등에 따라 경관측면에서 충분히 고려되어야 한다.

표 3-4 도로의 종류

종류	특징
고속도로 (highway)	▸ 형태가 명쾌하여 이용자가 방향을 쉽게 식별할 수 있어야 한다. ▸ 고속도로의 시작은 도시의 경계나 전원이 좋으며, 시가지 내에서의 입체교차로는 피하는 것이 바람직하다.
간선도로 (arterial)	▸ 그 도시의 건축물과 다른 경관 요소를 가지고 최선을 다해서 시각적 요구를 만족시켜 주어야 한다. ▸ 도시의 간선도로는 중요한 지역을 통과하고 통행자가 많으므로 형태의 명쾌함, 도시경관과의 조화, 도로변의 건물 대지 형태, 도로변의 간판이나 교통신호판 등이 잘 정비되어야 한다.
국지도로 (local street)	▸ 비교적 적은 양의 자동차와 사람을 운반하지만 보행교통량은 간선도로보다 오히려 많은 경우가 있으므로 자동차의 흐름과 사람의 흐름이 서로 혼란을 일으키지 않도록 해야 한다. ▸ 무리한 직선형을 피해야 함은 물론 보행자들에게 세심한 관심을 끌 수 있는 디테일한 조경요소들이 강조되어야 한다.
변두리 지역의 도로	▸ 탁 트여진 경관 중에서 자연지형과 얼마나 어울리느냐가 중요하다. ▸ 자연경관을 즐기는 데 방해가 되는 요소는 없애야 하며 가로수를 통해 시각적 흥미를 제공해야 한다.

우리나라는 하나의 대지(건축부지)를 도로에 직접 면해야 하는 것이 원칙이다. 우리나라의 주택은 사적 · 내적인 공간과 공공적 · 외적인 공간 사이에 담이라는 경계가 존재하기 때문에 각 주택의 정원이 가로의 미관증진에는 전혀 공헌하지 못하고 있다. 즉, 우리나라 주택지의 가로는 담으로 둘러싸여져 있다. 벽을 후퇴시키거나 담을 생울타리로 하거나 또는 내부의 투시가 가능한 울타리로 하여 가로와의 연계 및 미관증진을 하는 것이 좋으며, 가능하면 담을 없애는 것도 좋다.

표 3-5 교통표지판

- 교통표지판은 안내 · 주의 · 규제 또는 지시의 기능을 수행함으로써 교통소통을 원활히 하고 안전성을 높이는 데 큰 역할을 한다.
- 교통통제시설은 시인성 확보와 일관성을 유지해야 한다. 시인성의 극대화를 위해서는 운전자의 눈에 쉽게 보이는 곳에 설치되어 운행 중 상당한 시간 동안 계속 보여야 하며, 운전자가 예상하는 장소에 설치되어야 하고, 꼭 필요한 것 이외에는 보이지 않아야 한다. 그리고 일관성 유지는 운전자로 하여금 교통법규준수를 유도하고, 순응시키며 습성화시키는 데 매우 중요하다.
- 교통안내표지판은 운전자에게는 물론 모든 통행자에 대한 정보전달 수단이며, 모든 가로에 설치되고 있기 때문에 도시경관을 구성하는 요소로서도 중요하다. 그러므로 교통안전표지판이나 신호등, 노면표지는 이용자의 식별과 이해를 돕기 위하여 균일하고도 명확한 설계 및 적절한 운용이 요구된다. 이를 위해서는 표지판의 규격이나 디자인, 전달하는 의미, 설치기준, 설치장소 및 위치에 관한 지역적인 일관성이 확보되어야 한다.

② 보행공간

보행자공간은 차량통행의 규제정도, 보행자공간의 이용형태, 입체적 처리의 유무, 외기와의 접촉관계와 특수한 형태 등에 따라 매우 다양하게 분류할 수 있다.

표 3-6 전용보도의 목적

목적	내용
보행자의 안전성과 쾌적성 확보	▸ 도심공간의 보행공간은 능률적인 것보다는 개방되고 평화로운 분위기가 요구된다. ▸ 보행자전용도로는 보행자에 대한 물리적인 안전성을 높인다는 것 이외에 자동차에 의한 심리적인 불안감과 압박감을 없애고 쾌적성을 증대시켜주는 효과가 매우 크다.
공해 요인의 완화	▸ 교통규제는 도심부의 교통지체를 완화시킬 뿐만 아니라 환경을 보존하는 데도 효과가 크다. ▸ 대기오염, 소음과 진동 등 공해 요인을 완화한다.
역사적 미관 보존	▸ 역사적으로 가치 있는 지구를 교통규제 대상지구로 선정하여 미관을 보존한다.
상업활동의 활성화	▸ 도심부는 여러 도시기능이 집중되어 교통이 매우 혼잡함에도 불구하고 대부분 고급의 상업기능들이 도심에 입지하여 보행공간과 주차공간의 부족으로 쇼핑환경을 저하시킨다. 따라서 자동차를 자기상점 앞에까지 끌어들인다는 것이 고객의 접근을 용이하게 함으로써 매상을 증대시킬 수 있다. ▸ 다만, 자동차 때문에 보행을 방해받아 또 다른 고객의 접근이 어려워지지 않도록 해야 한다.

보행공간을 구성하는 요소는 인간의 행위를 제외하면 크게 2가지로 구분된다. 우선 공간의 틀을 형성하는 1차 요소와 이에 의해 한정된 공간에 설치되는 보행전용 시설물로 이루어지는 2차 요소이다.

1차 요소는 건축공간을 한정하는 바닥 · 벽 · 천장의 3요소이다. 여기에서 바닥이나 벽은 내부공간이나 외부공간을 막론하고 대부분 분명한 형태를 가지는 요소이지만 천장은 옥외의 보행공간에서 뚜렷하게 인식할 수 없는 경우가 많다.

2차 요소는 자연요소 · 예술요소 · 가로시설물의 3가지로 구성된다. 자연 요소는 물리적인 형태를 가지고 있는 흙 · 물 · 돌 · 수목 등이며,

예술 요소는 보행자공간에 설치되어 공간의 질을 높이며 예술적인 감흥을 주는 도시벽화나 환경조각 등이다. 가로시설물은 보행자의 활동을 보다 편리하고 쾌적하게 하는 데 이용되는 각종 시설물이다.

도심 상가지역의 보행공간은 바쁘게 걷는 능률성보다는 안전성과 쾌적성이 요구된다. 따라서 보도 형태도 직선형보다는 곡선형이나 지그재그형으로 하여 보다 부드러운 동작을 통한 보행활동이 이루어지게 하고, 보도의 포장도 색채나 질감을 차도와 구별되게 하여 보행자에게 심리적 안정감과 흥미를 제고하는 것이 좋다.

그림 3-1 단지 내 보행자 안전통로

③ 커뮤니티시설

커뮤니티시설은 주거단지 내에서 거주자들의 옥외생활활동을 담는 장소로서 놀이 및 휴게공간으로 사용되는 물리적 공간이다. 또한 단지계획을 함에 있어서 한 부분의 요소로 적용되고 있으나 요소로서 차지하는 인식의 범위는 아주 넓다. 즉, 커뮤니티시설은 주민들의 접촉을 유도하고 공간을 공유하는 시설이며, 지역사회 주민의 일상생활과 직접적인 연관이 있는 것으로서 문화생활의 중심이 되며 커뮤니티 장소로서의 기능을 행하는 시설이다.

커뮤니티시설의 기능은 다음과 같다.

첫째, 공동체의식 형성의 기능이다. 단지의 주민들은 공간의 공유를 통하여 공동의 물리적, 사회적, 심리적 영역을 형성하며 결과적으로 이러한 영역의 형성은 소속감과 애착심을 갖게 한다. 나아가 주거지역 전반에 대한 거주성을 향상시키고, 안전하고 쾌적한 주거환경으로 발전하는 요인이 된다.

둘째, 여가활용의 기능이다. 커뮤니티시설은 주거 내에 위치하여 여가사회를 탄력 있게 수용하는 기능을 한다.

셋째, 생활정보 교환의 기능이다. 지역 내에서의 경제, 문화, 여가활동에 도움이 되는 정보는 지역 내의 생활을 풍요롭게 해주며, 이러한 생활정보 교환은 커뮤니티시설의 이용으로 가능해진다.

커뮤니티시설은 유희시설, 복리시설, 노인시설, 도서관, 커뮤니티센터 등이 있다.

표 3-7 유희시설

- 유희시설은 여가와 건강증진을 위해 설치하는 운동 및 오락시설이다.
- 유희시설에는 각종 운동시설이 적정규모로 설치되어야 하며, 시설물마다 각기 특성 있는 디자인이 요구된다.
- 일반적으로 어린이용으로 그네, 미끄럼틀, 철봉, 정글짐, 인조돌산, 놀이조각물 등이 있으며, 성인용으로는 주로 운동시설이 해당되는데, 농구장, 축구장, 야구장, 테니스장, 배구장, 골프장, 수영장, 탁구장, 실내오락장 등의 시설이 포함된다.

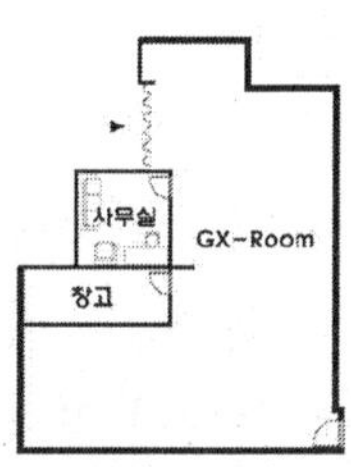

면적 : 120㎡

면적 : 160㎡

표 3-8 복리시설

- 복리시설은 주택단지의 입주자 등의 생활복리를 위한 공동시설이다.
- 어린이놀이터, 근린생활시설, 유치원, 주민운동시설 및 경로당, 그밖에 입주자 등의 생활복리를 위하여 주민운동시설, 주민교육시설(영리를 목적으로 하지 않고 공동주택의 거주자를 위한 교육장소로 이용되는 시설), 청소년수련시설, 주민휴게시설, 도서실(도서관법에 따른 작은 도서관과 정보통신망을 갖추고 인터넷 등을 할 수 있는 정보문화시설을 포함), 독서실, 입주자집회소, 경로당, 보육시설, 보금자리주택의 단지 내에 설치하는 사회복지지설, 원룸형 주택에 설치하는 공용취사장, 공용세탁실, 그밖에 거주자의 취미활동이나 가정의례 또는 주민봉사활동 등에 사용할 수 있는 시설 등이 포함된다.

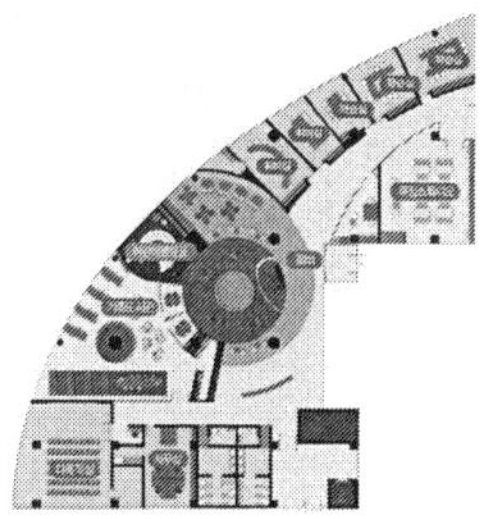
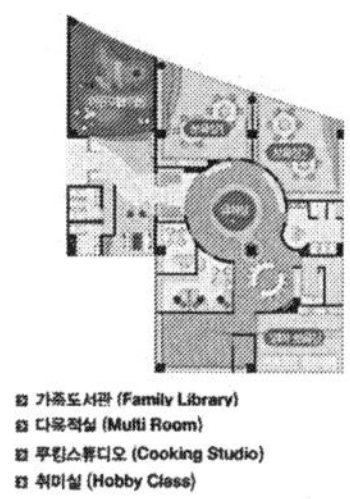

표 3-9 노인시설

- 노인시설은 노인의 삶의 질을 향상시키기 위해 필요한 서비스 및 프로그램의 제공을 목적으로 마련된 장소, 설비 및 건조물 등이다.
- 노인시설에 요구되는 물리적 공간은 노인들의 변화하는 요구에 맞추기 위해서 융통성이 있어야 한다. 필요로 하는 실은 적당한 크기의 회의실, 상점, 교실 및 사무소이다.
- 노인시설은 노인들이 쉽게 접근할 수 있으며 주호로부터 가까운 거리에 위치해야 한다.

표 3-10 도서관

- 도서관은 문화센터로서 중요한 역할을 한다. 서적을 제공하는 것 이외에도 레코드 및 테이프를 대여하며 음악 감상시설, 강연회 시설을 제공하고 일반적인 정보센터로서 이용된다.
- 커뮤니티 크기에 관계없이 도서관은 그 공동체 주민 전체의 관심을 포용할 수 있을 정도의 충분한 책을 제공할 수 있어야 하며, 모든 도서관 업무를 위한 충분한 면적을 지니고 있어야 한다.
- 도서관은 어린이, 청소년, 장년층의 영역을 지정하여야 한다.

표 3-11 커뮤니티센터

- 커뮤니티센터는 단지 내의 모든 연령층의 사람들에게 적합한 활동공간과 회합 및 유희를 위한 공간을 제공한다. 따라서 음식장만을 위한 부엌설비가 필요하다.
- 일반적으로 아래층 부분은 분리된 통로 및 출입구를 가진 10대를 위한 오락실 등의 시설을 둔다. 즉, 10대로 하여금 그들만의 활동을 하기 위하여 커뮤니티를 이탈하거나 그들의 행위가 부모들의 간섭으로부터 벗어나야겠다고 느끼지 않게 하기 위함이다.
- 다양한 크기의 근린주구를 수용하기 위해서는 확장에 적합한 배치가 이루어져야 한다.

2) 주거동 배치

주거동 계획은 단순히 건물로서 주거동을 계획하는 데에 그치는 것이 아니라 단위주거들이 조합하는 방식, 외부공간과 연계하는 방식을 결정하고 그에 따른 새로운 내·외부 생활공간들을 창출해야 한다. 즉, 공동주택단지는 일차적으로 주거동의 배치에 의해 공간체제가 규정된다.

주동배치는 주거환경의 결정에 있어 매우 중요한 인자일 뿐만 아니라 다른 시설과 달리 배치가 결정될 경우 구조물의 이동이나 외부공간의 변경이 거의 불가능하기 때문에 계획·설계단계에서부터 신중을 기해야 한다.

따라서 양호한 거주성 확보를 위한 주동 및 외부공간 배치를 위해서는 다음과 같은 사항이 요구된다.

① 인동간격과 대지의 경사 등을 고려하여 필요한 일조·채광을 확보할 수 있도록 주동의 배치방향에 세심한 배려가 필요하다.

② 주택의 개방성을 극대화하여 가장 우수한 조망을 가질 수 있도록 하고, 가능한 한 원경(遠景)을 감상 할 수 있도록 조망을 확보한다.

③ 단지의 주변지역 및 지형과의 조화를 통해 효율적인 토지이용을 도모하고, 쾌적한 생활공간과 녹지공간을 창출한다.

④ 주변과의 조화를 고려하여 그림자·기후변화·전파장애·공간적 압박감 등의 악영향이 미치지 않도록 충분히 배려한다.

⑤ 주민의 프라이버시 및 영역성 확보를 위해 주동 간의 거리·주동의 배치·출입구의 방향 등을 조정하여 사적·반공적·공적 공간을 위계적으로 구성한다.

표 3-12 인동간격, 채광, 일조기준(건축법시행령 제 86조)

인동간격	▸ 동일 대지 안에서 2동 이상의 건축물이 마주보고 있는 경우의 건축물 각 부분 사이의 거리는 다음의 거리 이상 띄워 건축해야 한다(2층 이하로서 높이가 8m 이하인 건축물은 예외). 가. 채광을 위한 창문 등이 있는 벽면으로부터 직각방향으로 건축물 각 부분 높이의 0.5배(도시형 생활주택의 경우에는 0.25배) 이상의 범위에서 건축 조례로 정하는 거리 이상 나. 가목에도 불구하고 서로 마주보는 건축물 중 남쪽 방향(마주보는 두 동의 축이 남동에서 남서 방향인 경우만 해당한다)의 건축물 높이가 낮고, 주된 개구부(거실과 주된 침실이 있는 부분의 개구부를 말한다)의 방향이 남쪽을 향하는 경우에는 높은 건축물 각 부분의 높이의 0.4배(도시형 생활주택의 경우에는 0.2배) 이상의 범위에서 건축조례로 정하는 거리 이상이고 낮은 건축물 각 부분의 높이의 0.5배(도시형 생활주택의 경우에는 0.25배) 이상의 범위에서 건축조례로 정하는 거리 이상 다. 가목에도 불구하고 건축물과 부대시설 또는 복리시설이 서로 마주보고 있는 경우에는 부대시설 또는 복리시설 각 부분 높이의 1배 이상 라. 채광창(창넓이가 0.5제곱미터 이상인 창을 말한다)이 없는 벽면과 측벽이 마주보는 경우에는 8미터 이상 마. 측벽과 측벽이 마주보는 경우[마주보는 측벽 중 하나의 측벽에 채광을 위한 창문 등이 설치되어 있지 아니한 바닥면적 3제곱미터 이하의 발코니(출입을 위한 개구부를 포함한다)를 설치하는 경우를 포함한다]에는 4미터 이상
채광	▸ 창문 등이 있는 벽면으로부터 직각방향으로 건축물 각 부분 높이의 0.8배 이상
	▸ 채광창(창 넓이 $0.5m^2$ 이상의 창)이 없는 벽면과 측벽이 마주보는 경우에는 8m 이상
	▸ 측벽과 측벽이 마주보는 경우에는 4m 이상
일조시간	▸ 당해 대지 안의 모든 세대가 동지일을 기준으로 9시에서 15시 사이에 2시간 이상을 계속하여 일조를 확보할 수 있는 거리 이상으로 할 수 있다.

표 3-13 주거동 배치계획 시 고려사항

사항	내용
경제성	▸ 경제적 효율성은 주거단지 계획에서 기본적으로 고려해야 할 필수조건이다.
단위주거의 거주성	▸ 개인, 혹은 한 가족이 단위주거 내부에서 편안하고 안락한 일상생활을 영위할 수 있는가에 관한 거주성은 거주자들이 주거환경 및 주택에 관한 평가에서 가장 중요하게 꼽고 있는 항목이다. ▸ 단위주거 내 거주성에는 주택 규모, 실 구성과 배치, 동선, 개실의 기능, 사생활, 조망, 채광, 환기, 소음 등이 영향을 미친다.
단지 내 옥외공간의 거주성	▸ 옥외공간의 거주성 수준은 안전하고 편리하며 쾌적하게 보행, 운동, 휴식, 커뮤니티, 놀이 등의 생활을 할 수 있는 옥외공간의 양적 확보와 적절한 위치 여부로 가늠된다.
주민의 커뮤니티	▸ 주거동 계획에 따라 거주자의 일상생활 동선, 시선 축, 소리의 전달 등이 바뀌게 되며 이에 따라 사회생활이 촉진 또는 억제될 수 있다. ▸ 따라서 이웃집, 주거동, 인접 주거동 등에 거주하는 이웃과 커뮤니티를 증진시키기 위해 단위주거, 주거동, 단지 배치, 부대시설, 보행자 도로 등을 고려하여야 한다.
도시가로와 도시경관	▸ 도시가로는 외부인들의 영역일 뿐 아니라 주거단지 거주자들 역시 이용하는 공간이며, 지역의 환경과 경관에 중요한 영향을 미치는 도시 공공공간이다. ▸ 따라서 도시가로에 대응한 주거동 배치 및 형태 디자인, 가로 보행자들과 직접 대응하는 주거동 저층부에 대한 설계, 주거동 내 상점과 공공시설 설치, 쾌적한 보행을 위한 가로 시설물 디자인 등이 중요하다.
자연환경보호와 친환경계획	▸ 벽면 및 지붕 녹화, 물길 조성 등 환경 친화적 계획 요소들을 배려한 주거동 계획을 통해 지역의 자연환경 보호에 기여하며, 거주자들의 자연에 대한 접촉 정도와 거주성을 높일 수 있다.

3) 부속시설

부속시설은 아파트 단지 내 위치하여 주거시설 외의 부가적인 용도로 쓰이는 시설이다. 단지 내에서 다양한 행위를 가능하게 함으로써 주민의 욕구를 충족시키고 삶의 질을 높일 수 있는 기회를 제공하는 역할을 한다. 부속시설로는 놀이터, 독서실, 골프연습장, 휘트니스 센터, 체력측정실 등이 있다.

표 3-14 놀이터

- 놀이터는 어린이들을 위한 놀이공간이다. 어린이의 연령, 활동정도 및 놀이행태 등을 감안하여 규모, 위치 및 기구 등을 설치하여야 한다.
- 특히 어린이들의 창의력을 증진시키고 모험심을 충족시키며, 사회성을 배양할 수 있도록 하는데 역점을 두어야 한다. 이때 유의할 점은 어린이들은 일반적으로 위험한 곳이나 어른들이 별로 호감을 느끼지 않는 곳에서 행동하는 경우가 많으므로 놀이터의 안전성을 확보하여야 한다.

표 3-15 독서실

- 독서실은 주민들을 상대로 자기개발학습과 문화생활 장려를 위해 일정 시간동안 독서나 공부를 할 수 있는 자리를 제공하는 시설이다.
- 집중력 향상을 위한 환경이 조성되어 있으며, 함께 이용하는 사람들에게 피해를 끼치지 않는 선에서 공부나 독서를 하는 규칙을 가지고 있다.

표 3-16 골프연습장

- 골프를 취미로 하는 인구가 늘고 대중화되면서 아파트 단지 내에도 실내 골프연습장이 도입되고 있다. 골프연습장은 실제 필드에 나가기 전이나 이후에 필드를 접할 수 없는 경우, 골프에 대한 연습과정이 필요할 시에 이용하는 장소로써 필드와는 그 넓이로써 구분된다.
- 골프 인구가 점차 늘어감에 따라 단지 내에 많은 도입이 예상되는 시설이다.

표 3-17 휘트니스센터와 체력측정실

- 최근 건강에 많은 관심을 가지게 됨에 따라 단지 내에서도 건강을 관리하는 시설이 생겨나고 있다.
- 휘트니스센터와 체력측정실은 대체로 함께 위치하며, 운동과 건강관리를 원하는 주민의 욕구를 충족 시켜주는 부속시설이다.

2. 공동주택단지의 세부계획

1) 환경계획

(1) 일조

① 향의 선택과 역할

채광은 주거공간의 질적인 판단기준이 된다. 대체로 빛이 주거내부로 들어오는 정도와 시간적인 간격, 빛이 들어오는 방향에 따라 주거공간의 환경이 달라진다. 건축 에너지계획 또한 태양의 위치와 일주에 영향을 받는다. 내부의 온도를 조절하고 눈부심을 막기 위해 나무와 화초를 사용하고 인공적인 차양기구와 구조물, 발코니, 돌출된 지붕과 처마에 설치하는 차양 등을 사용하여 효과를 얻을 수 있다.

② 건축물의 지역환경 요소

건축물의 지역적인 특성은 도로나 오픈스페이스, 식재, 국지적 여건 등에 영향을 미치며, 대지계획과 배치계획에서 향(orientation)을 결정하는데 영향을 준다. 예를 들어, 혼잡한 도로로부터 발생하는 소음 혹은 주변의 건축물에 의하여 시각으로 조망의 저해 요소들을 조정하고 배제할 수 있는 구조물이나 설비를 갖춘다. 또한 저해 요소를 최소화할 수 있는 공간을 인접하여 배치하거나 혹은 그러한 요소들이 있는 방향을 피하여 필요한 공간을 배치하게 된다. 그리고 저해 요소가 많은 방향에는 건축물 입면의 개구부를 최소화하거나 특수한 설비를 추가한다.

③ 개구부의 확보와 기능

시야와 조망을 확보할 수 있는 곳에는 크고 넓은 개구부를 확보하고 세심하게 조정하기도 한다. 또 테라스 혹은 발코니를 설치하여 내부와 외부를 연장시키고 공간적인 활용을 높일 수도 있다. 사용이 편리하고 안정된 매우 다양한 공간들의 기본적인 사용 시간대와 최소한의 채광 요구는 태양의 일주를 고려하여 인접된 공간들의 관계 속에서 결정하게 된다. 이러한 방식으로 건축물의 향을 결정하는 것은 서로 다른 방식으로 채광되고 조망하는 수많은 영역을 만들어 낸다.

④ 향에 따른 실의 배치

남북 방향 혹은 동서 방향으로 놓인 주거는 내부에 부부침실, 노인침실, 거실, 주방, 창고, 화장실, 욕실 등을 배치하는 데 용이한 기준이 된다. 그러나 각각의 실들이 서로 유기적으로 편리하고 안정된 내부공간과 일상생활을 유지할 수 있도록 배치하여야 한다.

⑤ 채광과 일사각, 향의 선택

북측은 매우 적은 채광과 빛이 들더라도 낮은 일사각을 지니게 된다. 그러므로 이곳에는 출입구나 창고나 기타 부속실 등 사용빈도가 낮거나 높은 채광을 요구하지 않는 곳을 배치하는 것이 좋다. 태양은 동쪽에서 떠올라 서쪽으로 진다. 특별히 동쪽으로 아침 일찍 들어오는 태양의 빛은 매우 신선하고 하루의 생활을 위하여 훌륭한 시작과 전환이 될 수 있다. 낮은 일사각으로 집안 깊숙이 들어오는 태양 빛은 주방, 침실 등에서 더욱 훌륭한 환경요소가 될 수 있다.

⑥ 채광에 의한 실 배치, 주거동의 배치

남쪽으로 면한 주거공간은 하루 중 가장 많이 오랫동안 채광을 얻고 열에너지를 공급받을 수 있다. 그러므로 일반적으로 아이들을 위한 방이나 식탁이 있는 곳, 테라스, 발코니, 작은 온실이나 차를 나눌 수 있는 공간, 취미실을 꾸미기도 한다. 그 나머지 공간들은 실제로 더 늦은 오후부터 저녁시간 그리고 밤에 사용하기 위하여 배치된다. 그것은 일상생활의 공간의 요구와 사용 시간대에 따라 공간을 배치하는 것이기도 하다. 태양은 서쪽으로 지는데 이때에 필요한 공간들을 서쪽으로 배치한다. 늦은 오후와 저녁시간에 많이 사용하는 공간들을 배치하는데 휴게공간이나 개인공간 혹은 거실을 놓을 수도 있다. 어느 공간을 반드시 남쪽에 두고 서쪽에 두어야 한다는 기준은 없다. 그러나 향에 따라 여러 공간들이 바람직한 향에 인접하고 서로 간에 유기적으로 효율적인 관계를 지니는 실 배치가 이루어져야만 할 것이다. 각 동 사이에는 최소한의 기준을 만족시켜야 한다.

법으로 규정된 조건에 맞추고 다른 건축물과 주거가 갖는 일조의 권리를 침해하지 않도록 계획해야 한다. 이상적인 배치는 남쪽 창으로 최소한 4시간 이상의 일조를 받는 것이 바람직하기 때문에 태양이 가장 낮은 동지 때를 감안하여 건물 간 거리를 확보해야 한다. 또 자세한 인동간격에 관한 법률적 기준을 참조하여 법적 기준을 만족할 수 있어야만 한다.

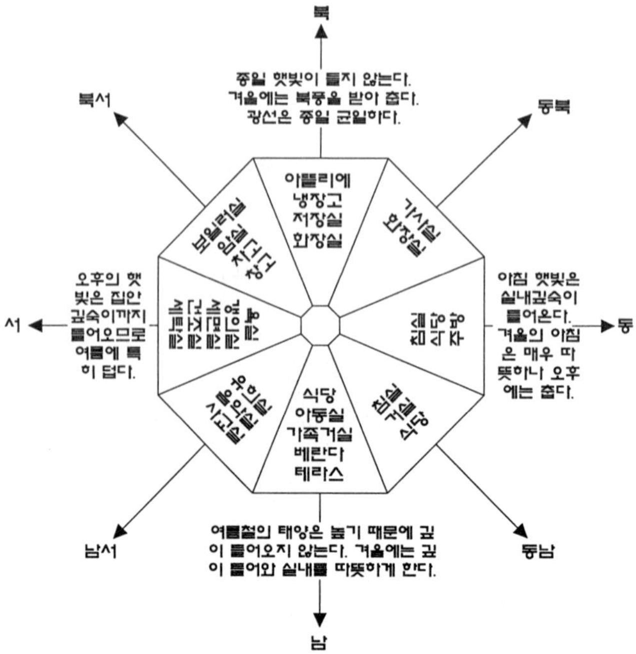

그림 3-2 주거의 향과 실

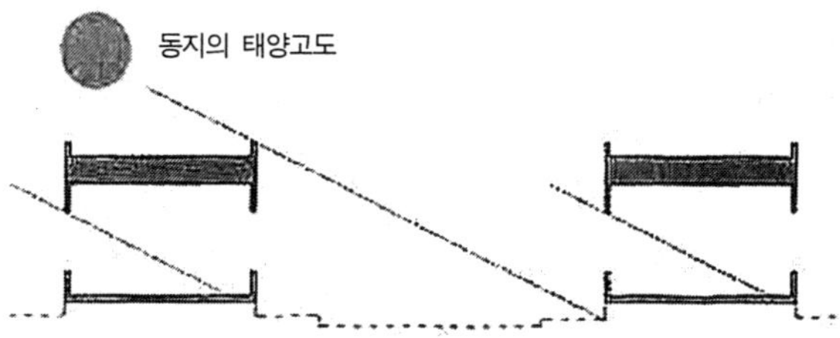

그림 3-3 건축물의 높이와 일조

주거의 규모와 거주방식, 작업의 내용 등을 고려하여 향에 따라 각 실을 적절하게 배치하여야 한다. 남쪽에 배치한 부엌은 겨울에는 유리하나 여름에는 식료품 변질의 우려가 있다. 침실의 경우는 최소한의 자연채광이 가능하여야 한다.

각 방위에 따른 향의 특징은 다음과 같다.

① 남쪽의 방위: 여름철의 태양은 높기 때문에 내실에까지 깊이 들어오지 않고, 겨울철에는 깊이 들어와 실내를 따뜻하게 한다.

② 서쪽의 방위: 오후의 태양이 깊이 들어와 여름철에는 특히 무덥다.

③ 북쪽의 방위: 하루종일 태양이 비치지 않고, 겨울철에는 북풍을 받아 한랭하지만 광선은 종일 평균적이다.

④ 동쪽의 방위: 아침의 태양이 실내에 깊이 들어온다. 겨울철의 아침은 대단히 따뜻하나 오후에는 냉하다.

표 3-18 우리나라의 일조 사례1

▸ **남향아파트**

건설사들이 유행에 따라 아파트의 외관이나 설계를 바꾸지만 항상 고수하는 원칙이 있다. 바로 남향 위주의 배치다. 남향 아파트의 경우 다른 향에 비해 일조권이 매우 탁월하며, 채광과 통풍 뛰어나다는 장점이 있다. 예컨대 남향집의 경우 해가 동에서 서로 지게 되므로, 하루 종일 해가 잘 들어오게 된다. 그러면서도 여름에는 해가 거의 정 가운데로 뜨기 때문에 햇빛이 잘 들어오지 않아 집이 시원하기 마련이다. 기단의 방향과 거의 맞아 떨어져 바람도 잘 들어온다. 반대로 겨울에는 햇빛이 깊숙이 들어와 실내가 따뜻해 난방비를 절약할 수 있다. 반면, 서향이나 북향 아파트의 경우 햇빛이 잘 들지 않아 집이 어둡고, 여름에는 덥고 겨울에는 추운 단점이 있다. 그래서 대부분의 건설사들이 최대한 남향 위주로 배치하는 설계를 택하곤 한다.

중개업소 관계자는 "향에 따라 아파트 가격이 수천만 원씩 차이가 나는데, 조망권과 같은 특별한 이유가 아니라면 남향의 선호도가 높아 시세도 더 높게 형성되는 편"이라고 말했다. 이처럼 수요자들의 인기가 높은 남향 위주로 전 세대가 구성된 아파트가 있어 관심이 집중된다.

출처: WOW한국경제TV 인터넷뉴스팀(2012. 10. 29).

표 3-19 우리나라의 일조 사례2

▶ 햇빛 반사

전면 유리로 시공된 초고층 아파트로 인해 유례없는 '빛 반사' 소송이 진행되고 있다. 그동안 조망권과 일조권 침해로 인한 분쟁이나 소송은 종종 있었지만 건물 외벽에 반사되는 빛 문제가 소송으로 비화된 사례는 국내 처음이어서 재판 결과에 초미의 관심이 쏠리고 있다. 소송을 한 아파트에서 직선거리로 230~250m가량 떨어져 있는 아파트의 외벽 유리창에 햇빛이 반사돼 여름철 저녁 시간대마다 반사된 빛이 거실로 들어와 눈부심 등의 피해가 막심하여 여름철 저녁에 휴식을 전혀 취할 수 없다는 게 주민들의 하소연이다.

그러나 소송을 당한 회사의 관계자는 "외벽이 유리이기 때문에 빛 반사가 불가피하고 해질 무렵 반사되는 햇빛에 눈이 부실 수도 있다"면서도 "반사되는 햇빛 때문에 생활에도 방해를 받는다는 주장은 객관적으로 증명되지 않았다"고 말했다.

(2) 조망

① 경관 및 지형적 특성을 고려한 조망계획

지역적 경관(territorial views)은 평지의 가장자리(edge)를 따라 주택들을 배치시켜 각 방향의 경치를 감상할 수 있게 한다.

극적인 경관(dramatic view)은 크고 짜임새(tall&compact) 있는 주택을 지어 모든 세대의 전망을 좋게 한다.

개활적 경관(panoramic views)은 보다 높은 지역에 큰 건물을 짓고 저층부의 주택들은 경사지 위에 테라스 하우스를 짓는다. V형 주호군은 각 세대에 좋은 경관이 제공될 수 있도록 향을 잡는다. 수목, 흥미로운 지형 등의 자연적 매력들은 소규모 주호군을 위한 초점적 역할을 한다.

② 조망지향적 배치개념

V자 혹은 U자형 전정은 한쪽 방향으로 주택에 탁 트인 조망을 제공한다. 테라스형 주택은 여러 세대에 양호한 조망을 제공한다. 그리고 평지는 단층주택을 약간 낮춤으로써 테라스형으로 전환시킬 수 있다. 전면의 단층건물 지붕은 옥상정원(roof garden)으로 이용하며 후면의 2층 건물에는 거실 등의 생활공간을 상층에 둔다. 그 뒷동은 차고를 아래층에 두며 일조 및 통풍을 위해 중정(courtyard)을 둔다. 이 정원은 입구에서 효과적인 공동광장이 된다.

모든 세대를 위한 조망문제의 해결이 용이하지 않을 땐 세대 윗부분에 옥상층(penthouse)을 두는 것도 좋다. 2, 4, 6세대씩 이루어진 전면동들 사이로 뒷동들은 변화 있는 조망을 즐길 수 있다.

그리고 주차장을 이러한 경관의 바로 앞에 배치시키는 계획은 피하는 것이 좋다. 반면에 주차장 또는 기타 시각적 대상물들은 마운딩(mounding) · 담장 · 교목 · 관목 등을 이용하여 가려 주는 것이 좋다.

③ 조망과 창

창문은 프라이버시를 손상하지 않는 곳이면 어느 곳에나 만들 수 있으나 실내에서 가능한 좋은 경관을 많이 선택할 수 있는 위치에 설치하는 것이 좋다. 중밀도단지의 경우, 소규모 중정에서는 근경을, 공용공간에서는 그 보다 약간 먼 경치를, 그리고 공동의 오픈스페이스에서는 원경을 감상할 수 있도록 고려한다.

경관의 종류에 따라 창문 형태가 달라진다. 즉, 길고 좁은 창은 하늘을 배경으로 한 수목이 들어선 경관에 알맞으며, 높은 수평창은 프라이버시의 침해를 받지 않고 하늘을 감상하기에 적당하며, 근처의 개인 정원들로부터 시각적으로 프라이버시가 보장되는 곳에는 전체를 창으로 하여 옥외공간을 충분히 감상할 수 있게 한다. 유리로 된 문은 프라이버시문제만 해결된다면 조망을 위한 훌륭한 창이 될 수가 있다.

(3) 용적률

용적률은 건축물 연면적을 대지면적으로 나눈 비율이다. 즉, 건축물 바닥면적의 합계/대지면적×100을 말한다. 연면적이란 건축물 각층의 바닥면적 합계이다. 이는 건축물에 의한 토지 이용도를 나타내는 척도로 건축물의 형태를 평면적인 것에서 입체적인 것으로 하여 대지 내에 많은 공지공간을 확보하도록 하되, 용도지역에 따라 일정한 비율로 제한해 토지를 효율적으로 이용하고 쾌적한 도시환경으로 정비하여 균형 있는 도시발전을 기하기 위한 규정이다.

용적률을 계산할 때 지하층의 바닥면적은 포함시키지 않으며, 또 지상 층의 면적 중에서 주차용으로 쓰는 것, 주민공동시설의 면적, 초고층 건축물의 피난안전구역의 면적은 포함시키지 않는다. 예를 들어, 바닥면적 70평인 건물을 지하 1층, 지상 3층으로 짓고 1층 전체를 주차장으로 만들었다고 하면, 이 건물의 연면적은 280평(70평×4개 층)이 되어야 하나, 용적률 산정 시 지하층과 주차장을 제외하므로 140평이 된다.

지역별 용적률은 〈도시계획법 시행령 제63조〉에 의거, 제1종 전용주거지역은 50% 이상 100% 이하, 중심상업지역은 400% 이상 1,500% 이하 등 17종으로 구분되고 실제 적용은 시행령의 범위 내에서 조례로 정하도록 되어 있다. 이에 대해 건폐율은 대지면적에 대한 건축면적(대지에 둘 이상의 건축물이 있는 경우에는 이들 건축면적의 합계)의 비율을 의미한다. 이때 건축면적은 1층만의 면적을 가리킨다.

용적률이 높을수록 대지면적에 비해 건축물 연면적의 비율이 높다는 뜻이며, 용적률이 높다는 것은 그 만큼 건물을 높게 지을 수 있다는 말이다. 그러므로 용적률이 높은 토지가 낮은 대지에 비해 가격이 높다. 용도지역에 따라 용적률이 다르며 80~1,500%의 범위이며, 도시지역의 주거지역은 500% 이하이다.

용적률과 건폐율은 보통 대지의 크기에 대해 어느 정도 규모(평수)의 건물을 지을 수 있는지를 제시하는 건축 기준이다. 대체로 용적률과 건폐율 기준에 따라 건축허가가 난다.

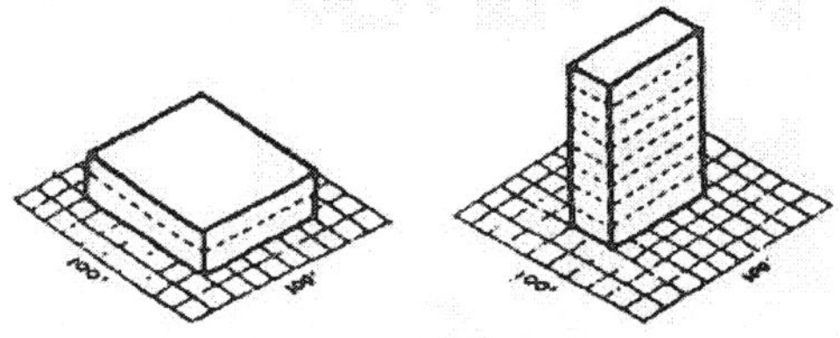

그림 3-4 용적률

(4) 토지이용과 건축물의 형태

단지계획에서 주거밀도는 그 지역의 토지이용에 대한 절대적인 기준은 아니다. 학교 · 운동장 · 가로 · 커뮤니티 편의시설 등 같은 근린주구의 요소를 고려하지 않고 단지의 최대 주거밀도라는 기반 위에 대지에 연이어 건물을 세우는 것은 심각한 대지 밀집현상을 초래할 것이다. 따라서 근린주구밀도와 같은 넓은 범위의 밀도측정이 필요하다.

① 층수와 공지의 관계

인구밀도가 높으면 높을수록 넓은 공지를 가질 수 있으므로 고층건물이 공지를 획득하기에 쉽다고 생각한다. 그러나 공지의 이득은 4층까지이며 그 이상 고층이 되면 공지의 증가율은 서서히 저하된다.

■ 공지(空地)

도시 · 군계획시설의 결정 · 구조 및 설치기준에 관한 규칙 제59조에서의 '공공공지'(이)란, 시 · 군내의 주요시설물 또는 환경의 보호, 경관의 유지, 재해대책, 보행자의 통행과 주민의 일시적 휴식공간의 확보를 위하여 설치하는 시설을 말한다.

② 주택형태와 거주밀도의 관계

주택형태와 거주밀도의 관계는 4~6층 건물까지는 거주밀도가 중요한 의미를 가지고 있으나 그 이상의 층수가 되면 특수한 건축형태인 언덕형(양면, 테라스형)의 경우에만 거주밀도를 올릴 수 있다.

■ 거주밀도
(density of dwelling)

주택의 규모에 따른 거주자의 비율을 거주밀도라고 한다.
구체적으로는 1인당 바닥면적, 1인당 방의 수, 1실당 거주인원 등이다.

③ 밀도의 분류

밀도의 분류기준은 나라마다 다르다. 그러나 저밀도-중밀도-고밀도라는 용어를 가장 많이 사용한다. 그리고 저밀도보다 더 낮은 것을 최저밀도, 고밀도보다 더 높은 밀도를 최고밀도라고 할 수 있다. 서구의 주거지구 중 저밀도(순밀도)는 120/ha 이하, 중밀도는 120~250인/ha, 고밀도는 250인/ha 이상이라고 생각되는 것이 일반적이다. 그러나 우리나라와 같이 인구밀도가 높은 나라에서는 저밀도 100~200인/ha, 중밀도 200~300인/ha, 고밀도 300~400인/ha로 생각하는 것이 좋다.

밀도가 높을수록 거주환경은 더 나빠진다. 거주자를 기준으로 계획하면 세대당 거주자가 작아질수록 호수의 밀도는 높아진다.

표 3-20 주택형태와 거주밀도

▸ 한 단지 내에 가구 수가 같은 경우에도 여러 가지 건물의 형태와 배치를 생각할 수 있다.
① 타운하우스 128가구
② 6층 건물 2채 1(엘리베이터 이용)
3층 건물 6채(계단 이용)
③ 7층 건물(엘리베이터 이용)

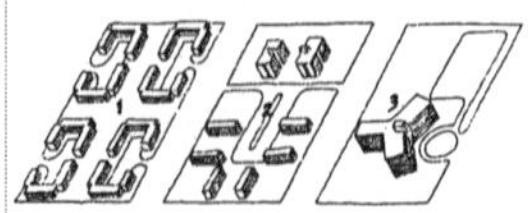

표 3-21 밀도의 분류

	총밀도		순밀도	
	인/ha	호/ha 1호 3인	인/ha	호/ha 1호 3인
최저밀도	100 이하	33호 이하	200 이하	66호 이하
저밀도	100~200	33~66	200~400	66~132
중밀도	200~300	66~100	400~600	132~200
고밀도	300~400	100~133	600~800	200~266
최고밀도	400인 이상	133호 이상	800인 이상	266호 이상

④ 통제와 밀도의 사용

근린주구의 밀도는 부지의 크기와 관련하여 총 인구수의 대략적인 한계선을 설정하기 위하여 계획 초기 단계에 사용된다. 이것은 개략적인 비용산출을 위해 총 대지와 인구와의 비를 표현하는 하나의 방법을 제공하며 또한 근린주구를 조성하는 데 있어서 바람직한 가구유형의 여러 조합방법을 계산하는 것을 가능하게 해준다.

근린주구의 밀도는 그 도시에 대한 인구밀도의 전반적인 모범 예를 설정하는 데 지침이 된다. 지구계획 및 종합기본계획을 통해 밀도를 통제함으로써 환경과 쾌적함에 필요한 한계 내에서 밀도를 유지할 수 있다. 도시 전역의 교통, 교육, 레크리에이션 등의 공공시설과 지방자치단체의 편익시설이 잘되어 있는가 하는 것은 밀도유형에 영향을 받는다. 만일 이것이 고려되지 않는다면 심각하게 초과 적재된 체증현상을 일으킬 수도 있다.

2) 주거동 계획

(1) 주거동 계획과정

주거동은 단위주거들의 집합체로서 주거단지의 생활 주체인 개개 가구들의 삶을 직접 담아내는 생활공간일 뿐만 아니라, 옥외공간의 성격을 직접 구성하는 요소이기도 하다. 단위주거들이 조합하는 방식, 외부공간과 연계하는 방식의 차이에 따라 내부 생활공간, 혹은 외부 생활공간의 성격이 전혀 다른 주거환경이 된다. 예를 들어, 같은 판상형 주거동이라도 1층에 필로티로 개방된 보행통로가 있느냐 없느냐에 따라서 주변 외부공간이 전혀 다르다. 또한 같은 편복도형 주거동이라도 단위주거가 복도에 면하는 형태에 따라서 복도공간의 환경이 전혀 달라진다.

주거동 계획은 주어진 제반 조건 및 한계를 감안해 계획목표를 수용하기에 적절한 주거동 유형들을 검토한다. 그리고 이를 주변환경의 특성과 세부 설계목표에 따라 일부 변용하거나 새로운 주거동 유형 개발로 진전시키면서 설계하는 과정을 밟게 된다. 특히 이 과정에서 중요한 것은 그렇게 설계된 주거동에 의해 조성되는 주거 환경이 거주자의 생활에 어떤 영향을 미칠지 충분히 예측되어야 한다는 점이다.

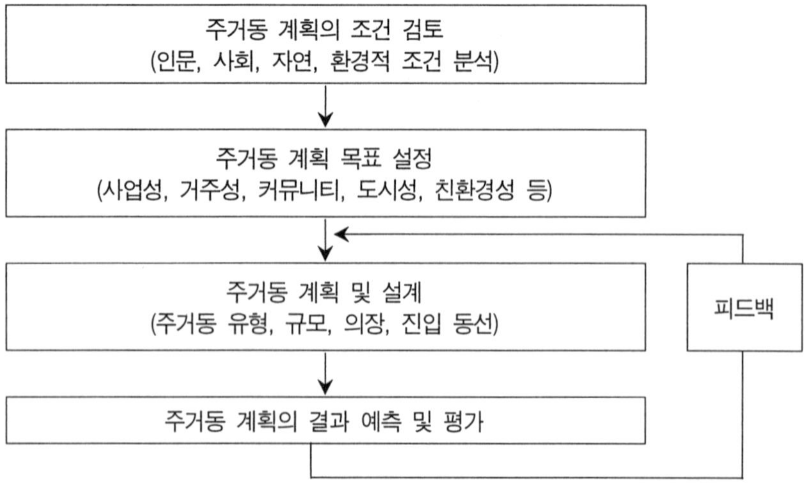

그림 3-5 주거동 계획의 과정

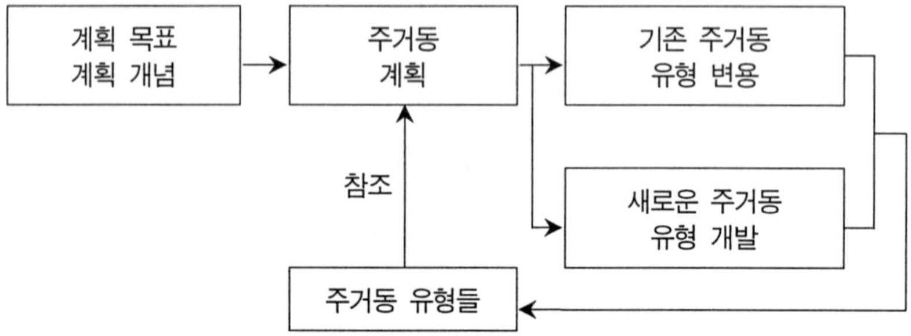

그림 3-6 주거동 유형 계획과정과 주거동 유형 축적의 메커니즘

(2) 주동배치의 형식

공동주택의 주동배치는 일조 · 통풍 · 조망 · 프라이버시 등의 건물 내부 환경뿐만 아니라 차량 및 보행동선 · 주차공간 · 조경녹지공간 · 단지경관 등의 외부환경, 그리고 거주자들의 친밀감과 소속감 및 공동체의식 형성에도 영향을 끼치게 된다.

주동의 배치형태는 대지의 형상과 지형조건, 주변 환경, 개발밀도 등에 따라 좌우된다. 주동배치의 기본패턴은 ㅡ자형 · ㄱ자형 · ㄷ자형 · ㅁ자형이지만 T자형 · U자형 · +자형 · Y자형 등이 있다.

표 3-22 주동배치 형식과 특징

형식	특징
ㅡ자형 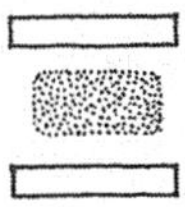	▸ 평행형이라고도 한다. 모든 주호가 남향으로 배치될 수 있으므로 일조에 유리하고 옥외공간이 건물 사이에 균등하게 배치되어 효율적으로 이용할 수 있으며, 단지 내 통풍이 잘되고 건물배치와 차량동선이 명료하여 길 찾기가 용이하다. ▸ 공간구조의 반복으로 인한 경관의 단순성, 획일성으로 인해 변화 있는 공간의 형성이 어렵고 장소성의 결여, 공동체 형성의 불리, 주차장 상호 간의 연결이 어렵다.
ㄱ자형 및 ㄷ자형 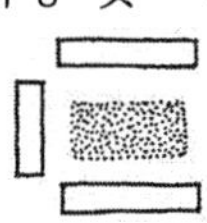	▸ 직교형이라고도 한다. 동이 서로 직각이 되도록 클러스터를 형성하는 방식으로서, 평행배치보다 공간의 폐쇄, 개방, 위요 등이 유리하여 다양하고 변화 있는 외부공간을 형성하는 데 유리하다. 특히 격자형으로 생겨나는 공간은 어린이놀이터, 녹지, 주차장으로 활용이 용이하다.

표 3-22 주동배치 형식과 특징(계속)

형식	특징
ㅁ자형(중정형) 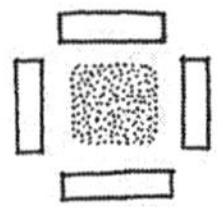	▸ 위요감이 강한 외부공간을 창출할 수 있고, 중정에 어린이놀이터, 주민휴식공간을 설치하여 개발밀도를 높일 수 있다. ▸ 중정공간이 넓지 못하면 폐쇄감을 주고 방향성에 혼란을 가져올 수도 있으며 일조와 통풍조건이 나쁜 주호가 생길 수 있다.
T자형 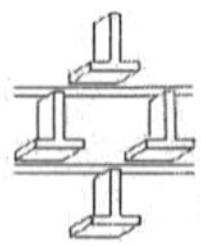	▸ 주거동이 단열로 나란히 배열되어 있을 때는 인동공간의 중앙에 형성되는 빈틈으로 인해 적절한 구성을 만들 수 없으므로, T자 배열을 교차 배치하여 T자형의 각부가 이 빈틈의 중앙에 놓이면 거기에는 어떤 공간적인 포위효과가 존재하게 된다.
U자형 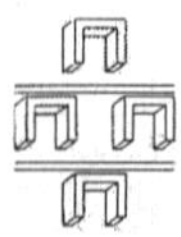	▸ U자형 내부의 공간을 정원으로 설계하려는 것이며, 주요 거실이 U자형 내부공간으로 향하고 이 내부공간은 개방공간이 확대연장된 것이다. ▸ U자형 주거동을 U자형의 내부공간을 역방향으로 향하게 하면 하나의 연속적인 주거동을 형성하도록 접합될 수 있는 뇌문패턴(fret pattern)이다. 두 줄의 뇌문패턴의 주거동이 인동공간을 대비시키고 위요공간을 확대, 연장시키는 패턴을 제공하고 있다.
十자형 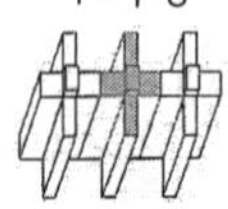	▸ 하나의 기다란 주거동을 형성하도록 적절히 접합하여 배치 될 수 있다. 다른 주거동이 한 주거동에서 직각으로 놓일 때에는 인접하고 있는 날개부분이 부분적으로 건물에 둘러싸인 어두운 부분을 만들게 된다. 이를 없애기 위하여 건물을 띄우면 이 주거동은 접합 자체가 분리된다.
Y자형 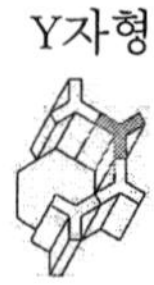	▸ 아주 적절하게 직렬상태로 가지런히 놓을 수 있으며, 채광과 전망 때문에 한 측면을 개방한 인동의 중앙공간을 형성하도록 배치할 수 있다.

(3) 인동간격에 의한 높이 제한

인동간격은 동일 대지 안에서 2동 이상의 건축물이 마주보고 있는 경우의 건축물 각 부분 사이의 거리는 다음의 거리 이상 띄워 건축해야 한다. 단, 2층 이하로서 높이가 8m 이하인 건축물은 예외이다.

① 채광을 위한 창문 등이 있는 벽면으로부터 직각 방향으로 건축물 각 부분 높이의 0.8배 이상

② 채광창(창넓이 0.5m^2 이상의 창)이 없는 벽면과 측벽이 마주 보는 경우에는 8m 이상

③ 측벽과 측벽이 마주보는 경우에는 4m 이상

일조시간은 당해 대지 안의 모든 세대가 동지일을 기준으로 9시에서 15시 사이에 2시간 이상을 계속하여 일조를 확보할 수 있는 거리 이상으로 할 수 있다.

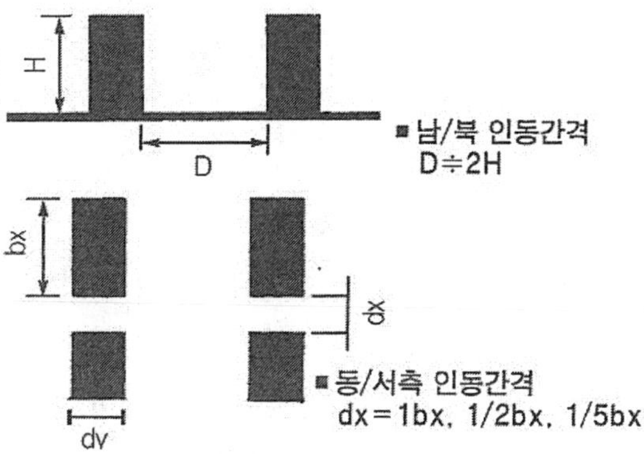

그림 3-7 인동간격과 높이제한

bx는 동쪽이나 서쪽에서 봤을 때 건물의 가로길이를 말하고
세로길이를 by라고 한다. 건물간의 가로길이를 dx 세로길이를 dy라고 한다.

3) 교통계획

(1) 주차

① 차고의 공간

주차공간은 도로와 주택의 주변공간, 또는 기계설비실이나 정원 등으로 연결되는 중간에 배치하게 된다. 차고는 급배수설비를 하고, 1/50 정도의 바닥 물매를 둔다. 차고 뒤편에는 15cm 정도의 주차 정지표시를 콘크리트로 만들어 높여 주는 것이 좋으며, 차고바닥이 외부보다 낮을 때에는 피트(pit)를 설치하여 오수를 차단해야 한다. 차고 내에서 간단한 수리 정도의 작업, 세차를 겸할 때에 주차공간 외에 1.2m 이상은 더 확보하여야 한다.

차고의 크기는 일반적으로 자동차의 폭과 길이보다 1.2m 더 크게 한다. 단독주택 전용 차고의 크기는 보통 3.0×5.5m 정도이다. 천장높이는 일반적으로 2.1m 이상을 유지하고 자동차의 문을 열 수 있도록 여유로 70cm 이상을 더 확보해야 한다. 2대 이상 주차하기 위한 차고는 차체간의 넓이 외에도 승하차 공간을 확보하는 것이 바람직하다.

통풍을 위하여 바닥에서부터 30cm 정도 높이에 하부 환기구를 설치하고 천장 부근에 상부환기구 혹은 통풍을 고려한 자연 배기창을 설치하는 것이 좋다. 차고의 출입구는 도로로부터 직접 진입할 수 있는 위치로 부지 경계선에서 1m 이상 후퇴시킨다. 차고의 출입문은 그 개폐방식에 있어서 철제셔터(shutter), 접문, 쌍여닫이, 위로 올려 회전하는 방법 등을 사용하여 자동차의 출입과 사람의 출입을 함께 고려한다.

② 주차장 면적

여러 세대를 위한 주차장은 진출입이 용이하고 주차에 편리한 공간을 마련할 수 있어야 한다. 일반적으로 자동차를 넓은 주차장에 주차하는 자주식 주차방식과 기계설비에 의하여 주차하는 기계식 주차장으로 구분한다. 자주식 주차장은 주차의 패턴에 따라서 평행 주차, 30° 주차, 45° 주차, 60° 주차, 직각 주차 등으로 구분한다.

주차장법에 따르면 1대의 승용차 주차면적은 5m×2.3m이고 장애인용 주차구획은 5.5m×2.5m이다. 그러나 실제로 중대형 승용차를 주차할 경우 5.5m×2.5m의 공간은 필요하다.

주차장은 필요한 주차대수, 시설의 규모, 관리 측면을 고려하여 디자인한다. 원활하고 효율적인 주차대수를 산정하고 주차통로와 진입을 계획한다. 또 주차장의 진입에 경사로를 설치할 경우 적정한 기울기와 층고를 확보하여야 한다. 실내주차장의 경우는 기둥 간격을 고려하여 주차대수를 확보한다.

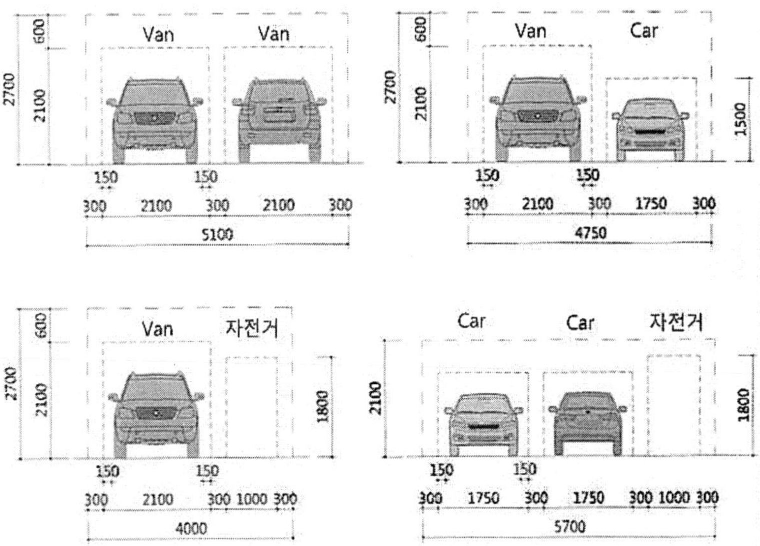

그림 3-8 차고의 치수와 공간

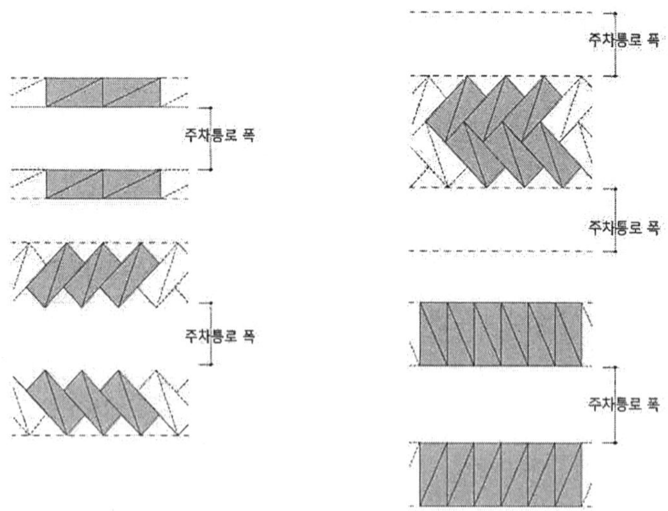

그림 3-9 주차장 폭

표 3-23 주차방식과 특징

주차방식	특징
평행주차	▸ 진입 주차통로와 평행으로 자동차를 주차한다. ▸ 주차장 폭이 좁거나 도로변 주차장에서 주로 사용하는 방법으로 1대당 주차 면적은 $43.1m^2$로 가장 크다. ▸ 주차통로 폭은 주차장 진입출구가 한 곳일 경우 5m 이상 두 곳 이상일 경우 3.3m 이상을 유지하여야 한다.
대향주차 (30°, 45°, 60° 주차)	▸ 넓은 옥외 주차장에 주로 사용하며 실내주차장의 경우는 면적이 커서 잘 적용하지 않는다. ▸ 대형 주차의 통로와의 각도에 따라서 30°, 45°, 60° 주차로 구분한다. 각도가 클 경우 상대적으로 대당 소요면적이 작아 유리하다. ▸ 주차통로 폭은 주차장 진입출구가 한 곳일 경우 5m 이상 두 곳 이상일 경우 3.5m 이상(60°주차의 경우는 4.5m 이상)을 유지해야 한다.
교차주차	▸ 대향주차 45°주차와 거의 동일하다. 주차통로 폭은 주차장 진입출구가 한 곳일 경우 5m 이상 두 곳 이상일 경우 3.5m 이상을 유지해야 한다.

표 3-23 주차방식과 특징(계속)

주차방식	특징
직각주차	▸ 가장 경제적인 주차방법으로 실내외에서 가장 많이 사용하는 방식이다. ▸ 주차의 여유를 위하여 주차통로 폭은 반드시 6m 이상을 유지해야 한다.

③ 주차장법

〈주차장법〉은 주차장의 설치 · 정비 및 관리에 관해 필요한 사항을 정함으로써 자동차 교통을 원활하게 하여 공중의 편의를 꾀하기 위해 제정한 법(1979. 4. 17, 법률 제3165호)이다. 주차장의 종류는 노상주차장, 노외주차장, 부설주차장으로 나눈다. 시장 · 군수 · 구청장은 정기적으로 구역별 주차장 수급실태를 조사하고, 주차장 확보율이 기준 이하인 구역을 주차환경 개선지구로 지정할 수 있다.

노상주차장은 특별시장 · 광역시장, 시장 · 군수 또는 구청장이 설치한다. 노상주차장 관리자는 주차요금을 받을 수 있으나, 소방차 · 구급차 등 긴급자동차는 예외이고, 배기량 800cc 미만의 경자동차는 50% 이상 감면한다.

노외주차장을 설치 또는 폐지한 자는 시장 · 군수 · 구청장에게 통보해야 한다. 교통 혼잡을 가중시킬 우려가 있는 지역은 노외주차장의 설치를 제한할 수 있다. 택지개발 등 단지조성사업을 시행하는 때에는 일정규모 이상의 노외주차장을 설치해야 한다. 노외주차장 관리자는 주차요금을 받을 수 있다.

건축물 · 골프연습장 등 주차수요를 유발하는 시설의 내부 또는 부지 안에 부설주차장을 설치해야 한다. 부설주차장 관리자는 주차요금을 받을 수 있다. 부설주차장은 대통령령이 정하는 기준에 해당하는 경우를 제외하고는 주차장 이외의 용도로 사용할 수 없다.

기계식 주차장치의 제작자 등은 시장 · 군수 · 구청장으로부터 해당

장치의 안전도를 인증 받아야 한다. 기계식 주차장치의 보수업을 경영하려는 자는 시장 · 군수 · 구청장에게 등록하고, 손해배상 보험에 가입해야 한다.

(2) 진입로

① 주진입로

주진입로(main entrance road)에는 각 세대를 위한 주차장이 마련되어야 하며, 그들에의 진입경로가 결정되어야 한다. 각 세대는 입구에 대한 차량에 의한 접근 또는 걸어서 가야 하는가를 결정해야 한다. 근린주구에 버스교통체계가 잘 되어 있어 사람들이 그들의 집까지 걸어간다면 단지계획은 보행자 위주로 되어 도로에서 멀리 떨어져 배치된다. 반면에 대중교통수단이 빈약한 지역에서는 각 세대까지 차량에 의한 직접 진입의 가능성이 높다.

표 3-24 주진입로 계획의 유의사항

- 기준도로와 만나는 주진입로는 서로 직각으로 교차시키며, 양쪽 방향에서 시야를 가리지 않도록 하여 교차점에서 한쪽 방향의 차량이 위험하게 다른 방향으로 진입하는 기회를 감소시킬 수 있어야 한다.
- 주도로로 진입하기 위해 대기 중일 때 차량이 밀려도 지장이 없을 정도로 충분한 여유가 있어야 한다. 또한 출퇴근 시 단지를 출발하는 차량을 예측하고 기존도로의 차량수준을 측정할 필요가 있다. 차량 당 6m 정도의 공간이 소요될 경우, 주진입로는 기존의 교차로로부터 60m는 떨어져 있어야 한다.
- 운전자로 하여금 그들의 진행방향을 주시할 수 있도록 시각적으로 개방되어 속도를 낮출 충분한 여유가 있어야 한다.
- 진입로 1개소당 최대 200세대까지 서비스할 수 있어야 한다.
- 운전자의 좌측으로부터 접근될 수 있도록 하여 자유로운 우회전이 가능하도록 한다. 만일 좌회전이 필요할 경우엔 좌회전 구간의 가능성을 진단해 본다.

② 주호군 진입로

주호군 진입로(cluster entrance road)는 소집단을 이룬 1개 주호군의 입구 주변도로를 칭한다. 이때 건물의 주입구를 접근하는 도로에서 직접 볼 수 있는 위치에 설치하면 좋다.

주호군의 입구 및 주차겸용도로(parking road)는 특별한 용도에 대비할 수 있도록 하며, 주호군의 배치형태와 조화될 수 있도록 하고, 시각적 이미지를 개선할 수 있도록 폭 및 방향을 변화시킨다.

표 3-25 주호군 진입로의 계획

교통도(traffic island)	보행자 안전참(pedestrian safecross)
▸ 도로를 일방통행인 두 개의 차선으로 분리하여 가운데에 소규모의 오픈스페이스를 둔다. 섬(island)을 형성할 수 있도록 건물들을 후퇴시킨다. ▸ 이 섬의 폭은 최소한 3.6m는 되어야 하며 6m가 최적이다. ▸ 나무와 잔디로 장식되며 담장을 둘러 통행용 출입구를 설치하거나 분수, 긴 의자, 놀이기구 등을 설치하면 좋다. ▸ 적극적으로 사용되지 않아도 녹색의 섬은 시각적인 즐거움을 제공한다.	▸ 차량이 진입하는 모퉁이 부분의 돌출된 오픈스페이스는 블록을 한정시키며 차량 속도를 감소시키고 통과 교통량을 제한한다. ▸ 이 부분에 식재를 하며 사용자의 요구에 따라 광고탑, 게시판, 우체통, 긴 의자 등을 마련한다.
회전구간(cul-de-sac)	**돌출보도(expanded sidewalk)**
▸ 차량통행이 적은 막다른 회전구간은 어린이가 도로 및 녹지에서 안전하게 놀 수 있는 오픈스페이스의 일부분이 될 수 있다.	▸ 건물을 3.5~6m 후퇴시킴으로써 선형의 오픈스페이스를 확보할 수 있다. 반면 보도는 돌출시키고 적정의 조경시설로써 환경의 질을 향상시켜 사용자를 만족시킬 수 있도록 한다. ▸ 부적절한 주차를 막기 위해서 담장을 두르거나 식재할 수 있다.

(3) 보행로

① 보행공간

사람이 걸어가면서 건물, 벽, 초목, 길, 놀이터, 주차장과 같은 공간을 관찰하고 사용한다. 따라서 보행공간을 계획할 때에는 이때 사람들이 어떻게, 왜 움직이고, 무엇이 주위를 끌며, 주목시키는지를 파악하여야 한다.

위치에 대한 도로형태의 특성은 모든 개인과 연령층이 대체로 같다. 도시는 건물의 모서리나 벽의 주변으로, 공원이나 오픈스페이스는 수목, 관목, 잔디와 동산의 주변으로 위치한다. 그러나 개인의 움직임은 다르다. 어린이는 도중의 흥밋거리를 찾아 꼬불꼬불 움직이며, 어른은 보다 직접적으로 목적을 가지고 움직이며, 노인은 별 목적도 없이 천천히 쉬면서 움직인다.

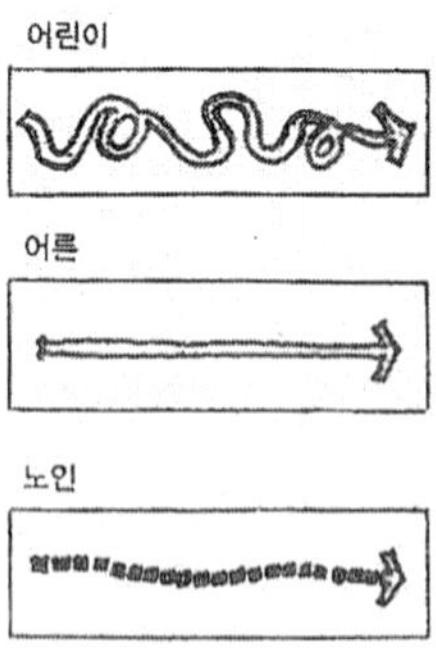

개인의 움직임

② 보행자를 위한 공간계획

단지의 보행자 전용로의 공간적 특성은 동선공간, 광장공간, 위락공간, 조형공간 등의 기능이 있으며, 어떤 기능에 중점을 두어 설계하느냐에 따라 그 보행자 전용로의 기능도 달라진다. 또한 단지 내 사람들의 다양한 생활행위와 그 단지의 제반 여건과의 상호연관성을 면밀히 분석하여 그에 맞는 보행로의 설계가 이루어져야 단지경관과 커뮤니티 등이 원활하게 조성될 것이다.

보행자를 위한 공간의 위치를 선정 할 때에는 조망이 좋거나 좋은 활동을 감상할 수 있는 곳, 프라이버시를 위한 동떨어진 아늑한 곳, 좌석의 뒤쪽은 안정감을 주도록 폐쇄적일 것, 쇼핑이나 외출 중 앉을 수 있는 장소, 사회적 접촉을 위한 공간형성에 유의하여야 한다.

보행자에 대한 안전문제의 해결은 보행로의 최적입지를 결정하는 것과 연관 지을 수 있다. 도로는 감시 및 통제가 용이하며 따라서 외적인 침입으로부터 보행자를 보다 안전하게 보호할 수 있어야 한다.

보행자 전용로 및 녹지는 기능적으로 보행자를 위한 것이지만 공간적으로는 오픈스페이스와 어린이놀이공간으로서도 중요하다. 오픈스페이스로서의 보행로는 보행자 전용로와 녹지, 보행자 전용로와 주거동 사이를 연속된 공간으로 처리함으로써 공간의 연속감과 개방감을 준다.

표 3-26 보행자를 위한 공간의 구성방법

구성방법	설명
건축화	▸ 건물의 일부를 공공공간으로 제공하는 경우이며, 현대도시에서 오픈스페이스에서의 보행이다.
보도화	▸ 소하천을 개선하여 보행전용 도로화한 공간으로 어린이 놀이터, 식재 등으로 형성된다.
공원화	▸ 도로의 확장 연도의 점포 정비로 가로에 공원적인 성격이 강한 시설이다.
지하화	▸ 도시의 급격한 현대화로 지가가 앙등하여 지하의 개발이 요구됨에 따라 설치된 공간으로서 보도와 차도 분리의 합리적인 방법의 하나로 이용되고 있다.
일시적 보행전용화	▸ 일시적 보행전용화는 일반도로에서 장소나 시간별로 일시적인 교통통제를 하여 발생한 보행을 위한 공간이다.

표 3-27 보행자 도로의 공간기능

장	기능	공간형태
이동의 장	통행로를 선택하고 탈 것을 이용하는 행위를 쾌적하게 하기 위하여 필요한 기능공간	길모퉁이, 로터리, 버스정류장 등
휴식의 장	벤치와 나무그늘 등에서 쉬고, 길거리에서 사람을 만나 이야기하는 등의 행위를 수용하기 위한 기능공간	휴게소, 후미진 장소(alcove), 녹음 잔디 광장 등
놀이의 장	모래장난, 미끄럼틀, 그네타기, 술래잡기 등의 놀이행위를 가능토록 하는 기능공간	놀이터, 놀이코너, 소광장 등
집회의 장	집회, 행사, 정보교환 등 사람들의 상호교류를 깊게 하기 위한 공간	집회광장, 제례광장 다목적 광장 등
생활의 장	물건사기, 서비스시설 이용 등 일상생활과 밀착된 기능공간	센터, 서버센터, 리빙코어 등

표 3-28 보행자 전용로의 설계 매트릭스

보행자 전용로의 설계목표		공간시스템				공간적 특성						세부설계			
		군	평행	네트	공간	회유	정체	차폐	교차	확대	중복	포장	가로시설물	생활시설	녹지
동선적 기법	선택성이 풍부한 동선구성형식기법			■	■				■	■	■		■	■	■
동선적 기법	공간이용에 따른 알기 쉬운 동선 구성형식 기법	■	■		■		■	■				■			
광장적 기법	만나는 곳과 모이는 곳을 만드는 기법	■		■	■	■			■	■		■	■		
광장적 기법	시설주위공간의 일체화를 도모하는 계획기법				■					■	■		■		■
위락 공간적 기법	스포츠 등 동적 위락공간을 만드는 기법	■	■		■	■		■					■		
위락 공간적 기법	산책 등의 정적 위락공간을 만드는 기법		■	■		■	■	■			■		■		
공간 조형적 기법	기능적 생활축을 만드는 도시공간의 조형기법									■	■	■	■		■
공간 조형적 기법	녹지가 풍부한 자연적 공간 조형기법	■	■		■	■	■	■	■					■	

표 3-29 보행자 공간에 대한 설계지침

- 보행자가 차도를 따라 걷거나 횡단하는 것이 용이하도록 한다. 보도체계는 직선적이며 자연스런 동선을 유도하여 시각적 초점에 도달하여야 한다.
- 보행자들은 다양성 및 경관을 즐기며, 타인의 식별을 용이하도록 한다. 보도체계는 직선적이며 자연스런 동선을 유도하는 시각적 초점에 도달하여야 한다.
- 보행자 공간 주변의 넓이나 다양성을 높이기 위해 주호군의 일부인 광장 등을 보행자 공간에 포함시켜 설치하여야 한다.
- 보행자 도로는 안전하고 쾌적하게 보행할 수 있도록 함은 물론이고, 보행 이외의 일부 옥외활동의 역할을 할 수 있도록 광장, 휴게소, 녹지 등 필요한 부분을 설치한다. 계단, 경사로, 램프 등을 고려한다.
- 보행자 도로의 위치는 통행인의 습관이나 형태에 맞추어 최단거리로 연결한다.
- 보도와 차도의 교차부분은 시계를 넓게 함은 물론, 보행자가 차도를 인식하기 쉽도록 노면 처리책 등을 고려한다.
- 차도와의 교차부분은 가능한 한 직각으로 하며 단차를 적게 하거나 유모차 등을 위해 램프(ramp)시설을 한다.
- 사회적 접촉을 증진시키기 위한 방법으로서 주민들로 하여금 공용의 보도에서 교류하도록 한다. 사회적 접촉은 공원에서부터 보행로 위에서 더 활발하다.
- 보행자는 보도를 따라 시각적으로 명쾌한 공간과 그 형태를 지각할 수 있어야 한다.
- 커뮤니티의 중심부에 산책로(promenade)를 설치한다.
- 활동의 결절점은 커뮤니티의 어느 곳이라도 10분 정도의 도보거리 내에 위치시킨다.
- 주 보행자 도로가 서로 만나는 결절점 주변에 공공의 오픈스페이스를 둔다.
- 주 보행자 도로는 오픈스페이스를 서로 연결하여야 한다.
- 주차장에서 건물 입구까지의 보행로는 주보행로와 분리한다.
- 버스 정류장은 주보행자도로와 간선도로가 교차하는 지점에 위치시킨다.
- 계단식 좌석은 사람이 가장 많이 모이는 곳을 선택하여 그곳을 주위보다 높여 유리한 위치로 만들거나 또는 행위가 쉽게 이루어질 수 있도록 낮추는 것이 좋다.
- 공연, 연설, 대화 등을 위한 정적 공간은 측벽 또는 후벽을 설치하거나 지면에 고저차를 두는 것이 바람직하다.

③ 보도

보도(sidewalk)는 자전거도로의 외곽 부분에 설치된 보행자 공간으로 한정한다.

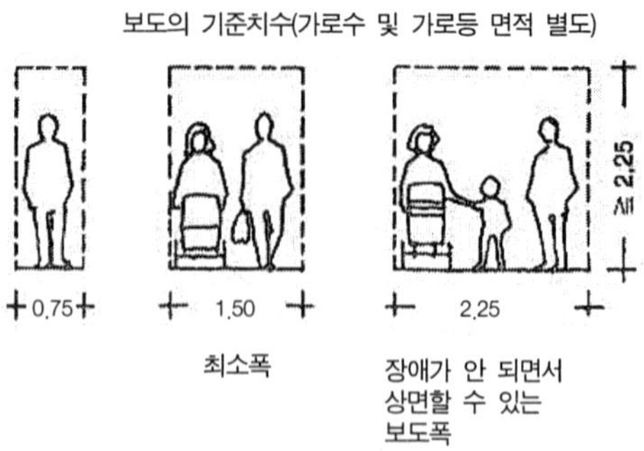

그림 3-10 보도의 기준치수

표 3-30 보도설계의 일반적 기준

- 보도 폭은 가로수, 전주 등의 시설면적을 제외한 지속적인 폭이어야 한다.
- 보행자 3인이 부딪치지 않고 통과할 수 있는 정도의 폭(2.4m 이상)은 최소한 확보해야 한다.
- 자전거의 속도가 빠른 도로에서 보행자의 안전성을 높일 수 있도록 가드레일이나 단차가 많이 나는 보도를 설치하는 것이 바람직하다.
- 보도는 블록 내에서 단절되지 않아야 하며, 주차장 출입구나 상품의 하역 등에 의해 최대한 방해받지 말아야 한다.
- 보행의 흐름에 방해되지 않도록 우체통, 전화박스, 쓰레기통 등의 가로시설물은 일정한 거리를 두어 배치한다.
- 대규모 건물의 주출입구가 보도에 직접 면하지 않도록 한다.
- 보행의 안전을 위해 위험한 현수막, 간판 등을 제거한다.
- 도로폭 10m 이상시 보도가 필요하며, 보도의 폭은 주간선도로에서 3m, 보조 간선도로 및 세로에서 2m, 통학로에서 4m 이상으로 한다.
- 보도는 보행에 불편을 주지 않도록 포장되어야 하며, 미끄럽지 않는 재료를 사용하되 필요한 부분은 유색재료를 사용한다.
- 횡단로는 식별성이 강한 재료로 포장하거나 페인트로 구별하게 된다. 또한 장애인, 어린이, 노약자를 위한 특수시설을 한다.

(4) 자전거 도로

자전거 도로에는 전용로, 준전용로, 공용로가 있다. 전용로는 자전거만을 위해 따로 설치된 도로이며, 준전용로는 도로의 일부를 자전거통행로로 이용하는 행태, 공용로는 자동차 도로나 보행자 도로를 자전거도로로 이용하는 경우이다.

표 3-31 자전거 도로계획 시 고려사항

- ▸ 자동차도로나 보행자도로와 병행하도록 하며 전용로는 급경사지 등의 지역에만 설치한다.
- ▸ 중심지구나 자전거 통행량이 많은 도로에서는 따로 전용도로를 설치하지 않고 자동차도로와 병행하되 노선을 분리하여 안전을 도모한다.
- ▸ 주거지 내에서는 보행자도로와 병용하도록 하되, 구배가 급하거나 보행교통량이 많은 곳에서만 안전성을 고려하여 분리시킨다.
- ▸ 오픈스페이스 내의 자전거도로는 경관도로, 보행자도로와 병행하되, 구배가 급하거나 교통량이 많은 곳에서만 분리시킨다. 자전거 보관소를 구비한다.

4) 오픈스페이스 및 운동시설계획

(1) 오픈스페이스

오픈스페이스는 건축물에 의해 점유되지 않은 모든 토지를 의미한다. 따라서 오픈스페이스는 공원 · 놀이터와 같은 전형적인 공원녹지공간은 물론, 도로, 보도, 개인정원, 주차장 등도 포함된다. 더욱이 오픈스페이스는 구조물이 들어서지 않은 공간(unbuilt-up land)만을 의미하는 것이 아니라 사용됨으로써 사람들에게 즐거움을 줄 수 있는 영역을 포함한다.

주택단지 내의 오픈스페이스는 주로 어린이공원, 근린공원, 완충녹지, 광장, 공공공지 등으로 구성되는데, 이는 근린주구 전체의 이미지 및 정주성을 상징한다는 점에서 볼 때 단순한 옥외공간 이상의 중요한 의미를 갖는다. 특히 주택단지의 오픈스페이스는 어린이나 노약자들에게 매우 중요한 공간이므로 계획구상 단계부터 부지를 확보하여 보행자 전용도로, 학교 등과 체계적으로 연결시켜야 한다.

도시공간에 있어서 오픈스페이스는 공기 · 물 · 개방감의 확보를 통한 쾌적성의 제공, 용수의 공급 · 야생동물의 보호 등을 통한 물적 자원의 향상, 그린벨트 · 공원녹지 등의 복합적 기능을 갖는다. 한편, 주택 단지의 오픈스페이스는 경관구성, 환경보전, 미기후 조절, 위락공간 제공 등과 같은 주거생활의 질적 향상에 기여하는 기능을 한다.

표 3-32 오픈스페이스의 유형

구분	유형
사용자 요구	▸ 위락적 오픈스페이스: 이 공간은 사용자에게 즐거움을 제공하는 오픈스페이스로서 바람직한 생활환경을 조성하기 위해 필요하다. 보도, 몰(mall), 녹도(green way), 공원 및 놀이터 등이 이에 속한다. ▸ 서비스 오픈스페이스: 가로, 주차장, 서비스공간 등을 말하며, 종종 외곽지로 개발되기도 한다. 종합적이며 쾌적한 환경조성을 위해 전체적인 조경시설이 요구된다. ▸ 형태, 이미지 창조를 위한 오픈스페이스: 커뮤니티 형상 및 이미지는 건축과 조경의 결합에 의해 결정된다. 특히 고밀도지역에서 건축물군은 경관을 지배하며, 특징적인 공간을 형성시킨다.
소유권 (ownership)	▸ 공적 오픈스페이스: 공공경비로 유지되며 누구나 사용 가능하다. 공원, 운동장, 도로, 보도 등이 이에 속한다. 공적 오픈스페이스의 경계는 누구나 쉽게 인지할 수 있어야 하며, 일반대중을 위해 형성된 경로를 통해 공공의 접근 및 이동을 위한 동등한 권리가 부여되어야 한다. ▸ 반공적, 반사적 오픈스페이스: 주민들에 의해 소유되며, 그 지역민을 위해 공적으로 사용된다. 비거주자의 이용은 방문객에게만 한정되며, 일반 대중은 금지된다. 주유소, 쇼핑센터, 사무실, 건물 등과 같은 상업시설물의 외부에서 이러한 반공적 오픈스페이스를 흔히 발견하게 된다.

표 3-32 오픈스페이스의 유형(계속)

구분	유형
소유권 (ownership)	▸ 사적 오픈스페이스: 각 세대는 하나의 뜰, 발코니, 테라스 등 어느 정도 사적인 외부공간을 가진다. 적극적 활동을 위한 충분한 커뮤니티 위락공간들과 더불어 개인 정원은 옥외요리, 식사, 정원가꾸기, 수리, 쓰레기 및 도구저장소와 기타 옥외활동들만을 위해 제공될 필요가 있다.
위계 (hierarchy)	▸ 커뮤니티 오픈스페이스: 주거지개발에 있어서 가장 대규모의 오픈스페이스로서, 이곳은 지형, 배수, 향, 조망, 쾌적성, 생태학적 측면 등을 포함하는 지역적 특성에 의해 결정되며, 주로 산책, 휴식, 경치구경, 자전거타기 등의 소극적 용도로 사용된다. ▸ 근린주구 오픈스페이스: 가장 많이 사용되는 오픈스페이스이며, 보행자를 주택으로부터 공공시설로 연결해 주는 역할을 한다. 근린주구의 어린이놀이터, 운동장 등이 이에 속한다. ▸ 주호군 오픈스페이스: 단위 주호군들 주위의 오픈스페이스를 말하며, 각주호에 속하는 영역이 될 수도 있다. 주민의 프라이버시 확보 및 공동시설의 이용 혜택을 고려한 계획이 요구되며 특히 공공영역과 개인영역 간에는 완충지대 및 담장을 설치할 필요가 있다.

(2) 공원 및 놀이터

어린이의 놀이는 단순한 유희가 아니라 심신을 발달시키는 행위로서 특히 단체놀이는 규칙성과 사회성을 배우게 해준다. 또한 어린이들은 하루의 대부분 시간을 근린생활권에서 보내게 되므로 놀이공간이 하나의 교육의 장으로서 역할을 다하도록 계획하는 것이 중요하다.

근린공원은 휴식, 여가, 운동 등 이용자의 정적 및 동적 옥외활동을 수용할 수 있도록 자연적 요소를 기반으로 한 옥외 레크리에이션 공간을 마련해 주는 계획이다.

표 3-33 공원과 놀이터의 확보기준

공원	놀이터
▸ 도시지역 안에서의 도시공원은 주민 1인 당 $6m^2$ 이상, 개발제한구역, 녹지지역을 제외한 도시지역 안은 주민 1인당 $3m^2$ 이상으로 해야 한다. **근린주구단위의 공원면적기준** ▸ 유치거리에 의한 방법: 정사각형 주거단지($640,000m^2$)를 가정할 때, 어린이공원 4개소와 근린공원 1개소를 배치한다. ▸ 면적에 의한 방법: 1인당 공원면적은 인구 1만 명의 주거단지를 가정할 때 밀도 별로 어린이공원과 근린공원의 면적을 산출할 수 있으며, 단지면적은 밀도에 의해 역산하여 산출한다.	▸ 50세대 이상 100세대 미만의 단지는 세대당 $3m^2$(시, 군지역은 $200m^2$)의 놀이터를 확보해야 하며, 100세대 이상인 경우는 $300m^2$에 100세대 초과 매세대당 $1m^2$(시, 군지역은 $200m^2$에 100세대 초과 매세대당 $0.7m^2$)를 확보하도록 규정하고 있다. ▸ 어린이놀이터의 설계면적은 주변 차폐식재 등을 고려하여 법적 기준보다 10~20%의 여유를 두는 것이 바람직하다. ① 최소면적: 개소당 $300m^2$ (시, 군지역 $200m^2$) ② 최소폭: 9m ($150m^2$ 미만인 경우 6m) ③ 이격거리($150m^2$ 이상인 경우): 외벽으로부터 5m, 개구부 없는 측벽 · 인접지 경계선으로부터 3m, 도로, 주차장으로부터 2m 이상

(3) 녹지 및 광장

① 녹지

녹지는 도시의 자연환경을 보전하거나 개선하고 공해 및 재해를 방지하여 양호한 도시경관의 향상을 도모하기 위해 〈국토계획법 규정〉에 의하여 설치된 것으로 규정하고 있다.

녹지의 유형은 기능에 따라 크게 완충녹지, 경관녹지, 연결녹지로 구분된다.

완충녹지는 대기오염 · 소음 · 진동 · 악취 등의 공해와 각종 사고 및 자연재해 등의 방지를 위해 설치하는 녹지이다. 경관녹지는 도시의 자연환경을 보호하거나 이미 자연이 훼손된 지역을 복원 · 개선함으로써 도시경관을 향상시키기 위하여 설치하는 녹지이며, 연결녹지는 도시 안의 공원 · 하천 · 산지 등을 유기적으로 연결하고 도시민에게 여가 및 휴식을 제공하기 위하여 주로 선형으로 설치하는 녹지이다.

② 근린광장

주거단지 내의 광장은 상징적인 장소이며, 중심공간으로서 거주자들의 공동생활의 장으로 활용되고 있다. 이러한 광장은 특성에 따라 놀이와 이웃 간의 담소 · 산책 등 사람들이 융합하는 동적인 장소와 조망과 휴식 등의 형태를 담는 정적인 장소로 구분할 수 있다.

주택단지계획에 있어서는 주로 미관광장(근린광장)의 설치를 고려할 수 있는데, 이는 시장 · 학교 · 공용의 청사 · 보행자전용도로의 기종점 등 모이는 곳이나 생활동선의 거점이 되는 곳에 설치하여 주민이 쉽게 이용할 수 있도록 해야 한다. 대규모의 주택단지 내에서는 근린공원 · 오픈스페이스 · 공공시설용지 등의 일부 공간을 이용하여 광장을 조성할 수 있다. 특히 경로당 등 커뮤니티시설 오픈스페이스에는 주민을 위한 광장을 조성하여 주민생활의 편익을 도모한다. 광장은 차량이 통과하지 않는 지점을 선정하며, 지하부분은 주차장 등으로 복합적 공간 활용이 가능하다.

③ 공공공지

공공공지는 도시 내의 주요 시설물 또는 환경의 보호 · 경관의 유지 · 재해대책 및 보행자의 통행과 시민의 일시적 휴식공간 확보를 위해 설치하는 시설을 말한다.

표 3-34 공공공지의 설치기준

- ▸ 공공공지는 공공목적을 위해 특히 필요한 최소한의 규모로 결정
- ▸ 도시미관의 저해를 방비
- ▸ 긴 의자, 퍼걸러, 조형물, 옥외생활체육시설 등 공중이 이용할 수 있는 시설 설치
- ▸ 주민의 일상생활에 있어 쾌적성, 안전성을 확보하고, 공동체 의식을 함양할 수 있는 장소로 이용
- ▸ 빗물을 모아두거나 땅속으로 스며들게 하는 시설을 설치

5) 관리시설계획

(1) 관리사무소

50세대 이상의 주택단지는 10m^{2}에 50세대를 초과하는 매 세대당 0.05m^{2}를 가산한 면적이상의 관리사무소를 설치하여야 한다. 다만, 그 면적의 합계가 100m^{2}를 초과하지 않을 수 있으며 최소 66m^2 면적을 확보하여야 한다.

위치는 단지 관리와 입주자의 이용성을 감안하여 보행접근과 식별이 용이한 곳으로 한다.

① 단지의 관리와 입주자의 이용성을 감안하여 보행접근과 식별이 용이한 곳에 배치한다.

② 단지 내 시설이용권역의 중심에 위치하는 것이 좋으며, 다른 시설과의 관계성은 미약해도 무방하다.

③ 독자적 기능을 갖도록 설치될 경우 주차장이나 상가 등과 근접시켜 배치한다.

④ 놀이터, 유치원, 공원 등의 시설 관리와 감시가 용이한 위치에 설치한다.

(2) 서비스 시설공간

단지 내 서비스 시설공간은 거주민들의 편의성을 위해 제공되는 공간으로서 자전거 보관소, 쓰레기 집하장, 재활용품 보관소 등과 관련된 공간을 말한다.

자전거교통은 환경문제, 에너지 문제, 주차장 문제에 있어서 자동차 교통에 비해 친환경적이다. 자전거 보관공간은 현재 주차장과 더불어 필수적인 디자인 요소가 되고 있으며 위치, 규모, 형태, 등에 따라 다양한 사례들이 나타나고 있다.

한편, 지속가능한 정주지 개발의 필요성을 인식함에 따라 쓰레기의 재활용 방안이 활발하게 논의되고 있다. 쓰레기 집하장 및 재활용품 분리장소 등의 공간은 거주자의 편리성을 위해 중요한 시설인 반면, 혐오시설로 인식되는 등 상충되는 성격을 지니고 있으므로 특별한 계획적 고려가 요구된다.

① 자전거 보관공간

주거동과 통합된 자전거 보관소는 다른 용도의 공간과 동일한 층을 사용하는 경우에는 주동의 저층부에 설치할 경우 저층부 공간의 장애요소(통행방해)가 되지 않도록 동선계획(예: 코어, 출입구 동선과 자전거 보관소의 동선 분리) 및 공간배치계획을 한다. 그리고 다른 용도의 공간과 다른 층을 사용하는 경우에는 도난방지를 위한 감시가 가능하도록 벽의 일부를 개방형으로 계획, 미관을 고려하여 주동의 입면과 조화된 디자인(유사한 재료, 행태 등)이 필요하다.

한편, 주동과 분리되어 있는 자전거 보관소는 이용의 편리성을 고려한 배치를 하여야 한다. 자전거 보관소로의 접근성이 용이하도록 가능한 이용거리는 50m 이내로 짧게 하고, 주차장 주변에 설치하는 경우 차량동선 및 보행동선과의 관계도 고려해야 한다. 그리고 단지 전체의 디자인 요소와 조화를 고려하여 주거동, 주동 입구 쓰레기 수거함, 지하주차장 진입 계단실 등 단지 전체의 디자인 요소와 조화를 이루도록 통일된 이미지로 계획하여야 한다. 또한 비와 바람을 피할 수 있도록 지붕과 벽 등을 이용하여 계획하고, 도난방지를 위해 감시가 용이하면서 이용자의 접근이 쉬운 주동 현관의 주변 등에 배치한다.

② 쓰레기 집하장 및 재활용품 분리장소

거주자의 동선을 고려하여 그룹별로 쓰레기 집하장과 재활용품 보관소를 배치한다. 주동현관이 마주보고 있는 주동들을 한 단위로 묶어서 쓰레기 집하장과 재활용품 보관장소를 설치할 수 있다. 주거동과 시설물간의 거리는 이용 편리성을 고려한 최대거리와 위생을 고려한 최소거리로 하되, 쓰레기 처리시설은 위생을 고려하여 최소 8m 이상으로 하며, 이용 편리성을 고려하여 100m 이하로 이격 배치한다. 또한 통풍이나 습기제거 등이 용이하도록 개방된 공간에 배치한다.

그리고 단지 내 차도에 인접하여 쓰레기 집하장이나 재활용품 보관소를 배치하되, 쓰레기 집하장은 독립된 영역으로 배치하는 것이 좋다. 조경시설로 쓰레기 집하장과 재활용품 보관장소는 간이설치물(지붕, 벽 등)을 통해 시각적으로 차폐되어 외부공간에서 인식되지 않도록 하거나 디자인 요소로 적극 활용하는 방안이 있다.

또한 쓰레기 집하장이나 재활용품 보관소의 지붕이나 벽의 형상 및 재질은 지역에서 많이 생산되는 재료를 사용하거나 주동, 커뮤니티 시설, 단지 내 디자인 요소들과 조화롭게 디자인하여야 한다.

6) 커뮤니티공간계획

커뮤니티란 특정 장소에 함께 정주하는 일단의 구성원들이 사회적 활동을 통해 상호 유대감과 소속감을 공유하며 조화로운 삶을 통해 스스로의 존속을 꾀하는 집단으로 정의된다.

한편, 커뮤니티시설은 지역 주민들의 일상생활에서 정서적, 기능적 중심 역할을 하는 공간으로, 좁은 의미로는 '공동체의 교류 및 유대감 형성을 위해 이용되는 시설', 넓은 의미로는 '공동체 구성원들이 생활 영위를 위해 공동의 목적으로 이용하는 시설'이다. 이는 소프트한 면(단지 내 공동관리, 공동행사 운영 등)과 하드한 면(공간적 측면)이 동시에 충족되어야만 형성될 수 있는 것이다. 그러나 주거단지계획 중 커뮤니티의식과 프라이버시가 상충되는 경우가 발생하기도 한다. 따라서 자연스러운 커뮤니티의식을 부여하기 위해서는 장소로서의 공간설계가 중요하다.

〈주택법과 그 시행령〉 및 〈주택건설기준 등에 관한 규정〉 등에서는 부대복리시설 중 단지 내 입주민들의 기본적인 주거환경을 보장하고 생활복리 향상에 기여하는 주민 공동의 공간을 커뮤니티공간으로 보고 있다.

① 노인정

100세대 이상의 주택단지는 15m^{2}에 100세대 초과하는 매세대당 0.1m^{2}를 더한 면적이상의 노인정을 설치해야 한다. 다만, 그 면적의 합계가 300m^{2}를 초과하지 않을 수 있다. 일조 및 채광이 양호한 위치에 설치하여야 하며, 노인의 건강증진, 오락, 취미활동, 작업 등을 위한시설(일반 거주자와 교류 또는 공동 활동 할 수 있는 시설포함)과 부속정원, 화장실 및 급수시설을 설치하여야 한다.

노인정은 유치원, 놀이터, 공원 등과는 인접하여 배치시키고, 주차장, 농구장 등과는 가능한 한 이격하여 배치한다. 그리고 단지 내 시설이용권역의 중심에 배치되도록 고려하고, 관리사무소와 통합 설치할 경우 신중한 검토가 필요하다.

② 보육시설

500세대 이상의 공동주택을 건설하는 주택단지에는 상시 30인 이상의 영유아를 보육할 수 있는 시설규모를 갖춘 〈영유아법〉에 의한 보육시설을 설치하여야 한다. 다만, 당해 주택단지로부터 통행거리 300m 이내에 보육시설이 있을 때와 당해 주택단지 안의 보육시설과 유사한 시설을 갖춘 사회복지관을 설치하는 경우, 국민 주택규모를 초과하는 주택이 전체 주택의 70/100 이상인 경우, 당해 주택단지가 노인주택단지·외국인주택단지 등으로서 보육시설의 설치가 불필요하다고 사업계획승인권자가 인정하는 경우에는 그러하지 않아도 된다.

③ 유치원

2,000세대 이상의 주택단지에는 유치원을 설치할 수 있는 대지를 확보하여 그 시설의 설치 희망자에게 분양하거나, 건축하여 운영하고자 하는 자에게 공급하여야 한다. 다만, 당해 주택단지로부터 통행거리 300m 이내에 유치원이 있는 경우, 통행거리 200m 이내에 〈학교 보건법 제6조제1항〉 각호의 시설이 있는 경우, 국민주택규모를 초과하는 주택이 전체 주택의 60/100 이상인 경우, 당해 주택단지가 노인주택단지, 외국인주택단지 등으로서 유치원의 설치가 불필요하다고 사업계획승인권자가 인정하는 경우는 그렇지 않아도 된다.

유치원을 복합으로 건축할 수 있는 시설은 의료시설, 주민운동시설, 보육시설, 종교회장 및 근린생활시설(학교 보건법에 의한 학교환경위생정화구역에 설치할 수 있는 시설에 한한다)에 한하여 이를 함께 설치할 수 있다. 이때 유치원 용도의 바닥면적의 합계는 당해 건축물의 연면적의 2분의 1 이상이어야 한다.

④ 문고

500세대 이상의 공동주택단지에는 〈도서관 및 독서진흥법시행령〉의 기준에 적합한 문고를 설치하여야 한다. 그 최소면적은 33m^{2}으로 1,500세대 이하의 경우 33m^2 이상, 2,000세대 이하의 경우 36m^2 이상, 2,500세대 이하 42m^2 이상, 2,500세대를 초과하는 경우 47m^2 이상이어야 한다.

⑤ 수영장

수영장은 진취적 주민들에게는 매력을 준다. 그러나 수영장은 건설 및 운영비가 비싸기 때문에 이용자수의 추정이 선행되어야 한다.

⑥ 휴게시설

입주민이 모여 쉴 수 있는 광장, 마당, 휴게소, 쉼터 등의 휴게공간을 단지 전체의 보행동선과 연결되는 위치에 적절히 배치한다. 또한, 1,000세대 이상의 단지인 경우에는 복지관, 상가, 놀이터, 운동장, 휴게공간 등을 통합하여 배치한다. 특히 공간의 크기와 위치 및 지형조건 등을 감안하여 분수대, 벽천, 폭포, 실개울, 연못 등 수경시설의 설치를 고려하는 것도 좋다.

⑦ 근린생활시설

근린생활시설이란 식품 · 잡화 · 의류 · 문구 · 서적 · 운동기구 기타 이와 유사한 생활용품의 구매시설, 이용원 · 미용원, 대중음식점 · 다과점 · 다방 · 기원, 세탁소(공장이 부설된 것 제외) · 방앗간 · 생활용품 수리점 · 사진관, 학원(예능 · 가정 · 사무 · 독서계열, 분리계열 중 어학 및 기술계열 중 컴퓨터에 한함), 금융 · 보험기관, 부동산중개업소 등 소개업소 및 상기와 유사한 시설로서 거주자의 생활편익을 위하여 필요하다고 인정되는 시설을 말한다.

주택단지에 설치하는 근린생활시설의 면적은 매세대당 6m^2 비율로 산정한 면적을 초과하지 않는 범위 내에서 가능하다. 단, 그 비율로 산정한 총면적이 500m^2 미만인 경우 당해 면적을 500m^{2}로 할 수 있다. 하나의 건축물에 설치하는 동 시설면적이 1,000m^{2}를 넘는 경우에는 주차·물품의 하역 등에 필요한 공터를 설치하여야 하고 그 주변에는 소음·악취의 차단 및 조경을 위한 식재 및 기타 필요한 조치를 하여야 한다.

7) 유휴공간

유휴공간은 공간으로서의 기능과 역할에 대한 수명 및 활용이 다한 공간과 시설로서 방치되고 버려진 공간(시설)으로 해석할 수 있으며, 그 유형으로는 '방치되거나 버려진 공간(시설)'과 '기능이 상실되거나 쇠퇴한 공간(시설)'으로 구분될 수 있다.

방치되거나 버려진 유휴공간(시설)의 대상은 고가도로 하부, 건물과 건물의 사잇공간, 주택단지 내부 공원 등에서 사용하지 않는 공간, 교통섬, 개발계획이 수립되지 못하는 공공공간, 건물 옥상 등이 있다.

기능과 역할을 상실하거나 쇠퇴한 공간(시설)으로는 가동되지 않는 산업시설 및 공장(폐광산, 폐산업공장, 폐군수시설) 등과, 전통시장 내의 빈 점포, 상점가의 배후 골목길 공간 등이 있다.

유휴공간은 도시공간에서 공유지와 사유지로 구분되는 특성이 이용자 측면에서 발생되는 공공공간으로 흡수되어 지역의 부가가치를 상승시켜줄 수 있는 기능을 제공할 수 있다.

3. 공동주택단지 개발의 과정

1) 공동주택단지 개발의 기초

(1) 단지개발의 개념

단지개발은 집단주택지계획의 준말로 사용되었는데, 오늘날에 와서는 공업단지계획, 농공단지계획 등 집단적으로 시설물을 계획, 설계하는 것을 뜻하고 있다. 원래 메사추세스 공학대학(MIT)의 케빈린치(Kevin Lynch) 교수가 《Site Planning》이라는 책에서 처음 사용하였으며, 그것을 일본에서는 부지계획, 우리나라에서는 단지계획이라 번역하였다.

단지계획은 물적 측면 이외에 공동체 조성이라는 더 넓은 의미를 내포하고 있다. 즉, 단지계획이란 한 지역에 정착하는 인간의 거주 및 생활환경, 자연환경 등을 향상시킬 수 있도록 물리적 환경에 인위적 계획을 접목시키는 것이다. 또한 공간구조, 거주인의 요구, 시각 및 지각작용 등을 조화시키는 기술이며, 환경설계 요소인 가로망, 녹지, 주거동, 근린시설, 주차장, 인동간격, 프라이버시, 소음, 조망 등을 구상하여 계획하는 것이다. 그리고 토지와 인구규모, 소득과 생활수준, 자연환경과 그 지구의 기능분담 등을 고려하여 균형 있는 환경을 조성하는 데 있어서 밀도, 용적, 형태, 기능과 패턴 등을 적용하는 계획이며, 단지, 주택 사용자는 주거단지 구성의 3요소로서 서로 상관관계를 가지고 있다.

이러한 단지계획은 인간생활을 질서 있고, 능률적이며, 건강하게 영위하도록 기존환경으로부터 목적하는 새로운 환경을 조성하기 위한 수단과 방법을 추구하는 인간의 활동인 동시에 그 활동의 결과이다. 즉, 단지계획은 작은 규모의 가옥에서부터 큰 규모의 건물과 구조물들이 서로 조화를 이룰 수 있도록 아름답게 도시 전체 속에 배치하는 것이다. 특히 주거단지계획은 도시의 기본적 구성 요소인 주택을 단독적으로 건축하는 것이 아니고 도시 전체 공간 속의 주택을 집단으로 건설하는 것이다.

그러므로 주거단지는 주택의 집단 내외에 각종의 생활 관련시설, 즉, 공원, 도로, 학교, 커뮤니티 시설 등을 포함한 종합적 계획이 전제가 되어야 한다. 이러한 요소들은 주택이 지닌 조건과 주택의 배치에 따라 거주자들이 생활에 직접적인 영향을 미치며, 거주자들의 상호관계를 유지시켜 주는 공간으로 형성되기 때문이다.

주거단지에는 인간이 필요로 하는 다양한 유형의 공간이 포함되어 있어, 공간을 구성하는 행위는 오래된 경험과 역사적 문화적 배경, 그리고 사회적 요인들에 영향을 받고 있다는 사실을 인식해야 한다. 인간의 정주 환경의 틀을 형성하는 주거단지계획은 공간의 구성, 외부 공간에 대한 개념, 형태, 기능 등을 이론적으로 파악하여 균형 있는 환경을 조성해야 하는 것이다.

(2) 계획개념의 형태

계획개념은 크게 계획구상 단계에서의 계획개념과 설계 단계에서의 설계수법으로 분류할 수 있다. 계획구상 단계에서의 계획개념은 단지에 대한 현황분석으로 도출된 각 부문의 잠재력을 통해 어떤 방향으로 단지계획을 수립할 것인가에 대한 주된 개념(concept)으로 잡은 계획방향을 말한다.

이러한 계획구상 단계에서의 계획개념은 입지적 특성(지리적, 물리적, 환경적), 법규적 특성, 미래지향적 특성으로 구분할 수 있다. 즉, 입지적 특성은 지리적 특성을 고려한 밀도 및 층수계획, 토질 및 토양 등을 고려한 단지계획, 지형을 활용한 단지계획, 그리고 물리적 특성으로 수요자의 특성을 고려한 단지설계, 밀도 및 높이에 관한 계획, 환경적 특성에 따른 자연과 어울리는 친환경 계획, 그린 네트워크 구축 등이 있다. 또한 법규적 특성을 고려한 계획개념으로는 상위계획상의 인센티브를 활용한 단지계획, 평균층수 및 최고층수를 고려한 단지계획 등이 있으며, 미래지향적 특성에 의한 계획개념으로는 가구형(중정형) 주동배치, 전통 논두렁을 형상화한 논두렁식 절곡형 주동배치, 바람길을 고려한 주동배치 등이 있다.

표 3-35 계획구상 단계에서의 계획 개념

구분		부문별 요소	계획 개념
입지적 특성	지리적 부문	토질, 토양, 경사도, 도심과의 거리, 도시세, 개발잠재력 등	밀도 및 층수계획, 토질 및 토양 등을 고려한 단지계획(지형극복을 위한 단지계획 등)
	물리적 부문	단지의 규모, 형태, 공급유형, 당해지역의 주택보급률, 시장 분석 등	수요자의 특성을 고려한 단지설계, 밀도 및 높이에 관한 계획(특화된 단위평면설계 등)
	환경적 부문	자연환경(나무, 숲, 공원, 하천 등) 및 인공환경(주변건축물, 공해, 소음 등 환경저해 요소, 조망 등)	자연환경의 잠재력 개발과 연계시킨 계획, 인공환경에 적극 대응한 계획 등(자연과 어울리는 친환경 계획, 그린 네트워크 구축 등)
법규적 특성		규제사항(용적률, 층수, 녹지율, 주차대수, 지하주차비율, 법상 이격거리, 건축선 이격, 도로변 직각배치 등) 및 인센티브	각종 규제사항을 능동적으로 설계에 반영(상위계획 상의 인센티브를 활용한 단지계획, 평균층수 및 최고층수를 고려 한 단지계획 등)
미래지향적 특성		외국 선진사례 도입 및 새로운 계획 개념 등	가구형(중정형) 주동배치, 논두렁식 절곡형 주동배치, 바람길을 고려한 주동배치 등

설계단계에서의 설계수법은 구상 단계를 구체적으로 실현하는 과정 또는 설계를 진행하는 과정에서 구체화되거나 특화되는 발전적인 설계기법이나 수법을 말하며, 단위세대 부문, 주동배치 부문, 복리시설 부문, 주차장 부문, 조경 부문, 토목 부문, 옥외공간 부문 등이 있다.

표 3-36 계획 단계에서의 설계수법

구분	설계수법
단위세대	전실, 테라스 하우스, 복층형, 최상층 다락방, 알파룸, 가변형 주택, 3세대 동거형 주택, 보조주방, 전용 59m^{2}에서의 전면 3Bay, 화장실 2개형 설계 등
주동배치	절곡형 주동설계, 탑상형 설계, 측세대 특화설계, 1층 직출입 설계, 중복도설계, 필로티설계, 중정형(가구형) 주동배치 등
복리시설	단지 내 상가 및 주민복지관의 특화설계 등
주차장	프로그램주차설계, 잔디주차설계, 데크주차설계, 기계식 주차설계, 주차건물설계, 주동통합형 설계, 엘리베이터 설치 등
조경	1층 전정설계, 자연지형을 아용한 조경설계, 보행공간의 네트워크기법, 텃밭설계, 물을 활용한 설계 등
토목	토목시설물(지하저수조, 오수처리시설, 단독정화조 등)의 설계와 관련된 기법 및 지형을 극복하기 위한 설계기법 등
옥외공간	보행공간 활성화설계, 그린 네트워크설계, 상가, 복지관 및 오픈스페이스를 연계한 커뮤니티 활성화 설계 등

(3) 개발과정의 특성

① 개발과정의 복잡성

개발과정은 대단히 복잡하다. 개발과정 동안 개발자의 갈등 혹은 개발자와 다른 참여자들 간의 상호작용이 매우 복잡하다.

② 체계적 관리 및 아이디어

개발과정의 각 단계에서는 논리적인 접근과 직관적인 접근을 동시에 요구하고 있다. 개발에서는 각 단계가 분절되어 있지 않고 연결되어 있으며, 한 단계는 다른 단계를 통해서 이루어지기 때문에 개발자는 어느 단계에서나 개발과정의 나머지 모든 단계들을 고려해야만 한다.

③ 관리의 중요성

부동산의 수익성이 중요해짐에 따라 부동산이 완공된 후의 관리의 중요성이 크게 높아지고 있다. 단순한 건물의 유지와 보수가 아니라 시장에서의 경쟁력을 높이기 위한 건물의 운영과 관리가 중요하다. 모든 건물의 유지와 보수는 수익성의 측면에서 평가되어야 한다. 개발과정에서는 이를 고려하여 가장 효율적으로 그러한 목적을 달성할 수 있는 방법을 찾아야 할 것이다.

④ 개발과정의 요구사항 및 개발참여자

물리적 설비의 우수성이 사업의 성공을 보장하는 것은 아니며 관리에서도 종합적 접근이 요구된다. 또 모든 단계에서 정치, 경제, 물리, 법과 사회 등 건축환경에 관련되는 모든 다른 측면에 대한 관심도 필요하다.

개발자들이 운영하는 조직은 개발자에 따라 혹은 개발 대상의 종류에 따라 소수의 조직에서 대규모 조직에 이르기까지 다양하다. 이들 중 어떤 조직은 중요한 의사결정만 내부에서 하고 설계에서 임차에 이르는 대부분의 기능을 외부에 발주하면서 소규모의 조직을 운영한다. 반면 어떤 조직은 내부에 전문가들을 고용하여 대단히 큰 조직을 운영한다. 이 스펙트럼 사이에 다양한 조직들이 분포하게 된다. 개발에 임하는 개발자들의 자세와 비전도 마찬가지로 천차만별일 것이다.

2) 공동주택단지 개발의 과정

(1) 입지 조건 분석

교통 조건(교통기관, 소요시간, 교통량 등의 분석), 부지 및 지구의 조건(지형, 지가, 법적 규제 등의 분석), 경제 및 사회 조건(인구, 사회경제 동향, 업종구성 등의 분석), 가로의 이미지(역사와 가로의 이미지 등의 분석), 수요의 파악(입지 조건으로부터의 장래 추계 등)을 하여야 한다.

(2) 개발계획 수립

개발계획, 설계(무슨 사업을 할 것인지, 어느 면에 중점을 둘 것인지), 사업주체 확인(공공시행인지, 조합인지, 개인인지), 사업화 방법검토(어떻게 목적을 달성하며, 어떻게 대안을 세울 것인지), 자금조달 계획(자금의 조달방법, 변제방법), 사업비의 검토(수요예측, 자금계획 면에서 검토), 처분방법의 검토(수요예측, 자금계획 면에서 검토), 전문팀 구성(어드바이스를 얻기 위한 전문가 집단)을 하여야 한다.

(3) 인허가절차

행정대응으로 공익시설정비에 관한 조정(도로, 공원, 광장 등의 설치를 협의), 공공, 공익부담금에 관한 조정(부담금 억제노력, 시설정비 문제협의), 계획도서의 작성 및 신청(도시계획, 건축확인 등의 수속), 평가서의 작성을 하고, 수요자 대응으로 주요소비자(임차인)의 교섭(소비자의 결정, 처분조건의 결정), 시설설계(업종배치, 형태 등의 설계)를 하여야 한다.

(4) 분양

신규분양아파트는 청약통장(청약저축, 청약예금, 청약부금 등)을 이용하여 1순위, 2순위, 3순위의 절차를 거치고, 특별분양은 선착순, 동호수계약, 계약금 5% 등의 방법이 있다.

(5) 시공 및 입주

인근에 대한 대응으로 공사협정조건 체결(교통대책, 도로점유, 작업시간 등), 고충처리체제설치(피해자 구제조치, 각종 피해와 손해 등의 대처)를 하고 건설(실시설계, 건설시 자금조달, 공정관리)을 하며, 경우에 따라서는 공사도급(사업자의 선정, 도급조건 등)을 한다.

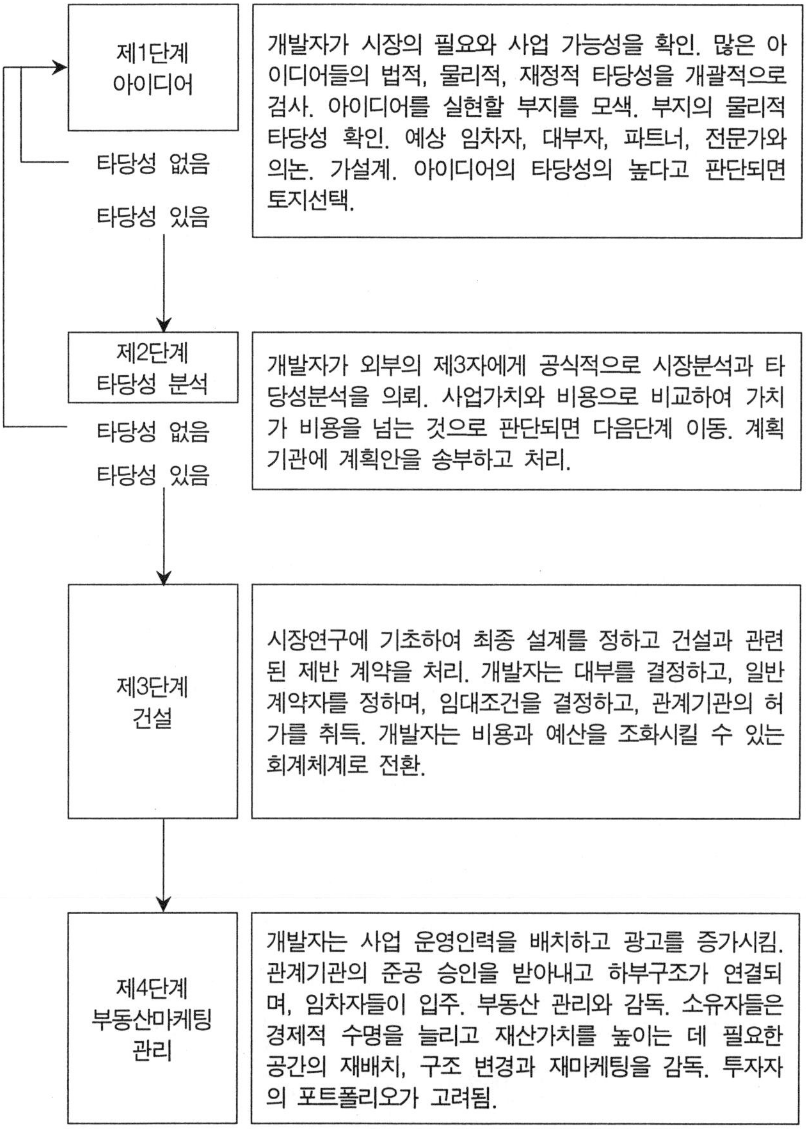

그림 3-11 공동주택 단지개발의 단계

4. 공동주택단지 계획의 사례

1) 단지 규모별

단지 규모에 따라 저층, 중층, 고층으로 분류할 수 있다.

저층단지는 5층으로 된 계단형 아파트이다. 걸어서 올라갈 수 있는 높이로 승강기를 설치하지 않아도 된다. 비교적 간단한 구조이고, 공용인 통로부분의 면적이 비교적 적다. 저층이기 때문에 일조권 등의 문제가 적게 발생하고, 화재 등의 위험이 발생할 때 대처하기 용이하다. 특히, 활동력이 떨어지는 노인층에게 유리할 수 있다.

중층단지는 5~10층으로 건축된 것으로서, 승강기를 설치하여야 하며, 저층단지에 비해 생활공간이 지상에서 많이 격리된다.

고층단지는 10층 이상의 공동주택이다. 승강기는 필수요건이며, 중층단지에 비해 승강기 홀이나 통로, 계단과 같은 공용부분의 면적이 넓다. 각종 설비를 설치해야하는 까닭에 각 호당 공사비 부담이 저층이나 중층단지보다 크지만, 대지면적에 대한 밀도가 높아 지가가 비싼 도심지 중심 등에 주로 적용되고 있다.

세계초고층학회 기준으로 50층 이상, 220m 이상 아파트는 초고층아파트이다. 그러나 통상적으로 20층 이상을 초고층아파트로 본다. 이는 철골구조로서 기술의 발달에 따라 건축 가능한 층수가 점점 높아지고 있다. 저층보다 건물 간격이 넓어 녹지공간의 확보가 용이하고, 통풍·채광·전망 등이 좋다. 그러나 지상에서 멀리 격리되어 있어 긴급 위기시 대처하기 어렵다. 대도시의 택지부족 때문에 도시 중심부의 주택이 초고층화 경향을 보이고 있다.

① 저층단지 사례 1: 서울수목원 현대홈타운스위트

위치	서울시 구로구 항동 233번지	면적	108m^2, 109m^2, 128m^2, 141m^2(전용면적)
구조	철골철근콘크리트조	세대수	245세대
규모	지상 5층(11개 동)	시기	2004년
구성	이 빌라트는 5,800여 평의 대지에 5층짜리 11개 동 245가구 규모다. 평형별 가구수는 33평형 205가구, 38평형 20가구, 42평형 20가구이다.		

② 저층단지 사례 2: 죽전 힐스테이트 테라스하우스

위치	경기도 용인시 기흥구 보정동 1213번지	면적	232m^2, 233m^2, 238m^2, 237m^2(전용면적)
구조	철골철근콘크리트조	세대수	37세대
규모	지하 1층~지상 3층(4개 동)	시기	2009년
구성	테라스를 도입하여 폐쇄성을 극복한 이 단지는 232m^{2}형 18세대, 233m^{2}형 12세대, 238m^{2}형 6세대, 237m^{2}형 1세대 등 4개 타입 총 37세대로 구성된다.		

③ 중층단지 사례 1: 강남 논현 꿈에그린 1차

위치	서울 강남구 논현동 205-2번지	면적	89m^2(전용면적)
구조	철골철근콘크리트조	세대수	70세대
규모	지상 11층(2개 동)	시기	2005년
구성	이 단지는 11층으로 중층단지에 속하며, 세련미와 실용성이 조화된 프리미엄 아파트이다. 옥탑부 디자인으로 스카이라인을 연출하였고, 입체성을 강조하고 독특한 색채디자인으로 돋보인다. 전면에 옥외공원이 있고, 보행자 출입구를 별도로 설계하여 차량의 안전사고 등에 대비함으로써 아파트 안에 안전함을 더하였다.		

④ 중층단지 사례 2: 돈암 신일해피트리

위치	서울 성북구 돈암동 583번지	면적	13,221m^2(대지면적), 84 · 126 · 132 · 143m^2 (전용면적)
구조	철골철근콘크리트조	세대수	192세대
규모	지하 2층, 지상 11층(6개 동)	시기	2013년
구성	이 단지는 6개동 지하 2층~지상 11층 규모로 중층단지 아파트에 속하며, 전용면적 기준 84m^2(96세대), 126m^2(32세대), 132m^2(31세대), 143m^2(33세대)의 총 192세대이다. 분양하는 모든 가구가 확장형 아파트로 구성되는 점이 특징이다.		

⑤ 고층단지 사례 1: 한강밤섬자이

위치	서울시 마포구 하중동 18-2호	면적	33,446m^2(대지면적), 84 · 118 · 132 · 138 · 160 · 168m^2(전용면적)
구조	철골철근콘크리트조	세대수	488세대
규모	지하 2층, 지상 25층(7개 동)	시기	2010년
구성	이 단지는 강변북로와 맞닿아 있어 한강과 밤섬 조망권이 좋다. 7개동 가운데 3개동이 한강 쪽으로 배치되어 있다. 아파트 동이 엇각으로 배치돼 있어 가운데 3개 동 일부 층에서도 한강조망이 가능하다.		

⑥ 고층단지 사례 2: 래미안 전농 크레시티

위치	서울시 동대문구 전농동 440-9번지	면적	59 · 84 · 121m^2 (전용면적)
구조	철골철근콘크리트조	세대수	총 2,397세대 중 486세대
규모	지하 3층, 지상 22층(31개 동)	시기	2011년
구성	이 단지는 지하 3층~지상 22층 31개 동으로 고층단지 아파트에 속하며, 전용면적 59m^2 550가구, 84m^2 977가구, 121m^2 457가구 등 총 2,397가구 규모의 초대형 단지이다.		

2) 입지별

입지에 따라 도심부와 교외지역으로 나눌 수 있다.

도심부에 위치한 공동주택 단지는 교통이 편리하고, 병원 및 생활편의시설이 근접하게 위치하여 생활에 윤택함을 준다.

도시가 아닌 외곽지역에 위치한 교외지역의 공동주택단지에는 도심부 공동주택단지 같이 교통이나 생활편의시설이 편리하지는 않지만, 여유롭고 자연을 좋아하는 사람들이 주로 살고 있으며 이들은 대부분 대도시로 출근한다.

① 도심부 사례 1: 부평 래미안 아이원

위치	인천시 부평구 부평동 38-166일대	면적	54,940m^2(대지면적), 59m^2, 84m^2, 114m^2(전용면적)
구조	철골철근콘크리트조	세대수	1,381세대
규모	지하 3층, 지상 15~33층(18개 동)	시기	2014년
구성	이 단지는 지하 3층~지상 33층 18개동 총 1,381가구의 대단지로, 전용면적 59m^2 170가구, 84m^2 297가구, 114m^2 116가구 등 583가구가 일반에 공급된다.		

② 도심부 사례 2: 대공원 한신 휴플러스

위치	울산시 남구 옥동 131-60번지	면적	111m², 154m², 160m² (전용면적)
구조	철골철근콘크리트조	세대수	263세대
규모	지상 14층(6개 동)	시기	2011년
구성	이 단지는 울산의 강남 대치동이라 불리는 남구 옥동에 위치한다. 지하 1~14층, 6개 동, 총 263가구로, 각 단지별 최상층(116~122m²)은 개방감과 독립성을 강조한 펜트하우스로 설계되어 있다.		

③ 교외지역단지의 사례 1: 인천 논현 한화 에코메트로

위치	인천시 남동구 논현동 소래논현도시개발지구 C10블럭	면적	182,939m²(대지면적), 10,279m²(건축면적)
구조	철골철근콘크리트조	세대수	926세대 중 아파트 644세대
규모	지하 5층, 지상 51층(3개 동)	시기	2015년
구성	이 단지의 녹지율은 단지 전반에 걸쳐 44%에 달한다. 사업구역 내 있던 숲을 그대로 보존했고 3만9000여m²에 달하는 호수공원과 녹지공간을 추가로 배치했다.		

④ 교외지역단지의 사례 2: 울산 블루마시티 2차 푸르지오

위치	울산시 북구 산하동 429번지 일원	면적	182.55m²(연면적), 59 · 84m²(전용면적)
구조	철골철근콘크리트조	세대수	1,270세대
규모	지하 2층, 지상 36층(10개 동)	시기	2015년
구성	이 단지는 지하 2층~지상 36층 10개 동에 1270세대 규모로, 그 중 일반분양은 440세대이다. 이 단지는 전 가구에서 바다나 산 조망이 가능하고, 정자해수욕장 인근에 자리 잡고 있어 뛰어난 경관과 쾌적한 주거환경을 자랑한다. 31번 국도를 이용해 도심으로 15분 이내에 이동이 가능하며, 경부고속도로의 광역교통망이 있다.		

3) 유형별

유형에 따라 빌라형단지, 아파트, 주상복합아파트로 분류할 수 있다.

빌라형단지는 외국에서 시골의 저택, 교외의 별장이나 별장식 주택, 교외주택 등을 말한다. 우리나라에서는 주로 고급스런 공동주택이라는 뜻으로 사용된다.

아파트는 한 채의 건물 안에 독립된 여러 세대가 살 수 있게 구조된 공동주택으로, 건축법 시행령은 5층 이상의 공동주택으로 규정하고 있다. 건축대지와 건축공사비를 절약하고, 협소한 국토를 효율적으로 이용할 수 있는 이점이 있다.

주상복합아파트는 한 건물에 상업용도와 주거용도가 혼재된 주거형

태를 말한다. 상업용지에 건설하므로 높은 용적률을 적용받을 수 있어 더 집약적으로 토지를 이용할 수 있으며 건물 안에서 편리한 생활을 누릴 수 있는 장점이 있고 비교적 보안이 철저하다. 단점은 전용률이 낮고 창문이 좁게 열려 환기가 좋지 못하며 화재에 취약하다. 또한 일반 아파트와 달리 녹지 공간비율이 낮아 삭막한 느낌을 준다. 이를 보완하기 위해 옥상이나 기타 건물 야외 공간에 녹지 공원을 조성하기도 한다. 아파트는 주택법의 적용을 받아 건설하나, 이것은 건축법의 적용을 받아 건설하는 점도 다르다.

① 빌라형단지의 사례 1: 글로리 빌라

위치	경기도 성남시 분당구 분당동 60-1	면적	1,744m^2(대지면적), 483m^2(건축면적), 1,780m^2(연면적)
구조	철근콘크리트조	세대수	6세대
규모	지하 1층, 지상 4층(2개 동)	시기	2000년
구성	이 단지는 공간볼륨의 솔직한 표현으로서 서로 다른 크기의 매스가 비례 있게 조합된 형태를 추구하였다. 계획은 성인으로 구성된 가족들의 프라이버시를 최대한 확보하는 레이아웃을 목표로 하였다. 또한 각 주호마다 개성 있는 공간감이 있으며, 2층 높이의 거실은 가족들이 함께 모이는 가정(집, 마당)의 중심을 이루는 곳으로, 점차 축소되어 갈 것으로 예상되는 미래의 주생활 공간과는 대조적인 넓은 비례의 거실 및 외부정원을 향해 개방된 공간을 제공하였다.		

② 빌라형단지의 사례 2: 오르비제 빌리지

위치	경기 고양시 일산동구 풍동	면적	250m^2(전용면적)
구조	철골철근콘크리트조	세대수	32세대
규모	지하 1층, 지상 4층(4개 동)	시기	2012년
구성	이 단지는 일산신도시에 최상위층을 위한 유럽형 고급주택으로, 지하 1층~지상 4층 4개 동 총 32가구로 전 세대가 전용면적 250m^{2}형으로 구성되었다.		

③ 아파트단지의 사례 1: 래미안 금호 하이리버

위치	서울시 성동구 금호동2가 1021-2번지	면적	114.32m^2(전용면적)
구조	철골철근콘크리트조	세대수	847세대
규모	지하 4층, 지상 20층(10개 동)	시기	2012년
구성	이 단지는 한강 조망뿐 아니라 강남 생활 인프라를 즐길 수 있다. 지하 4층, 지상 최고 20층이며, 지하철 5호선과 3호선을 도보로 이용할 수 있다. 특히 동부간선도로 등과 바로 연결돼 서울 및 도심지역 진출입이 편리하다.		

④ 아파트단지의 사례 2: 의왕내손 대림 e편한세상

위치	경기 의왕시 내손동 627-628번지	면적	59, 97, 110, 127, 128, 158, 170m²(전용면적)
구조	철골철근콘크리트조	세대수	2,422세대 중 일반분양 1,149세대
규모	지하 4층, 지상 13~25층(32개 동)	시기	2012년
구성	이 단지는 평촌 생활권으로 일반 공급물량 중 약 72%가 중소형 아파트이다. 전용면적 59m²(구 25평형)~158m²(구 58평형)으로 다양한 평형이다.		

⑤ 주상복합단지의 사례 1: 롯데캐슬 골드

위치	서울 송파구 신천동 7-18	면적	22,158m²(대지면적), 10,342m²(건축면적), 243,460m²(연면적)
구조	철골철근콘크리트조	세대수	400세대
규모	지하 7층, 지상 37층(2개 동)	시기	2005년
구성	이 단지는 지하 7층, 지상 37층의 주상복합으로 고층부는 50~99평대의 공동주택 400세대, 저층부는 판매, 업무시설 및 운동, 주민복지시설로 구성되어 있다.		

⑥ 주상복합단지의 사례 2: 더샵 센텀스타

위치	부산 해운대구 재송동 1196	면적	15,364m²(대지면적), 5,476m²(건축면적), 205,993m²(연면적)
구조	철골철근콘크리트조	세대수	629세대
규모	지하 5층, 60, 52, 51층(3개 동)	시기	2008년
구성	이 단지는 3면을 도로로 접하여 원활한 접근이 가능하다. 코너형 거실의 2면 개방형과 LDK형 등 일반 판상형아파트에서는 없는 공간구성이며, 층고도 3m의 최저층고에서 거실 및 부부침실은 2.5m 최고 천정고를 확보하였다. 타워형의 평면 구성에서 취약하기 쉬운 자연환기를 최대한 도입하기 위하여 여닫이 타입의 외부 창문 구성으로 초고층 타워에서의 밀폐감과 답답함을 해소하려고 노력하였다.		

참고 및 인용문헌

건축법시행령 제86조.

공동주택연구회 (2007). 주거단지계획. 파주: 동녘. pp.195~197. pp.200~201.

김철수 (2007). 단지계획. 서울: 기문당. pp.99~102, pp.251~272, pp.278~279.

김태중 (2010). 주거단지설계 매뉴얼. 서울: 구미서관.

박병주, 김철수 (2004). 개정 도시계획. 형설출판사. pp.355~356, pp.358~361.

박태동 (2006). 아파트 단지 내 커뮤니티 형성을 위한 외부 공간 구성에 관한 연구. 서울과학기술대학교 석사학위 논문.

방경식 (2011). 부동산용어사전. 서울: 부연사.

양동양 (2006). 도시·주거단지계획. 서울: 기문당.

이경진 외 (2010). 공동주택커뮤니티시설의 유형화에 관한 연구. 한국지역개발학회지 22(1). pp.161~180.

이영석 (2008). 주거환경계획. 서울: 내하출판사. pp.288~289, pp.450~452.

이영수, 장정제 (2011). 주거 디자인의 이해. 서울: 스페이스타임.

이유미, 서수정 외 (2000). 공동주택단지의 디자인 매뉴얼. 서울: 세진사.

최혜진 (2008). 공동주택 단지 내 커뮤니티시설에 관한 연구: 「살기 좋은 아파트」로 선정된 수도권 아파트 단지를 중심으로. 한양대학교 석사학위논문.

현대건축사편집부 (2003). Modern Architecture. 서울: 현대건축사. pp.116~131.

홍성찬 (2005). 단지계획의 물리적 특성 및 계획개념의 변천에 관한 연구: 1990년대 이후 주공아파트 설계경기지구를 중심으로. 서울시립대학교 석사학위논문.

http://blog.naver.com/hoony603/110140148385

http://news20.busan.com/controller/newsController.jsp?newsId=20120607000166

http://www.wowtv.co.kr/newscenter/news/view.asp?bcode=T30001000&artid=A201210290285

그림출처

단지 내 보행자안전통로. http://blog.naver.com/x_mas97/116040945

최혜진. 공동주택 단지 내 커뮤니티시설에 관한 연구 : 「살기좋은 아파트」로 선정된 수도권 아파트 단지를 중심으로. 2008 [그림 1-1 아파트 실내 운동시설 도면]. [그림 1-2 아파트 실내 운동시설 도면]

충북 옥천군 옥천읍 삼양리 [옥천군 성모양로원]

서울도서관. http://tournote.net/20169063007

커뮤니티센터. http://image.kyongbuk.co.kr/photo/500/20091021/20091021031.jpg

놀이터. http://flworld.com

세탁실. http://songdoibd.tistory.com/109

골프연습실. http://songdoibd.tistory.com/109

휘트니스센터. http://songdoibd.tistory.com/109

인동간격과 높이제한. http://blog.naver.com/ljs_genius/100143034883

아파트내 유휴공간 사례 1. http://reporter.korea.kr/reporterWeb/getNewsReporter.do?newsDataId=148727379&sectionId=PE_SEC_1_EDS0303002&call_from=extlink

유희시설. http://blog.naver.com/seonjeongpp?Redirect=Log&logNo=120199031235

복리시설. http://cafe.naver.com/niceday5755/27

복리시설. http://blog.naver.com/zenith1154?Redirect=Log&logNo=60193692444

커뮤니티센터. http://mbnmoney.mbn.co.kr/news/view?news_no=MM1000870595

어린이놀이터. http://blog.daum.net/a630203/16006792

세탁실. http://www.vookmate.com/member/room.asp?RoomIDX=1039

골프연습장. http://mbnmoney.mbn.co.kr/news/view?news_no=MM1000870595
http://mbnmoney.mbn.co.kr/news/view?news_no=MM1000870595

네이버 지도

4장 커뮤니티계획과 재생

1. 커뮤니티계획
2. 거주운동
3. 마을만들기
4. 단지스톡의 재생

4장
커뮤니티계획과 재생

1. 커뮤니티계획

1) 커뮤니티계획의 기초

(1) 커뮤니티의 개념

커뮤니티의 개념은 다양하다. 커뮤니티의 사전적 정의는 '이해, 종교, 국적, 문화 등을 공유하는 공동사회나 공동체, 큰 사회 중 공통의 특징을 가진 집단 또는 사회' 등이다.

우리나라 연구자들에 의한 연구결과에서는 커뮤니티를 '특정지역을 함께 공유하면서 구성원들이 사회적 상호작용을 통해 서로에 대한 유대감과 소속감을 공유하면서 조화로운 공생을 통해 스스로의 존속을 꾀하는 사회집단'으로 정의하고 있다. 일본 국민생활심의회 커뮤니티문제 소위원회에서는 커뮤니티를 '생활의 장에 있어서, 시민으로서의 자주성과 책임을 자각한 개인 및 가정을 구성주체로 하여, 지역성과 여러 가지의 공통목표를 가진 개방적이고 구성원 상호 간에 신뢰성이 있는 집단'이라고 하였다. 매클벌(R. Maclver)은 커뮤니티가 전근대사회의 촌락공동체를 가리키는 개념이었으나 근대화과정에서 자연발생적인 촌락공동체가 붕괴되고 전근대적 사회관계를 통칭하는 사회과학적 개념으로 변화하였다고 보았다. 또 다른 연구에서는 광의, 협의, 최협의로 구분하여 커뮤니티의 개념을 정의하고 있다. 즉, 광의로는 특정한 의미를 갖고 공동생활을 영위하는 사람들의 집합으로서 친족커뮤니티 또는 부족커뮤니티가 이에 해당한다. 협의로는 일정한 지리적인 범역 내에서 공동생활을 영위하는 사람들의 집합을 의미하며, 가장 좁은 의미로는 거주지를 중심으로 한 일상적인 접촉의 범위 내에서 특정한 의미를 갖고 공동생활을 영위하는 사람들의 집합(local community)을 의미한다.

한편, 커뮤니티는 근린지역과 혼용되기도 한다. 일정한 지역 안에서 가까이 거주한다는 점에서 커뮤니티와 근린지역은 동일하다. 그러나 근린지역은 단순히 공동거주 또는 이웃 간에 일상적으로 대면상호작용이 일어나는 보다 좁은 지역을 의미하는 반면, 커뮤니티는 하나의 도시보다는 적지만 근린지역보다는 넓은 지역에서 보다 강한 지역적 정체성과 집단적 유대감을 형성하며 폭넓은 사회적 상호작용이 이루어지는 것을 의미한다.

이와 같은 연구결과를 종합하여 포괄적으로 커뮤니티의 개념은 살펴보면, 커뮤니티란 '다수의 인간이 일정한 장소에서 함께 살아가며 공동의 가치관과 이념을 가지는 사회적 집단'이라 할 수 있다.

(2) 커뮤니티의 유형

커뮤니티의 유형 구분은 호나키(Hojnacki)나 워렌(Warren & Warren), 웨닝(Weening) 등의 유형 구분이 대표적이다. 즉, 호나키는 커뮤니티의 구성요소와 만족도, 근린조직, 지구경계 등을 활용하여 커뮤니티의 유형을 구분하였다. 워렌은 긍정적 준거집단과 비긍정적 준거집단으로 구분하였다. 웨닝은 커뮤니티 의식과 근린활동의 활발성 정도에 따라 구분하였다.

표 4-1 호나키의 커뮤니티 유형 구분

구성요소 \ 유형	새로 출현	중간적	전통적
지구크기	매우 큼	매우 작음	작음
사회적 특성	확산	동질적	동질적
지구 경계	공통경계 없음	-	명확히 한정됨
외부위협	-	낮은 위협	높은 위협
만족도	매우 낙관적	약간 낙관적	중립적
근린조직	없음	없음	많음
하위영역 간 상호작용	한정적	거의없음	조직화됨
개인적 상호작용	-	-	있음

표 4-2 워렌의 커뮤니티 유형 구분

구 분	형 태	정체성 소속감	상호작용 활동적 행동	연계 외부접촉
긍정적 준거집단으로서의 근린	통합적 근린	+	+	+
	교구적 근린(지역화)	+	+	-
비긍정적 준거집단으로서의 근린	확산 근린	+	-	-
	징검다리 근린(단기체류)	-	+	+
	유동적 근린(잔여 또는 혼합)	-	-	+
	아노미적 근린	-	-	-

표 4-3 웨닝의 커뮤니티 유형 구분

구 분		커뮤니티의식	
		강	약
근린활동	+	A	B
	-	C	D

그러나 이들 커뮤니티 유형 구분은 커뮤니티를 서술적으로 구분한 것으로 분석적인 접근이 결여되어 있다는 지적을 받고 있다. 따라서 각 커뮤니티계획의 특성을 고려한 유형 구분을 개발하여야 한다.

(3) 커뮤니티 구성 요소

미국의 사회학 연구에서 수집된 커뮤니티에 관한 94개의 정의 가운데 2/3 정도가 공통 요소로서 일정한 지역(area), 사회적 상호작용(social interaction), 공통의 묶음(common ties)을 포함하고 있다.

데이비스 팀(Davis와 Herbert)은 커뮤니티 구성요소를 지역적 영역, 상호작용의 행동, 인지적 정체성, 역동적 변화의 4가지로 분류하였다. 또 다른 연구에서는 커뮤니티를 구성하는 기본 속성으로 공간적인 차원에서 일정한 영역(territory)을 함께 공유하는 지역성(locality), 사회문화적인 차원에서 사회적 상호작용(social interaction)을 함께하면서 집단적 정체성(collective identity)을 형성하는 공동체성(communality), 구조적인 차원에서 독자적인 실체로서 존속하기를 꾀하는 유기체적 속성(organism)을 들고 있다.

표 4-4 커뮤니티의 구성 요소

<table>
<tr><th colspan="2">영역</th><th>주요한 차원</th><th>하위영역</th><th>공간적 범위</th></tr>
<tr><td colspan="2">A. 지역적 영역</td><td>영역
환경
시설
형태
사회적 다양성</td><td>크기, 거리, 밀도
기후, 토지, 식물
오픈스페이스, 상점, 여가, 작업장, 가정, 도로
디자인 유형, 쇠퇴 정도
가족 지위, 경제적 지위, 인종, 이동성</td><td>가구
Block face
기능적 또는 제한된 영역
도시의 구분된 영역
도시
지역
국가</td></tr>
<tr><td colspan="2">B. 행위 (상호작용)</td><td>활동과 시설 사용
비공식적 상호작용
상호적, 비공식적 협동
공식 조직
정치적 참여
지원환경
경제적 흐름</td><td>쇼핑, 여가, 작업장
근린활동, 이웃, 가족
도구적, 정보적
커뮤니티, 교회, 축제
투표, 회의
자선, 정부</td><td></td></tr>
<tr><td rowspan="2">C. 인지적 아이덴티티</td><td>지각과 인지</td><td>장소적 정체성
인지적 지도화
아이덴티티
상징적 상호작용</td><td>이름 짓기
지도화, 경계 설정
인종, 사투리, 성, 연령, 의복
상징적 꾸밈, 영역 설정</td><td>내부자: 외부자
(거주자: 근로자)</td></tr>
<tr><td>정서적 태도와 동기</td><td>장소의 상징성
감정과 애착
평가
성가심
안정, 방어
권한부여
장소의 외관
잠재적 내포/참여
정의적
공동가치
감정이입, 소속감</td><td>자아의 고양
뿌리 찾기
장소 만족감, 평가
불만족
위협과 공포
통제 정도
사회적 병리, 불만족
상호부조에 대한 기대
미와 질서
사람에 대한 영향과 응집
공동의 감정</td><td></td></tr>
<tr><td colspan="2">D. 역동적 변화</td><td>단기
일시적(계절적 등)
장기</td><td></td><td></td></tr>
</table>

2) 공동주택단지 내의 커뮤니티

(1) 커뮤니티의 필요성

주거단지에 커뮤니티가 형성된다는 것은 공동의 가치관과 이념을 갖는 유대의식이 형성되는 것이며, 이러한 유대의식과 사회적 결속을 통해 지역에 대한 소속감과 애착심을 유도할 수 있다. 이러한 소속감은 주거지역 전반에 대한 거주성을 향상시키며 안전하고 쾌적한 주거환경으로 발전하는 요인이 된다. 따라서 공간적, 사회적으로 잘 구성된 생활공동체는 필요한 일이 생겼을 경우 서로 도움을 주는 역할을 비롯하여, 사교의 장으로서의 역할, 정보교환의 장으로서의 역할 등을 수행하므로, 주거단지에서 커뮤니티 형성은 필요성을 갖는다.

주거환경의 수요자인 주민은 일반적으로 그들 자신이 설비, 서비스, 근린시설, 이웃 등을 가능한 자유롭게 선택하기를 원한다. 따라서 다양한 주민의 요구와 기호에 따라서 자유로운 선택이 가능하도록 충분히 고려해야 한다. 주거환경에 대한 선택의 제한은 주거환경에 대한 불만을 초래하고 결국 거주자의 잦은 이사를 야기하게 된다.

물론, 이웃과 깊은 유대감을 갖는 전통적 의미의 커뮤니티 개념은 약화되었지만, 일단 이웃에게 호의적인 태도를 갖는 잠재적 이웃은 어떠한 필요성이 발생했을 때 적극적인 행동으로 변화될 수 있기 때문에 커뮤니티의 형성 여부는 여전히 중요하다.

주민의 사회적 결속과 주거지역에 대한 애착심은 그들이 살고 있는 지역에 대한 소속감으로 표현되며, 이는 주거지역의 물리적 환경과 사회적 환경이 상호작용하여 실현된다. 이러한 소속감은 주거지역 전반에 대한 거주성을 향상시키고, 결과적으로 안전하고 쾌적한 주거환경으로 발전하는 요인이 된다.

커뮤니티 형성의 주체인 주민과 환경을 연결시키는 환경인자는 세 가지이다. 첫째, 환경의 물리적 특성(의장성, 쾌적성, 공간구조 등), 둘째,

환경이 가지는 상징성과 독자성, 셋째, 지역 내에서의 빈번한 사회적 교류이다.

이 세 가지 환경인자는 커뮤니티 형성에 중요한 역할을 하는데, 그 형성되는 과정은 다음과 같다. 주거지역 내부의 어떤 물리적 환경이 특정한 집단의 사회적 교류를 위해 적합하다고 인식되면, 이 환경은 특정 집단에 의해 반복적으로 사용되고 사회적 의미를 가진 유효한 환경으로 인식된다. 이렇게 의미 있는 환경의 총체적인 형성을 통하여 주민들은 행동패턴과 생활양식을 공유하게 되며, 결과적으로 지역에 대한 소속감과 애착심을 갖게 되어, 단지 내 거주자 간의 커뮤니티를 형성하게 된다.

(2) 커뮤니티 형성의 매개체

과거의 전통적 마을에서 고층고밀의 아파트단지로 주거의 양식이 바뀌면서 커뮤니티의식 역시 많은 변화를 겪었으나, 기존 주거양식은 그런 커뮤니티를 활성화하는 데 알맞게 계획되지 못했다. 이는 개발의 논리에 의한 것으로 커뮤니티의 형성보다는 단순히 물리적 환경의 질에만 초점을 맞춰 계획되었기 때문이다. 과거에는 생활공동체가 사회공동체의 역할을 했으나, 현대사회에서 주거생활은 사회생활과 점점 격리되어 나타난다.

따라서 현대 집합주거에서 소규모의 커뮤니티를 연계시키면 단지 전체를 대상으로 하나의 커뮤니티로 엮어줄 수 있는 매개체의 역할이 요구된다.

이러한 매개체는 단지 내에 장소와 시설로 제공될 수 있으며, 그것은 거주자들의 옥외활동을 통해 만남과 교류를 유도하는 외부공간과, 현대사회의 다양한 요구에 대응하며 보다 적극적인 참여를 통해 커뮤니티를 유도하는 커뮤니티센터로 나눌 수 있다.

① 외부공간

외부환경은 인간의 생활에 직접적인 영향을 미치며 상호관계를 지속시켜 주는 창조적 공간으로서의 의미를 갖는다. 외부공간은 외부환경 보존으로서의 역할, 실내 생활환경 보전으로서의 역할, 사회적 역할과 같은 3가지 측면의 역할을 가지고 있는데, 그중에서 커뮤니티와 관계가 깊은 것은 사회적 역할이다. 이는 주거에 대한 소유의식과 영역성을 향상시키며 관리의식을 높이고 주민들의 공동체 행위와 밀접하게 연결되어 주거환경의 질적 향상에 기여한다.

집합주거의 외부공간은 현대인의 도시생활에서 자칫 잃어버리기 쉬운 자연과의 만남과 그 안에서의 활동을 위해 충분한 공간의 녹지를 제공하며 운동, 휴식, 산책 등의 행위들과 같은 외부공간의 이용에 따른 적절한 시설 등이 마련되어야 한다.

그린 매트릭스 시스템(Green matrix system)은 한정된 도시공간 안에서 다양한 레크리에이션 활동을 제공하기 위하여 공원을 시작으로 광장→집회운동장→학교정원→집합주택지 내의 녹지 등의 중요한 옥외공간을 보행자 전용도로 및 녹도로 연결하여 체계화하는 것이다. 그린 매트릭스 시스템의 골격을 이루고 있는 녹도는 외부공간의 효과적인 활용과 더불어 도시재해의 방지책으로도 크게 기여하고 있다. 또한 적절한 시설과 주민간의 감시효과 등을 통해 어린이의 놀이공간 부족과 안전성의 문제 등을 해결할 수 있다. 특히 어린이와의 놀이동행 등 외부공간의 이용에 따라 자녀를 통한 성인 및 노인과의 세대교류를 통한 이웃 간의 교류도 유도할 수 있다.

■ 그린 매트릭스 시스템 (Green matrix system)
일본 코후쿠 뉴타운에 적용된 오픈스페이스계획 개념이다. 이 뉴타운계획에서는 지구공원 및 근린공원에는 자연지형과 식생을 살려 계획하고, 어린이공원은 각각의 이용권에 따라 배치시켰다.

② 커뮤니티센터

주거단지에서 단지전체를 대상으로 하는 기능을 가진 커뮤니티센터는 동네라는 개념이 사라지고 있는 도심의 집합주거에서 단지를 하나로 엮어줄 수 있는 매개체의 역할을 한다. 특히, 주거단지에서 각 주동이 해결하지 못하는 현대사회에서 발생하는 요구사항을 담당하는 한편, 주민편의와 친목도모를 위한 시설을 수용한다.

커뮤니티센터는 단지 구성원의 연령층, 소득수준, 특히 단지의 규모에 좌우된다.

표 4-5 주민공유공간의 유형

유형	설명	공간의 종류
기초생활 공유를 위한 공간	▸ 일반적으로 단위 내에서 이루어지던 생활을 공간의 절약 차원에서 이웃과 같이 나누어 사용할 수 있는 공간	공동세탁실, 공동창고, 다목적행사실, 로비, 화장실, 유모차/자전거 보관소, 우편물 수취함, 쓰레기 분리수거대, 손님 숙소
이웃공동체 문화 육성을 위한 공간	▸ 전통적으로 마을행사가 되어 공동체의식을 높일 수 있었던 장소로써, 현대사회의 문제로서 변질되어 가고 있는 공간	다목적 행사실(공동집회실), 소규모 작업장, 문화센터, 정보센터, 공동식당, 실내놀이터
여가행태 수용을 위한 공간	▸ 여가생활을 요구하는 가족구성원의 요구를 반영할 수 있는 공간	실내스포츠장, 실내정원(선큰가든), 문화교실, 독서실, 다목적 행사실, 노인복지회관, 공동바
생활편익을 위한 공간	▸ 단지 내외에 별도로 형성되어 주민의 생활에 편리를 가져다주는 서비스 지향적 영리공간	상가/슈퍼, 편의점, 목욕탕/사우나, 세탁소, 자판기
현대사회 문제에 대응하기 위한 공간	▸ 가족의 해체 현상, 특히 노인문제, 청소년문제, 탁아문제, 여성문제, 환경문제, 재택근무문제 등을 경감시키는 완충작용을 할 수 있는 공간	놀이방/탁아시설, 노인복지회관, 실내놀이터, 청소년문화회관, 부녀복지회관, 업무공간(재택근무용), 경비실(출입통제시설), 정보센터, 관리실(중앙방재센터), 다목적 행사실, 실내정원(선큰가든), 독서실

3) 동호인주택

(1) 동호인주택의 개념

우리나라의 동호인주택은 일본의 코퍼레티브하우스(Co-operative Housing), 혹은 미국의 맞춤주택단지(Custom Housing Community)와 비슷한 주거 개발방식이다. 미국의 맞춤주택단지의 맞춤(custom)이란 측면과 일본의 코퍼레티브하우스란 용어에서 알 수 있듯이 조합적 성격을 강하게 나타내고 있다.

우리나라의 동호인주택은 1990년대 이후 주택개발 방식의 하나로 제안되어 몇 번의 시도가 있었는데, 대체로 일본의 코퍼레티브하우스와 비슷한 사업방식을 도입한 것이었다. 그런데 우리나라에서는 '동호인'이란 어감 때문인지, 주로 직업이나 취향 중심으로 구성원을 모집하여 결성된 조합을 바탕으로 한 공동 구매 및 사업으로, 파격적 원가 절감을 이루면서도 구성원의 취향에 맞는 집을 짓는 방식이라 할 수 있는 본래의 사업취지와는 조금 다른 면을 보이기도 한다. 실제로 동호인주택 건설 사례를 보면 주로 직장 동료 혹은 친지를 중심으로 개발되었다.

이와 더불어 우리나라의 조합주택은 〈주택건설촉진법〉 등의 규정에 따라 20세대 이상, 엄격한 사업 승인 조건이란 큰 제한점을 가지고 있어, 건설과정에서 볼 때 동호인주택과 유사한 점이 많은 반면, 20세대 이상이라는 차이점을 보이고 있다. 조합주택이란 말이 이미 재건축, 재개발, 직장 · 지역 조합 등과 같이 널리 쓰이고 있어, 혼동을 일으키지 않으려고 '동호인'이란 말을 강조하기도 한다.

동호인주택 구성원은 20인 미만이어야 한다. 20인 이상이면 조합주택으로 간주되어 동호인주택에서 제외되기 때문이다. 동호인주택은 보통 적게는 3명, 많게는 10명 이상이 되어도 상관없다. 단, 의견 조율이나 진행의 효율성, 토지의 크기, 관련법 등을 고려할 때 5~7명이 가장 적합하다.

동호인주택을 원활하게 진행하려면 대외적인 업무를 책임질 수 있는 대표자를 뽑아야 한다. 이것이 힘들면 동호인주택 전문업체에 의뢰하는 것이 좋다. 동호인주택은 전원생활 희망자들이 많이 선택하는 방식이다. 하지만 집이 완성되어 이웃사촌으로 살기까지는 함께 결정해야 하는 많은 문제가 있다. 이러한 문제를 해결하기 위해서는 동호인주택 건축 기본과정을 어느 정도 알고 있는 것이 큰 도움이 된다.

동호인주택은 동호인들의 의견을 수렴하여 부지를 선정하게 되며 또 장기적으로 계획할 수 있기 때문에 자금 확보에 대한 시간적 부담을 줄이게 된다는 이점도 있다. 예를 들어, 자재를 공동구매하고 지하수개발이나 전기공사 등을 공동으로 하기 때문에 개별적으로 전원주택을 짓는 경우보다 비용이 줄어드는 것이다. 단, 동호인들이 직접 시행할 경우 공사 진행이나 각종 법규를 몰라 진행에 차질을 빚을 수 있다는 점을 유의하여야 한다.

동호인주택(크게는 주택조합)은 사업대상지역에 따라 도심지 혹은 도심 인근지역의 도심형 동호인주택과 전원형 동호인주택으로 분류할 수 있으며, 이들은 서로 다른 사업적 특성이 있다.

표 4-6 이웃과 주택가격

> 우리나라의 주택 문화가 공동주택이 주류를 이루면서 몇 년 동안 옆집에 살아도 상호 얼굴도 모르고 지내는 경우가 많아졌다. 인간에게 사회생활에서 가장 중요한 부분이 인간관계라면 우리가 살아가는 주택의 외부환경도 건전한 이웃이 중요한 환경이다. 그러나 인위적이지 않고 자연적으로 어느 지역은 이웃이 좋지 않고 어떤 지역은 이웃이 친절하다는 식의 구분은 매우 어렵다. 동호인주택은 좋은 이웃을 만드는 인위적인 방법이다.
>
> 외국에서는 주택을 거래할 때 주택 설명서에 이웃의 현황을 기재하여야 하며, 주택가격이 이웃의 현황에 따라 상당한 차이가 난다고 한다. 이와 같이 이웃이라는 환경은 부동산 가치에도 영향을 준다.

출처: 웰빙코리아뉴스(2013.1.20.) 일부 발췌.

표 4-7 동호인주택의 특성

장점	단점
▸ 일반분양주택과 비교하면, 미분양 부담이 없으므로 분양비용과 개발회사의 사업수익만큼 절약하여 약 30%가량의 비용절감이 가능하다. ▸ 개인이 별도로 토지를 매입하여 신축하는 경우보다 동호인 공동비용 관리효과로 최고 20%까지 원가절감이 가능하다. ▸ 단지관리를 공동으로 하므로 관리인 인건비 등 유지관리비 절감효과가 있다. ▸ 공동단지로 건축하게 되면 방범, 편의시설 부족 등의 문제를 해결할 수 있다. ▸ 필요한 시설을 공동으로 설치하여 이용할 수 있으며, 이웃 간의 상호유대가 강화된다. ▸ 사업과정에 대한 토지매입, 설계, 건축, 관리에 대한 문제를 공동으로 대처할 수 있다. ▸ 선계획, 후건축방식으로 취향에 맞는 주택을 소유할 수 있다.	▸ 토지에 따라 사업기본계획이 달라지므로 여러 계획을 수립하는 것이 현실적으로 어렵다. ▸ 사업 대안이 많지 않아 선택의 폭이 좁다. ▸ 토지매입, 건축비 등 제반비용의 50% 이상이 단기간에 투입되므로 약간의 여유자금으로 계약하고, 입주 시 대부분의 자금을 지불하는 일반적인 주거이주 방법이 힘들다.

표 4-8 동호인주택의 종류

항목	도심형 동호인주택	전원형 동호인주택
인허가 사업과정	보통 일반주거지역 건축으로 별도의 토지 전용 과정이 없다	농지 또는 임야전용 과정과 국토이용 계획변경을 거쳐야 하며 인허가, 등기이전 등 절차가 대단히 복잡하다.
건축형태	높은 지가부담을 분산시키기 위해 대부분 4층 이상의 공동주택으로 개발된다.	지가부담이 낮으므로 아파트 외에는 단독주택으로 기획되는 경우가 많으므로 부지선정과 계획과정이 까다롭다.
지역특성	교통 및 주변환경이 주요 요소로 감안된다.	지역마다 전용허가 기준(상수원 보호권역, 군사시설 보호구역 등)이 다르기 때문에 지역에 따라 계획에 차이가 있다.

(2) 동호인주택의 사례

① 헤이리 아트밸리

위치	경기도 파주시 헤이리	특이점	통일동산 내에 헤이리 아트밸리라는 문화예술인 마을
전체특징	남북화해의 문화예술이 어우러지는 단지, 세계문화의 교류장소로 자리매김할 수 있는 개념을 도입하였다. 문화, 예술 공연과 전시, 판매 작업실, 거주의 장소성을 조화롭게 정립하기 위해 주제공원 설계개념을 일부 도입하였고, 자연환경보존 및 인위적인 녹지공간 조성을 통하여 환경성을 확보하도록 노력하였다. 보행과 사람 중심의 단지가 조성되도록 보행과 차량이 100% 분리되는 시스템을 도입하였다.		

② 초록마을

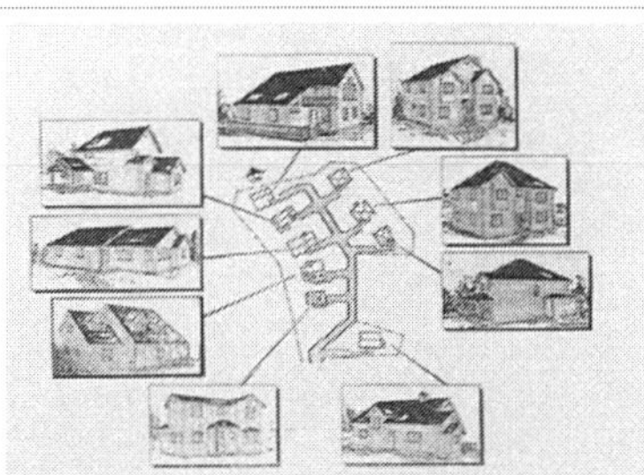
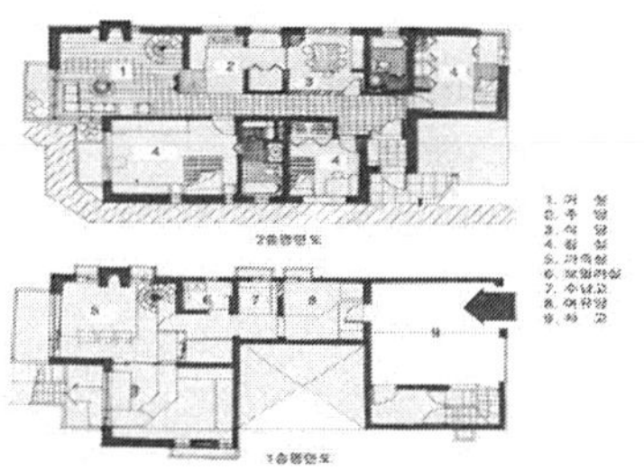

위치	서울 근교 6,150m^2 정도면적의 경사지	특이점	총 9세대로 구성되어 회사 동료들과 조성된 동호인 전원주택
전체특징	단지는 도로에 따라 양쪽으로 주택이 배치되었으며, 주차장과 도로만 공통으로 사용하고, 주택의 형태와 규모는 각 세대별로 달라 일반단독주택의 구성을 보여준다.		

4) 다세대 컬렉티브 주택

(1) 코하우징의 개념

코하우징(cohousing)은 현대인의 생활양식에 적합한 근린의 개념을 재정의하는 새로운 주택형태로서 주민의 개인적 프라이버시와 공동생활의 이익추구를 혼합한 주택이다. 장소와 이웃에 대한 공동체 의식을 재창조하기 위한 현대적인 모델로서 종래의 공동체에서 강요하거나 압박하는 환경을 약화시켜 현대인의 프라이버시를 추구하는 요구를 반영한 공동체 주거방식이다.

표 4-9 코하우징의 특성

장점	단점
▸ 다양한 사람과의 관계를 통해 인간관계에 도움이 된다. ▸ 개인의 성장기회를 넓힌다. ▸ 동료애와 협동심을 느낄 수 있다. ▸ 책임 분담에 따라 개인이 쓸 시간이 늘어난다. ▸ 공동구매와 공동요리, 공동식사를 통해 적은 돈으로 풍족하고 건강한 식생활을 할 수 있다. ▸ 넓은 공터와 정원, 육체노동 등으로 건강을 돕는다. ▸ 공동구입, 세금이나 보험금, 유지비 분담으로 경제적 부담이 줄어든다.	▸ 독립성이 부족하다. ▸ 다른 사람과 시간을 맞추어야 한다. ▸ 자신이 원하는 대로 시설이나 디자인 등을 바꿀 수 없다. ▸ 다 같이 하는 일에는 반드시 참여해야 할 의무가 있다. ▸ 하고 싶은 일을 못 할 수도 있다.

(2) 코하우징의 사례

① 안양 아카데미 테마타운

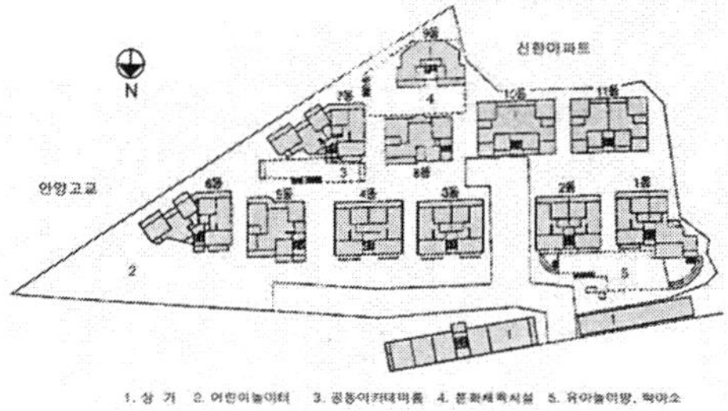

위치	안양시	특이점	88세대로 구성되었으며 공동체시설이 배치되었다.
전체 특징	비정형적인 대지에 건물이 두 줄로 줄지어 있는 형태로 한 동에 8세대가 살고 있다. 주동의 배치는 엇갈리게 하여 건물 간 시야를 확보하려 시도하였다. 주차공간은 단지의 여유공간과 몇 개의 동의 지상 1층을 필로티로 처리하여 확보하였다.		

② 서천 산너울마을

위치	서천시	특이점	농림부가 직장은퇴 세대의 농촌 이주 및 정착을 지원하는 전원마을 조성사업과 산자부가 지원하는 그린빌리지 조성사업을 연계해 추진된 시범마을
전체 특징	개별주택 외에 놀이방, 도서관, 공부방, 찜질방, 영화감상실 등이 갖춰진 취미실 2개 동과 소운동장, 야외공연장 등의 공동시설, 태양열 급탕 및 난방시스템, 태양광 발전시스템, 풍력발전기 등 설치, 사회적 기업 〈이장〉 조성.		

5) 고령자 컬렉티브 주택

■ 1997년 7월에 개정된 〈노인복지법〉에 의하면 우리나라 노인복지시설은 노인주거복지시설, 노인의료복지시설, 노인여가복지시설, 재가노인복지시설로 구분되어 있다.
이 중 노인의 거주를 위한 시설로 노인주거복지시설과 노인의료복지시설이 있고 서비스를 제공하기 위한 시설로 노인여가복지시설과 재가노인복지시설이다.

고령화가 급진적으로 증가함에 따라 노령인구의 주택수요에 대한 적절한 공급이 필요하다. 즉, 고령층에 대한 주거관련 분야의 문제가 최대의 사회적 이슈가 되고 있는 상황이다. 이러한 주택문제는 개개인의 문제로 끝나는 것이 아니라 정부차원에서도 중요한 문제점으로 부각되고 있는 현실이다. 그러나 이러한 수요 실버계층이 급속도로 증가하는데 반해서 실버수요시설은 턱없이 부족한 실정이다.

편안하고 안전한 주거공간에서 적절한 소득과 의료보호, 사회복지서비스 등 노후에 필요한 서비스를 제공받으며 살아간다는 것은 노인들의 기본적인 욕구이며 성공적인 노후생활의 비결이기도 하다.

노후생활에서 주택의 유형이나 소유여부는 노인의 일상생활 능력이나 경제력 그리고 심리사회적인 안정감에 많은 영향을 줄 수 있다. 나이가 들어갈수록 심신기능이나 경제력 또한 약화되기 쉬운데 노인들이 살고 있는 주택의 구조나 시설이 얼마나 안전하고 편리하게 되어 있는가는 신체적인 안전은 물론 심리적인 안정에도 중요한 요소이다.

표 4-10 노년기 주택의 중요성

- 노년기에는 심신기능이 약화되어 안전에 대한 욕구가 더욱 강하게 나타나기 때문에 노후생활에 편리하고 안전한 주거환경의 필요성이 더욱 강조된다.
- 노인주택은 일상생활을 편안하게 자유롭게 영위할 수 있는 활동공간으로서 큰 의미가 있다.
- 노인에게 있어서 주택은 소득보장과 생활안정을 높여준다.
- 주택은 경제적 지위와 사회적 정체감의 상징이 된다.
- 주택은 노인의 경험과 추억을 저장하고 사회적 관계망을 구축하고 유지하는 도구가 된다.
- 주택의 소유는 노인의 신체적 독립성과 더불어 경제적 독립성을 나타낸다. 이는 노후 생활의 만족감으로 이어진다.
- 주택은 노인에게 사생활의 자유를 준다.
- 노인에게 적합하게 설계된 주택은 노인자신 뿐만 아니라 노인을 부양하는 가족들에게도 편리성을 제공해 주고, 물리적 장애로 인한 사고를 예방할 수 있게 한다.

표 4-11 자녀별거 노인가구의 주택시설

	부엌시설			화장실			목욕탕		
	재래식	입식	없음	재래식	입식	없음	재래식	입식	없음
전국	77.0	22.3	0.7	80.9	18.6	0.5	12.8	5.6	81.6
시부	54.4	43.8	1.8	56.9	43.1	0.9	28.1	9.1	62.8
군부	90.0	9.0	0.1	96.3	3.3	0.4	3.3	3.4	93/3

표 4-12 노인시설의 실태

시설		2010년	2012년
노인주거복지시설	양로시설	300	285
	노인공동생활가정	75	108
	노인복지주택	22	23
노인의료복지시설	노인요양시설	2,429	2,610
	노인요양공동생활가정	1,346	1,742
	노인전문병원	77	-
노인여가복지시설	노인복지관	259	300
	경로당	60,737	62,442
	노인교실	1,464	1,335
	노인휴양소	9	-
재가노인복지시설	방문요양서비스	1,118	1,113
	주야간보호서비스	786	840
	단기보호서비스	67	94
	방문목욕서비스	525	633
	재가지원서비스	-	323
노인보호전문기관		23	25

출처: 통계청(2012). 노인복지시설현황; 보건복지부(2000). 2000년도 노인복지 국고보조사업 안내.

2. 거주운동

1) 우리나라의 거주운동

■ 새마을운동
1970년 지방장관회의에서 넓은 의미의 농촌재건운동을 착수하기 위해서 자조·자립정심을 바탕으로 한 마을가꾸기 사업을 제창하고 이것을 새마을가꾸기 운동이라 부르기 시작한 데서 비롯되었다.

우리나라의 거주운동의 대표적인 것은 새마을운동이다. 1971년 전국 3만 3,267개 행정리동(行政里洞)에 시멘트 335포대씩 균일적으로 무상 지원하여 각 마을마다 하고 싶은 사업을 자율적으로 하도록 하였다. 이 결과는 두 가지 형태로 나타났다. 첫째는 정부가 무상공급한 시멘트로 마을주민들이 자체 노력과 자체 자금을 투입하여 마을이 필요로 하는 숙원사업을 해낸 경우이고, 둘째는 시멘트의 무상공급을 받았지만 뚜렷한 사업을 하지 못한 경우이다. 정부는 반응이 있는 1만 6,600개 마을에 또다시 시멘트 500포대와 철근 1톤씩을 무상공급하면서 자발적인 협동노력을 장려하였다.

이와 같은 경쟁적 · 선별적 방식으로 점화된 새마을사업은 초기에는 단순한 농가의 소득배가운동이었지만 이것을 통하여 많은 성과를 거두면서부터는 도시 · 직장 · 공장에까지 확산되어 근면 · 자조 · 협동을 생활화하는 의식개혁운동으로 발전하였으며, 1970년대의 경제발전을 뒤에서 받들어 준 정신적인 힘이 되었다.

그림 4-1 새마을운동 당시 모습

표 4-13 거주운동 관련 신문기사

▶**공직자 화순군 거주운동 앞장선다.**

화순군(군수 홍이식)은 군민이 행복한 화순을 만들기 위한 기본으로 공직자가 우선하여 화순군에 거주하는 것을 그 하나로 꼽았다. 무엇보다 군민을 위한 지역의 리더이자 군민과 하나 되는 공직자 모델을 만들기에 한데 힘을 모으기로 했다.

화순군의 인구는 2009년 6월말 기준 7만 5명이었으나 2011년 말 인구가 69,895명으로 7만 명 선이 무너져 있는 상황이다. 화순군에서는 공직자가 솔선하여 화순군 거주운동을 추진하여 인구증대 및 군민과의 친화력을 증대키로 했다. 1차적으로 거주현황을 파악하여 기초자료로 활용하고, 단기(1년) 중기(2년), 장기(3년) 단계별로 홍이식 군수 임기 내 지속적으로 확대 추진해 나갈 방침으로 본인 및 가족 주소 옮기기, 본인 거주지 옮기기, 가족 거주지 옮기기, 지인 거주지 옮기기 등을 군정시책과 연계하여 공직자가 우선하여 화순군 거주운동을 12월까지 단계적으로 펼치기로 했다.

또한 추진사항을 점검하고 독려하기 위해 분기별 보고회를 갖고 인구유입과 관련 타 시군 우수시책 자료조사 및 벤치마킹도 병행 실시해 나갈 계획이다. 군에서는 공직자 화순군 거주운동을 시작으로 기관 임직원, 관외 주민이 살기 좋은 화순으로 이주하는 거주운동에 합류할 수 있도록 하여 바이오메디컬 산업과의 연관 산업유치 등 일자리 창출을 통해 군민이 행복한 살기 좋은 화순을 만들고 나아가 화순 시로의 발전을 기대하고 있다.

출처: 화순뉴스(2012. 03. 03).

2) 일본의 거주운동

(1) 전후 주택운동

전후 일본의 주택운동을 시기별로 구분해 보면, 제1기는 주택운동의 발생기이다. 1945년 패전으로 480만 가구의 주택이 부족하여 방공호나 절, 학교 등에서 임시로 거주하는 사람들도 많았다. 그런 사회적 배경 속에서 주택운동이 시작되었다.

제2기는 공공주택, 민간임대주택의 거주자 요구운동이 전개된 시기이다. 1965년 〈일본주택공간법〉, 〈지방주택공급공사법〉이 제정되었으며, 비슷한 시기에 거주자들은 스스로 자치회조직을 만들어 주거환경정비활동을 하였다. 개별이익요구의 거주자운동은 공공주택거주자운동, 공단주택거주자운동, 민간임대주택거주자운동의 차원에서 전국적인 조직을 결성해나갔다. 즉, 1963년 〈전국공영주택협의회〉, 1967년 〈전국자치 차가간차인조합〉, 1971년 〈전국공단자치협의회〉가 조직되었다. 1972년에는 이러한 모임 32개 단체가 연합으로 〈주택요구연락협의회〉를 결성, 전국적인 조직을 가지고 거주자운동을 전개해 나갔다.

한편, 이 시기 주택요구운동과 함께 진행된 것이 주택사업운동이다. 1958년 설립된 〈재단법인 일본노동자주택협회〉는 낮은 비용의 주택공급과 공적자금의 차입을 통한 저리의 주택대출이라는 성과를 거두었으며, 점차 주택생활협동조합으로 대체되었다.

■ 일본주택회의
주택연구자, 변호사, 의사, 간호사, 소셜워커, 도시계획가, 주택관계행정관 등과 주택운동가, 시민이 모여 주택문제를 학문적으로 연구하고 운동을 펴나가는 주택연구운동조직이다. 이는 시민을 아우르는 학회라고 할 수 있는 주택연구운동단체이다.

제3기는 1973년 이후로 1차 오일쇼크 이후 건설성은 공공주택지출감소, 민영화 확대, 공영주택소득제한 강화, 일본주택공단 개조를 단행하였다. 이에 1981년 주택운동 4대 단체인 〈공주협〉, 〈전국공단자치협의회〉, 〈공단노조조합〉, 〈전국차지차가간차인조합〉의 4단체공투회가 만들어져 주택정책개혁요구를 적극적으로 펴나갔다. 또한 1982년에는 〈일본주택회의〉가 결성되어, 다른 분야의 전문가가 주택을 중심으로 한 연구활동을 하기 시작하였다.

(2) 1985년 이후 거주운동

1985년 이후 토지, 주택가격이 폭등하고 대도시 주택의 집 값, 임대료가 큰 폭으로 올라 거주 불안이 야기되었다. 이를 계기로 지역공동체만들기, 주택조례제정요구운동과 주거지역형성사업운동 등이 시작되었다.

① 주거요구운동

경제적인 거품현상은 땅값, 집값을 폭등시키고 갱신료 인상, 퇴거요구 등 여러 가지 주거문제를 발생시켰다. 이에 지자체는 독자적인 주택정책인 주택조례를 만들었다. 동경 도심의 치요다(千代田), 츄오우(中

央), 코우(港) 등 3개구를 시작으로 신주쿠(新宿), 세타가야(世田谷) 등 23개 구에서는 주택조례, 마을만들기 조례를 만들어갔다. 특히 신주쿠, 세타가야에서는 주민들이 주택조례제정요구운동을 의회에서 전개하여 주민주도형 주택조례를 만들었다.

또한 1993년에는 가나가와현(神奈川縣) 마나츠루(眞鶴)에서 시민에 의한 마을만들기 조례인 〈아름다운 조례〉를 제정하였고, 다른 곳에서도 지역민들에 의한 주거지 만들기가 시작되었다.

② 주거지역형성사업운동

지가앙등 및 불충분한 지역복지서비스, 고령사회 등에 대응하기 위해 각지에 자조조직인 지역생활협동조합이 형성되어 살기 좋은 지역공동체 만들기 활동이 왕성해졌다. 즉, 고령자가 지금까지 살아와 친숙한 지역에서 생활을 지속할 수 있도록 재가복지서비스와 특별양호노인의 집 건설 등이 생활협동조합에 의해 진행되었다. 예를 들어, 가나가와 생활클럽생활협동조합에서는 1990년에 새로운 고령자복지정책을 세워 특별양호노인의 집 건설을 기획하고, 지역사회클럽생활협동조합과 복지클럽생활협동조합의 협력을 얻어 7만 명의 조합원이 법인설립자금 모금운동을 벌였다. 1억 엔을 목표로 조합원을 상대로 3년간 캠페인을 벌인 끝에 1993년 '라포르후지사와(ラポール藤澤)'을 건설, 1994년에 사업을 시작했다. 후지사와시는 특별양호노인의 집과 데이서비스 등 건설사업을 13개 지구에서 진행하여 '라포르후지사와'는 메이지지구(明治地區, 인구 23,844명, 65세 이상 2,631명)와 츠지도우(堂)지구(인구 37,701명, 65세 이상 5,078명) 등 2곳의 서비스 권역(약 6만 명)을 담당하고 있다. 사업을 시작할 때쯤 '사회복지법인 생생복지회(いきいき福祉會)'를 설립하여 서비스를 담당하는 워커즈 콜렉티브 회원이 노동의 장을 확보할 수 있도록 했다. 모든 보호서비스와 세탁사무에 관해서는 워커즈 콜렉티브 회원 30명에 의해 월 2,100시간 재택복지서비스를 제공받

았고, 식사서비스는 '꽃무명' 회원의 도움을 받았다.

■ 사회복지법인 생생복지회의 서비스 내용

식사재료는 무농약 유기농 그리고 첨가물이 적은 재료를 생활협동조합에서 구입하여 조달하고, 세탁은 합성세제를 사용하지 않고 빨래비누를 사용한다든지, 인간 및 환경에 좋은 재료를 사용하는 등, 고령자 한 사람 한 사람에 대한 개별적이고 세세한 배려가 이루어지고 있다.

또한 이러한 주거지역사업형성운동에서의 거주의 개념이란, 주택이라는 하드웨어를 만들어 사는 것뿐만 아니라 커뮤니티 혹은 거주지역(living area)을 만드는 일, 즉 생활 가능한 지역, 함께 살아가는 지역, 현대 공동체를 만들어나가는 일이다. 그리고 주택을 중심으로 하여 인격의 자유로운 발전 권리를 보장하는 주택인권으로서의 주거가 목적이 된다고 할 수 있겠다.

③ 주택운동에서 거주운동까지

이제까지 일본의 주택운동은 주택부족단계의 운동으로 생겨났고 임대료 인상과 퇴거요구에 항의하는 식의 주택에 관한 경제적 요구가 중심이 되어왔다. 그러나 오늘날 거주운동은 주택을 중심으로 넓은 의미의 지역복지운동, 환경보호운동 등과 연대하여 지역기반을 형성하는 운동으로 발전하였다. 그리고 현재 주거운동의 중심 중 하나인 주택협동조합을 시민들 스스로 만들었다는 것이 매우 중요한 특징이다.

3) 라틴아메리카의 거주운동

라틴아메리카의 주거문제는 도시빈곤과 큰 연관을 맺고 있다. 아메리카 대륙 빈민가 거주자의 대부분은 원주민 혹은 아프리카계 이민자이다.

1930년대 이후 공업생산지향의 투자와 사회적 서비스가 도시에 집중되어 라틴아메리카 주요도시는 인구가 폭발적으로 증가하였다. 대도시 주변부에 농촌 이주자들이 조잡한 가옥을 지어 거주하였고, 이들 불법 거주지의 5세 이전 사망률은 선진국의 40~50배에 달할 정도이었다.

급속한 도시화 과정에서 라틴아메리카 정부의 최초 주택정책은 완성된 주택을 제공하는 것이었다. 일례로 베네수엘라 카라카스에 97동의 고층아파트를 지어 16만 명에 달하는 도시빈민층을 입주시켰다. 그러나 이 정책은 입주자들로부터 호응을 받지 못했고, 50년대 말 빈집이 속출하고 관리부실로 결국 물리적 환경의 급속한 악화를 낳았다.

1946년 이후 아르헨티나의 페론(Juan Peron) 대통령은 공공주택금융기관을 통해 30~50년에 달하는 장기저리의 주택대출제도를 도입, 49~54년까지 17만 건의 주택융자가 이루어졌다. 그러나 1960년대 이후 주택가격이 빈곤층의 구매능력 범위를 넘어서게 되었고, 자조원조제도가 시도된다. 콜롬비아의 ICT(Instituto de Credito Territorial)가 그 예이다. 우루과이에서도 상호부조협동조합과 기술원조기관을 통해 정부는 대출을, 조합원은 노동력을 제공하여 자신의 집을 짓는 운동이 일어났다.

■ ICT
ICT는 도시 저소득층에게 주택을 공급하기 위해 설립된 토지신용기관이다. 이 기관은 주택가격을 낮추고 저소득층의 노동력을 활용하여 주민을 직접적으로 주택시장에 참여하게 하였다.

(1) 상파울로

상파울로의 경우 저소득층의 주거는 다른 라틴아메리카 도시들과 비슷한 양상으로, 코르티조, 비합법 구획, 화베라라는 세 가지 형태로 나타난다.

코르티조는 도심부의 빈민가로 19세기 말 공업화 시대로부터 시작되어 도시 중심부 일원의 낡은 건물의 임대 형태를 띠고 있다. 1990년대 현재, 약 350만 명의 사람들이 코르티조와 같은 임대주거에 살고 있는 것으로 추정된다.

무인가 및 비합법 구획은 1950년대 이후 코르티조에 대한 규제 때문에 빈곤층은 규제가 없는 비합법, 무인가 구획의 땅을 구입해서 스스로 집을 짓게 되었다. 그러나 비합법적인 공간이기 때문에 법적인 소유자가 불분명하고 토지이용은 혼란스럽고 불안할 수밖에 없었다.

화베라(Favelas)는 공유지나 사유지에 단계적 혹은 조직적 점거로 이루어진 주거공간이다. 화베라의 성장은 비합법 구획의 가격상승과 임금하락에 기인한 것으로 1940년대 초 주로 공유지 점거로부터 시작되었다. 1975년 상파울로 시령으로 점거된 토지의 환원을 강제했으나, 이것이 화베라도스(Favelados, 불법점거자)의 조직화를 자극해, 상시적이고 합법적인 단체를 결성하여 화베라에 전기와 상수도 설비를 요구했다.

그 이후 몇 가지 화베라 지역의 개선이 이루어졌으나, 광범위하게 존재하는 화베라에 대한 해결의 대안은 없다.

(2) 베네수엘라

1941년 인구의 35%가 도시에 있었으나, 1987년에는 82.7%가 도시에 거주하게 된다. 수도인 카라카스(Caracas)의 도시집중로 인한 기본적인 서비스에 대한 요구는 1936년부터 시작되었으며, 도시재개발, 퇴거 등의 정부정책에 의해 도시 빈민들의 강력한 운동은 1960년대 본격화되었다. 1985년 경 카라카스 인구의 60% 가량이 열악한 지역에 거주하였고, 환경문제도 극에 달했다. 카라카스, 발렌시아, 말라카이보 등 대도시 지역이 스스로 조직화되었고, 스스로 주거문제를 해결하기 위해 시민들은 공동체를 조직하였다. 이 자주적 조직은 지역을 지키는 효과적인 역할을 했다. 공동체의 상황은 어려우나 스스로 리더를 뽑고, 집회, 위원회 구성, 시위 등을 기초로 활동을 하고 있고, 문화, 스포츠, 도시계획 등에 건설적인 결과를 낳았다.

(3) 멕시코시티

1940년대 이후 멕시코시티는 급격하게 성장해 왔다. 이 성장의 대부분은 토지를 점거하고 각기 자기 집을 세우는 빈곤층 가족에 의한 것이었다. 1960년대에는 가톨릭교회의 진보적인 그룹이 사람들의 교육 및 저축, 제조, 주택 등의 다양한 형태의 협동조합을 촉진하는 멕시코사회사무소(Mexical Social Secretariat)를 창설했다. 이 조직이 60년대에 해산했을 때 그 주택협동조합부문에서 일하던 전문가들은 공동체에 기반한 주택건설을 기술적으로 지원하는 COPEVI(Centro Operation de Vivienda y Problamiento)를 결성하였다.

1977년에는 멕시코 계곡의 저소득층 주거지역 대표자들이 몬테레이에서 전국 규모로는 최초로 회합을 가졌다. 이를 계기로 멕시코대중운동전국통일국(National Coordinating body of Mexico"s Urban Popular Movement: CONAMUP)이 설립되었다.

1984년에는 CONAMUP은 전국 규모의 도시대중운동의 60%를 기획하는 수준이 됐으며 1988년에는 75만에서 약 100만에 이르는 구성원을 확보하기에 이르렀다. 멕시코 도시빈곤자운동에 의한 주택사업의 대부분은 FONHAPO로부터 융자를 받았다.

■ FONHAPO
저소득세대, 특히 소득액이 지역최저임금의 2.5배를 밑도는 저소득세대를 위한 주택건설에 자금을 공급하는 특별한 목적을 위해 1981년에 멕시코 연방정부에 의해 설립된 공공 금융기관이다. FONHAPO는 NGO와 지역집단 및 공적인 기관에도 자금을 대부하였다.

표 4-14 해비타트

해비타트(Habitat for Humanity)는 열악한 주거환경에 있는 사람들이 제대로 된 집에서 살 수 있도록 하는 것을 목표로 하는 NGO단체이다. 해비타트 운동의 시발점은 1973년 미국의 밀러드 풀러 부부가 아프리카의 가난한 사람들을 위해 집을 제공하면서 시작되었으며, 이를 바탕으로 1976년에 국제해비타트가 창설되었다. 2013년 기준 95개의 국가에서 2,000개가 넘는 지회가 활동 중이다.

우리나라 해비타트(http://www.habitat.or.kr)의 경우, 집에 투입되는 토지, 비용, 장비 등은 자산가들의 기부로 이어지고, 노동력은 자원봉사자와 후원자, 그리고 입주가정 등에서 제공된다. 해비타트에 입주하는 가정은 건축원가의 5% 정도를 선금으로 지불할 능력이 있어야 하고, 집이 다 지어질 때까지 현장에서 함께 일해야 하며, 자신의 집 혹은 다른 가정의 집을 짓는 데 최소한 500시간 이상 노동으로 동참하여야 한다.

해비타트 로고

해비타트 집짓기 현장

3. 마을만들기

1) 마을만들기 개념

'마을'이란 일상생활을 하는 곳으로, 협의적으로는 동네에 있는 거주지, 거리 등을 의미하며, 광의적으로는 동, 구까지 포함하는 공간적 개념과 공동체, 문화 등과 같은 사회적 개념을 총칭한다.

보통 마을은 도시에 대응하는 개념으로서, 주로 농림업 · 수산업 · 목축 등과 같은 제1차산업에 의해서 생활하는 지역사회로서 시골에서 여러 집이 모여 사는 곳을 의미하였다. 그러나 현재 마을은 물리적으로 구획된 공간단위와 사회를 의미하는 것으로 변하였다. 우리나라의 경우 새마을운동이 도시지역에도 적용되면서 마을이 더 이상 농촌 또는 시골에 국한하여 도시에 대응하는 개념이라는 제약으로부터 벗어났다.

'마을만들기'라는 용어는 일본의 마치츠쿠리를 번역한 것으로, 행정과 주민이 협력하여 지역공간의 의미를 재발견하고 거기서 문화적 아이덴티티를 찾아 도시공간의 활력을 되찾고 생활공간의 쾌적성을 높이려는 일련의 시도라고 볼 수 있다.

최근 이 용어는 지역주민의 생활에 관련된 소프트한 면을 포함한 종합적 · 주민자치적인 활동의 의미를 포함하고 있다. 일본에서 마을만들기는 주민의 생활터전에 있어서 토지의 공동이용과 그 위에 성립된 공동생활조건의 정비를 목적으로 생활의 필요성에 기초하여 지역문제를 해결하고, 목표로 하는 바람직한 지역의 모습을 달성해 가는 활동이라고 정의하였다.

우리나라에서는 지역만들기, 동네가꾸기, 마을가꾸기 등 다양한 용어로 불리다가 전문가 · 시민운동가 · 주민들 사이에서 자연스럽게 '마을만들기'로 정리되었다.

이러한 마을만들기를 통하여 개인과 지역공동체는 잃어버렸던 가치와 목표를 재발견하고, 주민 간의 가치변화와 지역사회의 관계변화가 지역 활성화와 지역발전을 일으키게 되며, 궁극적으로는 마을 공동체회복을 통하여 주민 스스로에 의한 주민자치와 주민에 의한 지역관리 시스템으로 재창조되는 것이다.

2) 마을만들기의 필요성

마을만들기의 과정을 통해 지역성(locality), 사회적 상호작용(interaction), 공공의 유대(community) 등의 공동체 요소를 경험하고 주민 스스로 같은 공동체에 소속되어 있다는 일체감을 획득하며, 결과적으로 주민들의 정주의식을 향상시키고 생명력 있는 마을을 만들어 낼 수 있는 원동력을 얻는다. 또한 마을만들기를 통해 주민들 스스로 관심을 갖고 자기가 만든 것을 돌보게 되어 관리비용의 절감효과를 가져올 수 있고, 자체적으로 주민들이 마을을 관리하기 때문에 관리의 문제도 줄일 수 있다. 그리고 마을만들기를 통해 시민중심사회 등 새로운 사회를 창조하는 방향으로 나아가는 기반이 되고 있다는 점에서 중요한 의미를 갖는다.

이와 같이 마을만들기의 중요성이 대두되게 된 사회 · 문화적 배경은 다음과 같다.

① 공간의 급격한 변화

우리나라는 급속한 산업화와 도시화 속에서 공간이 끊임없이 변모되어 왔고, 그 속도는 점점 가속화되고 있다. 특히 대도시에서는 신도시 건설, 뉴타운 개발, 아파트 재건축 및 재개발 등이 이루어지고 있다. 이러한 변화는 그 안에 사는 주민들의 생활세계에 결정적인 영향을 끼칠 뿐 아니라 부동산의 가치를 크게 바꿔 놓는다. 이에 이와 같은 사안에 대한 주민들의 생각이나 입장, 이해관계들이 복잡하게 엇갈린다. 따라서 그러한 차이와 갈등을 자율적으로 조정할 수 있는 사회적 토대가 필요하다.

② 비노동 시간의 확대

1960년대 초 청소년이나 남성들의 경우는 대부분의 시간을 학교나

회사에서 보냈기 때문에 그 시대의 마을은 전업주부나, 노인, 어린아이, 자영업자들의 공간이었다. 그러나 최근 주5일제와 더불어 직장인들의 빨라진 퇴직연령, 평균수명의 연장으로 인해 대안적인 활동공간이 새롭게 필요한 상황이 되었고, 이에 마을의 의미가 더욱 부각되고 있다.

③ 복지사회로의 도래

오랜 시간을 두고 고령화 사회로 진입한 다른 나라에 비해 우리나라의 경우는 빠른 속도로 고령화가 진행되고 있다. 그러나 그에 대한 대비는 매우 부족하다. 또한 경제난과 가정의 해체 속에서 극심한 빈곤상태로 전락하는 이들이 많아지고 있다. 그 한계를 보완하기 위해서는 지역 주민간의 인간관계 회복과 더불어 이웃들 사이의 협동체계와 참여를 통해 사회적 안전망을 확보하여야 한다.

④ 지역의 정체성 요구

현재 주거공간은 단순한 생존의 도구가 아니라 마음의 즐거움을 누리는 삶터가 되기를 원하고 이는 마을만들기 등과 같은 지역 환경개선 등을 통해 실현 가능하다. 이러한 이유로 우리나라는 지방자치제가 실시되고 난 후부터 마을만들기가 여러 지역에서 이루어지고 있다. 하지만 현재 그 지역들은 정체성 없이 전국 어디를 가든 비슷한 모습을 하고 있다. 이에 지역주민이 공감할 수 있는 정체성을 바탕으로 주민의 삶과 지역의 역사, 산업 그리고 미래가 함께 호흡하는 마을마들기의 중요성이 커져가고 있다.

3) 마을만들기의 참여주체

마을만들기는 다양한 사람들이 참여한다. 마을만들기의 가장 핵심적인 주체는 당연히 주민이다. 그리고 주민과 함께 참여하는 시민단체나 외부 전문가, 또는 행정기관은 주민들이 필요로 하는 부분을 돕고 방향을 제시하고 필요한 정보나 기술을 제공해 주고, 관계를 조정해 주는 역할을 담당하여야 한다.

또한 1990년대 이후 민주화, 세계화, 지방화로 달라진 사회에서 시민의 역할이 중요하게 대두되기 시작하였으며, 민간 거버넌스(governance)의 필요성이 급속도로 확산되면서 마을만들기의 참여주체들의 새로운 관계정립이 요구되고 있다.

(1) 주민

현대사회는 도시의 포화상태로 정부가 주도하는 성장형 개발방식이 점점 좁아지고, 주민들의 권리의식이 신장되면서 주민참여의 요구가 높아지고 있다.

주민참여를 참가적 입장에서 바라보면 첫째, 모든 결정권이 행정에 있고, 주민은 그것에 대해서 의견을 제시하거나 지시에 따라 행동하는 형태의 참가이다. 두 번째는 행정과 주민이 대립하는 것이다. 행정의 정책에 대한 주민의 반대운동이 이에 해당된다. 주로 지역개발의 명목으로 이루어지는 행정의 재개발 · 재정비 정책 추진과정에서 마을 주민들과의 마찰로 도로, 댐 등 하드웨어의 건설 등으로 마을이 파괴 위기에 접하게 되면서 벌어지는 마찰 등이다. 대표적인 사례로서 마포 성미산 마을공동체와 인천의 배다리마을이 있다. 이곳 모두 행정의 일방적인 개발위주 정책에 맞서 마을 주민들 스스로가 나서서 지역의 문화적 · 생태적 환경을 지키고 공동체를 유지하기 위한 운동으로서 의미가 있다. 세 번째는 주민과 행정이 협력한다는 의미에서 참가를 말한다. 주민과 행정이 함께 사업을 결정하고 실시하는 형태의 참가라고 말할 수 있다.

종합해 보면 마을만들기의 주민참여란 지역사회와 지역주민의 생활에 영향을 미치는 정책과 목표의 수립에 주민들이 직간접적으로 참여하는 것을 의미한다. 주민참여는 제도적 참여, 목적적 참여, 가치적 참여로 나누어 볼 수 있다.

표 4-15 주민참여의 유형과 방법

구분		내용
주민 참여 유형	제도적 참여	▸ 주민은 사실상 행정이 짜놓은 계획에 대해 의견을 말하는 것뿐으로 형식적인 참여에 머물고 있다. ▸ 이러한 방식은 정책을 수립해 가는 단계에서 부분적으로 보완하는 방식 또는 수립된 정책의 찬반 의견을 제출하는 방식이다.
	목적적 참여	▸ 지역의 여러 가지 이해관계에 연루되어 당장의 어떤 이익 또는 손해의 발생을 계기로 참여하는 것으로, 반대 또는 요구형 주민 운동이다. ▸ 미군기지 철수문제, 원자력 발전소, 폐기물 처리장 문제
	가치적 참여	▸ 장기적인 전망을 가지고 자기가 사는 지역을 보다 풍요롭고 쾌적하게 만들기 위해 참여하는 것으로 마을 만들기는 여기에 속한다. ▸ 주민들이 자기 지역을 생활의 장으로 인식하면서 삶의 질을 높이기 위해 여러 가지 제도적인 장치와 실천적인 전략을 도입한다.
주민 참여 방법	주민의 직접 참여	▸ 직접 참여가 효율적이기 위해서는 무엇보다 지역적으로 하위단위이거나 지역의 공간적 범위가 소규모의 마을이어야 한다. ▸ 지역의 범위가 협소함으로써 주민 모두가 쉽게 문제에 접근한다. ▸ 대표를 통한 문제해결 방식보다 쉽게 행동으로 옮겨질 수 있다. ▸ 지역주민 전체의 참여를 유도하기 쉽다.
	주민의 간접 참여	▸ 지역의 단위가 크고 개인적 참여가 불가능할 경우에는 대표를 선출하여 간접적으로 참여하게 되는데, 여기에는 지방의회나 각종 위원회 등이 활용된다. ▸ 대표선출의 문제가 있을 수 있으며, 대표와 지역 주민 집단 간의 갈등이 존재할 수 있다.
	주민참여 수단	▸ 정책의 결정이나 집행에 있어 주민의 다양한 참여의 방법이 있다. ▸ 주민 소환제도, 주민 소송제도, 주민 반발, 주민투표, 각종 위원회

우리나라는 급격한 산업화와 도시화속에서 정주의식과 공동체성이 약화되었으며, 자발적이며 주체적인 주민의식과 공감대 형성이 부족한

실정이다. 이에 장기적인 관점에서 공동체성을 높이는 시민의식이 성숙될 수 있도록 지속적으로 노력해야 한다.

이를 위해서 주민들이 적극적으로 참여할 수 있는 참여 동기를 부여하고 생애학습을 통해 지속적으로 공동체의식과 지역문제에 실천적으로 나서는 의식을 높여야 한다. 한편, 주민참여를 유도하기 위한 마을 내 다양한 주민자치 조직을 만들어 나가는 지속성이 주민참여를 높이는데 기본이 된다.

표 4-16 대구 담장허물기 운동

이 운동은 대구의 시민운동가인 김경민씨가 1998년 11월 자신의 집 담장을 허물면서 시작되었다. 그가 담장을 허물게 된 이유는 자신의 집 뜰을 마을 주민들과 공유하기 위해서였다. 이 사건은 동네공목공원 꾸미기(꾸러기 환경그림대회, 병뚜껑 벽화만들기 등)로 번지게되는 계기가 되었고, 골목공원에 대한 관심과 파장은 점차 확대되어 대구시민들과 언론으로부터 많은 관심을 받게 되었다.

이에 대구시도 담장허물기를 1999년 5월에 시민사회단체와 대구시가 공동으로 전개하는 시민운동인 대구사랑운동(이 운동은 한국 최초로 민관협력체제를 구축해서 펼치는 시민운동이다)의 중점과제로 채택하면서 본격적으로 추진되었으며, 2000년 12월까지 1년 반 만에 121개소가 참여하였다. 공식적으로 담장허물기 운동의 목적은 공공건물과 일반주택 등의 담장을 허물어서 새로운 골목문화를 조성함과 아울러 녹색도시를 조성하는데 부응하고 이웃 간에 서로 터놓고 지내는 사회적 분위기를 조성한다는 것이다.

대구시 칠곡2차 수정한양아파트 담장허물기

(2) 행정(공무원)

주민이 자치의 마음을 갖도록 지원하고 도와주는 것이 행정이다. 마을만들기에서 지방자치단체 등 행정의 도움과 협조 없이는 원활한 추진이 어렵다. 그들의 업무가 마을만들기와 직접 연관되어 있다면 그들이 협조적인가 비협조적인가의 여부에 따라 사업의 추진은 매우 큰 영향을 받는다.

행정은 주민들의 노력을 공론화할 수 있는 수단을 가지고 있으며 법률이나 규정의 제 · 개정을 촉진할 수 있으며 자원을 투입할 수 있는 위치에 있다. 공공의 지원이 없다면 커뮤니티 차원의 노력은 실패할 가능성이 높다. 이에 지방자치단체 등 행정 영역을 마을만들기에 참여시키는 것은 매우 중요하다.

그러나 행정이 초기 단계에 참가할 경우 다른 주민들과 이해 관계자의 참여를 제약할 우려가 있다. 아직 우리나라의 현실은 행정관료 등이 일반 주민에 비해 많은 권한과 권력을 보유하고 있기 때문이다. 따라서 행정 관료 등의 참여는 가급적 신중하게 추진될 필요가 있다.

(3) 시민단체

시민단체로부터 시작된 마을만들기는 주민들의 자발적 의지보다는 시민단체의 사회적 이슈 제기나 활동의 일환으로 시작되는 경우가 많다. 1990년대 지방자치제가 본격 시작된 이후로 시민사회단체의 운동 방향이 지역 속 생활환경 개선운동, 지역공동체 복원운동으로 바뀌기 시작하였다. 마을만들기에서 시민단체의 참여는 마을공동의 이해와 요구를 자신의 일로 여기는 주민들을 발굴하고 함께 지역공동체를 만드는 실천을 하는 데 중요한 몫을 담당하였다.

하지만 마을만들기에 참여하는 시민단체에 대한 기대감만이 선행하고 있는 것은 아쉬운 일이다. 우리나라에서는 무급의 자원봉사와 동일하게 인식되고 있으며, 개인의 헌신적인 노력에 기대하는 측면이 강하고, 그 역할을 발휘할 수 있는 기반정비가 아직도 이루어지지 못하고 있다. 이에 마을이 진정 시민단체의 힘을 필요로 한다면 마을의 주민 권리자가 하나가 되어 시민단체의 개인적인 희생을 최소한으로 하는 조건을 마련하는 것이 중요하다.

(4) 전문가

전문가는 주민이나 다른 사람들처럼 마을만들기 사업의 직접적인 이해당사자는 아니다. 아울러 행정처럼 본연의 임무로 사업에 참여하는 입장도 아니다. 전문가는 지역의 이해관계로부터 독립한 중립적인 입장에서 객관적으로 마을만들기를 지원하는 활동을 전개하는 것이 바람직하다. 이에 전문가는 마을만들기의 주요 매개자라 할 수 있다.

마을만들기에서 보다 높은 수준의 마을만들기를 추진하거나 조사 차원에서의 지역 만들기를 할 경우 전문가의 도움은 필수적이다. 해당 지역에 있는 대학, 전문 예술인, 기획자 등 지역에 대한 관심이 높고, 지역 실정에 대해 지식이 많은 지역 전문가들과 협력을 통하여 마을만들기의 실행과 사후 피드백 과정에서도 보다 적극적으로 개입할 수 있다.

그리고 지자체 공무원들의 전문성을 높여 준전문가로 육성해야 하며 민간의 싱크탱크와 컨설턴트 중에서 마을만들기를 체계적으로 지원할 수 있는 전문가를 발굴하고 협조를 받아야 한다.

4) 마을만들기의 구성요소

마을만들기는 마을환경의 물리적 시설 개선뿐만 아니라 이웃과의 관계를 회복하고 마을공동체를 만들어가는 적극적이고 주체적인 활동들을 말하는 것이다. 이러한 마을만들기를 위해서는 주민 참여, 자치, 자원 활용, 네트워크, 지속성의 5가지가 요구된다.

표 4-17 마을만들기의 구성 요소

구분	내용	비교
직접 참여	참가자의 의견이 수렴되고 이후 계획의 실행이 관여하며 공식적이고 민주적인 의사결정과정을 통해 참여자의 책임감이 향상	주민들의 직접적이고 자발적인 참여, 주민 합의
자치	주민들이 자신의 이해가 걸려 있는 사안들과 그들의 미래에 직간접적인 영향을 줄 수 있는 중대한 결정에 있어서 스스로 의견을 제시하며 대안을 형성	지역공동체의식회복 지역 내 결속력과 지도력 강화
자원활용	인적자원과 자연자원 문화자원, 사회적 자원에 대한 적절한 활용을 통해 지역 경제를 활성화	어메니티 자원과 발굴평가 보호 관리
네트워크	전문가, 행정, 지역 간의 자원과 정보의 효과적인 교류와 배분을 통하여 지역주민의 활동력과 실행력을 높여주며 이상적인 계획을 도출	주민, 행정, 전문가, 시민단체의 상호협력 체계 구축
지속성	그 지역의 사회, 경제, 환경, 문화 등이 지속적인 발전이 필요	지역사회 변화에 대한 생명력과 지속적인 노력

5) 마을만들기의 유형

(1) 추진주체별 유형

추진주체에 의한 유형에는 주민주도형, 행정주도형, 시민단체주도형, 전문가주도형이 있다.

표 4-18 추진주체별 유형

구분	내용
주민 주도형	▸ 주민들 스스로가 적극 나서는 경우로, 행정이나 전문가의 도움 없이 주민 스스로의 힘으로 이루어지는 경우이다. ▸ 주민이 먼저 시작하고 난 후 행정이 지원되는 경우이다. 이 경우는 주민들의 자발성에 기초하여 지역공동체를 위한 다양한 운동방식으로 진행되며 나중에 전문가와 행정이 적극 협조하기도 하며 때로는 지역행정과의 마찰을 빚기도 한다. ▸ 아파트단지 내 문화 공간조성, 성미산 공동체, 서초구 양지공원 조성, 서울 올림픽 선수촌아파트 문화센터, 부평시장 내 문화의 거리조성
행정 주도형	▸ 행정에서 먼저 주민참여 사업을 시작하거나 주민에게 마을만들기를 제안하는 형식, 또는 의사 결정 과정에 주민을 적극적으로 참여시키는 사례이다. ▸ 행정이 전반적인 지역정책을 수립하는 과정에서 마을만들기를 계획하고 그것을 위한 시스템과 제도 등을 수립하여 주민들을 조직화하며 진행하는 방식이다. ▸ 경기 안성시 안성맞춤 아트조성
시민단체 주도형	▸ 시민단체가 주민들과 함께 하는 생활공간에서 자발적으로 마을만들기를 진행하는 경우이다. ▸ 시민단체가 주도하여 생활환경의 개선을 행정에 요청하는 경우이다. ▸ 대구 YMCA 삼덕동만들기, 화성의제 매화4리 살고 싶은 마을만들기
전문가 주도형	▸ 전문가가 사업기획과 실행과정에서 행정과 주민사이에 매개자 역할을 수행하면서 주민의 의견을 사업에 반영하는 경우이다. ▸ 행정이 공모사업 등을 통해 마을만들기를 제안하고 전문가 그룹이 참여하여, 사업을 기획하고 마을 속에서 주민들과 목적의식적으로 진행하는 유형이다. ▸ 창문 아트센터, 북촌마을 가꾸기, 인사동 거리문화축제

(2) 추진대상별 유형

① 마을의 하드웨어 만들기

마을에 공간이나 시설물을 만들고 생활환경을 개선하는 사업, 주로 주거환경의 정비, 아름다운 경관 조성, 역사 문화적 자원의 보존과 개발, 낙후지역의 재개발 사업 등이다.

② 마을의 소프트웨어 만들기

마을의 발전을 위한 주체적인 주민조직을 구성하거나 마을의 공동체를 복원하기 위한 축제 등의 프로그램을 진행하는 경우이다.

③ 마을의 사람 만들기

마을의 모든 사람들이 마을만들기의 주체로서 마을에 대한 자긍심과 마을 속에서 자신의 역할을 갖도록 교육하고 육성 발굴하는 것이다. 이를 통해 마을만들기의 주체로서 주민들의 적극성과 자발성, 지속성이 높아지는 계기가 된다.

표 4-19 사업 내용별 사례

사업내용	사례
하드웨어 만들기	마을회관 만들기(정보화 마을), 공원 만들기, 역사·문화마을만들기
소프트웨어 만들기	마을의 인물 역사 알기, 마을 스토리텔링, 지역특산물 개발, 다양한 마을 축제, 체험 프로그램
사람 만들기	주민자치학교, 주민자치위원회 워크숍, 토론회, 모범지역 견학, 마을학교

(3) 추진지역별 유형

① 아파트 단지에서의 마을만들기

아파트 공동체운동으로 지칭되는 다양한 유형의 아파트 단지의 마을만들기 운동이다. 아파트라는 한정적인 공간 특징으로 인해 일반주택지에 비해 공간 및 시설을 만들기보다 아파트주민 간에 공동체 형성을 위한 축제나 이벤트, 생활강좌 등의 프로그램이 많은 것이 특징이다.

② 일반 주택지역에서의 마을만들기

주택지 골목이나 특정 장소에 대한 주민들의 관심에서 시작하는 경우이다. 골목 가꾸기, 놀이터 가꾸기, 공원 가꾸기 등 마을의 특정 부분에 대한 물리적 환경개선을 통해 마을만들기 활동의 거점으로 활용하고 다양한 프로그램으로 주민들 간의 커뮤니티를 강화한다.

표 4-20 통영 동피랑마을의 마을만들기

통영은 조선업의 성장으로 1960~70년대 많은 사람들이 들어왔으며, 가난한 사람들이 비탈길에 집을 짓기 시작하였다. 통영의 대표적인 산동네로, '동쪽의 벼랑'이라는 뜻의 '동피랑'으로 불리는 작고 오래된 마을이다.

2006년 통영시는 경관개선을 이유로 마을을 철거하려고 계획하였다. 지역단체 '푸른 통영 21 추진위원회'는 재개발 저지를 위해 시장에게 1년의 유보의 시간을 요청하였고, 높은 지대에 있는 동피랑마을의 특성을 살려 주택의 담장을 활용하기로 하였다. 이에 따라 '색과 그림이 있는 골목'이라는 주제로 1차 벽화공모전을 벌여 일주일동안 19채의 집과 골목 담벼락마다 벽화가 그려 한국의 몽마르뜨 언덕이 탄생하게 된 것이다. 그 이후로 철거계획이 미뤄지자 동피랑이란 장소를 살리기 위해 벽화를 그리러 오는 미술가들의 발길은 계속해서 이어지게 되었고 재개발 대상지에서 보존 대상지로 변경되었다. 이로 인해 통영시는 당초 계획을 취소했고, 최근 마을 위쪽 3채는 철거하여 동포투를 복원하고 2채는 매점(동피랑 구판장)과 전시장(쌈지교육장)으로 꾸며졌다. 이로써 벽화가 가득한 동피랑마을은 예술을 통해 통영을 대표하는 관광명소가 된 것이다.

2007년(좌)과 2008년(우) 동피랑마을

③ 상업지역에서의 마을만들기

침체되고 있는 지역 상권을 상인들이 힘을 모아 되살리기 위한 경우로 물리적 환경에서부터 상가활성화를 위한 축제개최 등 다양한 프로그램이 운영된다. 상권활성화를 통해 지역경제의 활성화를 목적으로 하기 때문에 행정에 의한 재정적 지원 사례가 많으며 가로 환경 정비, 놀이터 등의 휴게공간 정비 등이 있다.

그림 4-2 대구 약령시 한방문화축제와 약령시 박물관

④ 재개발 재건축 지역에서의 마을만들기

노후·낙후된 건물이 밀집된 주거지역으로 주거환경이 열악한 지역에서의 환경개선을 목적으로 이루어진다. 대체로 도시 빈민 지역에서 막연한 주거문제 해결이 아닌 삶의 공동체를 이루기 위해 이주단지 조성, 토지 매입 주민 편의시설 설치 등의 적극적인 공간 및 시설 만들기와 화단 가꾸기, 벽화 그리기 등의 생활환경 개선사업을 한다.

⑤ 역사·문화 보전지역에서의 마을만들기

전문가들의 지원을 받아 역사적·문화적 보전 가치가 있는 마을에 대해 물리적 환경을 개선하고 박물관, 민속관, 공방 등의 문화시설을 설치하여 지역에 활력을 부여하고자 한다. 또한 축제와 체험 프로그램들을 배치하여 공동체 강화뿐만 아니라 이를 관광상품화하여 경제적 가치를 높이기 위해 노력한다.

그림 4-3 북촌 한옥마을과 투어 안내

⑥ 농 · 어촌 지역에서의 마을만들기

정부와 시민단체의 지원을 통해 마을회관, 정보센터 등 주민 편의시설을 설치하여 생활환경을 개선하고 외부인을 위한 쉼터, 전시관 등을 설치하여 도농 교류 활성화를 위해 노력한다. 또한 환경농업을 통한 소득증대 프로그램과 농어촌 체험 프로그램을 개발하여 도농교류와 경제적 기여를 높인다.

그림 4-4 홍성 문당리 마을

(4) 추진내용별 유형

마을만들기의 추진내용은 매우 다양하다. 현재는 정보화, 녹색체험, 역사 · 문화, 생태환경, 경관, 건강복지, 자연순환형, 시민 등을 내용으로 하고 있으나, 더욱 다양한 내용들이 개발될 것으로 예상된다.

표 4-21 추진내용별 유형

구분	사례
정보화 마을만들기	▸ 농촌 · 어촌 · 산촌 등 정보화에 소외된 지역의 주민 정보화생활을 유도하고 지역경제 활성화에 기여한다. ▸ 행정안전부의 지원으로 추진 중이며 정보화시설을 갖춘 마을회관 건립 등, 시설 만들기와 체험프로그램을 진행한다.
녹색체험 마을만들기	▸ 농어촌 활성화를 위한 체험마을을 조성, 지역경제 활성화와 공동체회복에 기여한다. ▸ 농림부의 지원을 받아 다양한 체험 프로그램을 개발하고 관광자원화 함으로써 농어촌의 소득증대와 도농교류사업에 기여한다.
역사 · 문화 마을만들기	▸ 지역의 역사 · 문화적 자원을 발굴하여 마을을 조성하는 경우이다. ▸ 문화체육관광부의 지원을 받아 역사 · 문화마을 가꾸기가 추진 중이며, 파괴위기에 있는 지역의 역사 · 문화적 공간을 재구성하고 보전함으로써 지역 문화 활성화와 지역 경제성 제고에 기여하기 위한 마을만들기이다.
생태환경 마을만들기	▸ 마을 생태환경 계획을 수립 추진하고 지역생태계 재생을 위한 공간을 조성하는 사례이다.
경관 마을만들기	▸ 주민들의 참여로 마을의 경관기본계획을 수립하고, 지방자치단체가 추진하도록 경관조례를 제정하여 아름답고 깨끗한 마을을 조성한다.
건강복지 마을만들기	▸ 마을의 주요시설 공간기능에 복지적 배려를 의무화하며, 고령자, 장애인의 이용이 편리한 건축에 대한 지원을 강화한다.
자원순환형 마을만들기	▸ 환경오염을 줄이기 위한 위생적인 처리시설을 만들고 재생 가능한 소재의 활용도를 높이며, 다양한 처리시설을 종합적으로 정비하는 활동이다.
시민 마을만들기	▸ 주민과 행정, 지역 전문가 사이의 파트너십을 제고하고 비영리민간조직을 적극적으로 활용하여 시민 중심의 지역사회가 되도록 노력하는 경우이다.

4. 단지스톡의 재생

건물의 노후화는 건물이 고령화됨에 따라 건물이 갖는 내구성, 안전성, 기능성 등 기본성능의 저하와 건물을 구성하는 각 구성 부위의 결함상태에 의해 건물전체가 기대하는 성능을 발휘하지 못하는 상태라고 할 수 있다. 이러한 노후화는 주거에 있어 건물전체가 위험해지며, 입주자의 생활불편, 입주자 만족도 저하 등 내부적인 문제뿐만 아니라 주변지역에 비해 건물 경제성 저하, 수선비 과다, 내부 위생 결함, 주변환경 저해, 건물 미학적 결함 등 많은 부정적인 결과를 초래하고 있다.

노후화에 대응하기 위해 일반적으로 재건축과 리노베이션을 고려할 수 있다. 재건축은 주택이 노후화되어 물리적 혹은 경제적으로 제 기능을 다할 수 없다고 판단될 때 거주민들의 의사에 의해 이 건물을 철거하고 그 대지 위에 새로운 주택을 건설하는 것으로 주거환경 개선의 효과가 크다. 반면에 리노베이션은 기능적으로 노후화된 건물을 현재 요구하는 시점까지 개선 · 변경하는 행위로써 건물의 골조를 유지하면서 노후화를 억제하거나 그 기능을 향상시켜 주택의 수명연장과 주거만족을 높이기 위한 행위이다. 일반적으로 리노베이션은 물리적인 노후에 의한 전반적인 기능저하와 라이프 사이클 및 라이프스타일 변화에 따른 거주자의 거주조건의 변경과 거주수준의 향상에 대한 요구에 의해 일어나며 요구되는 기능향상정도에 따라 보수, 개수로 나눌 수 있다.

1) 단지재생의 프로세스

공동주택단지의 리노베이션 시행 프로세스는 각 나라마다 그 나라의 경제 · 사회적 여건, 관리형태 및 관련조직의 구성체계, 의사결정 방법 등에 따라 매우 다양하게 나타날 수 있다.

특히, 소유자 · 거주자의 재정 또는 가계상의 판단, 번잡한 각종 행정수속, 개별성이 강한 리노베이션 특유의 요구조건에 대응하기 위하여 전문가의 지식이나 기술, 나아가서는 행정기관의 사회, 경제적 효과에 관한 정책적 판단이나 유도방법 등, 기존 집합주택의 리노베이션 공사의 경우, 일반적으로 신축공사보다 의사결정에 관한 주체가 많으며, 그 과정 또한 복잡하다. 따라서 리노베이션을 활성화시키기 위해서는 공사수행 프로세스와 의사결정과정을 혼란, 모순 없는 형태로 조직화시키는 것이 중요하다.

① 주민참가

단지재생 프로세스에서 제일 중요시 되는 것은 주민참가이다. 독일에서는 「독일 · 프랑스의 대규모 단지의 거주자를 거주지 발전에 참가시키는 심포지엄」(1991. 12) 중에서 '거주자가 자신이 살고 있는 단지에 대해 귀속성을 지속적으로 가지게 된다면 단지재생은 성공한다'라고 보고하고 있다. 여기에서 말하는 귀속성은 주민 스스로 자기들이 살고 있는 단지의 환경형성에 영향력을 갖고 있다는 공감대가 강하면 강할수록 높아지므로, 단지재생에서 주민참가가 중요시된다.

프랑스에서도 재생공사에 관한 의사결정에 주민참가는 중시되고 있다. 공공주택의 경우, 관리 · 경영주체가 재생사업을 추진할 때에는 설문에 의하여 주민의 의견을 파악하고, 주민과 공동으로 몇 가지 정도 작업을 실행하도록 의무화하였다.

스웨덴에서는 주민참가에 의한 재생사업을 '신중한 재생'이라고 부르고 있는데, 그 최대의 목적은 주민의 납득 하에 마찰을 최소한으로 하고, 주민 개개인이 선택한 공사내용과 시기를 반영하여 효과를 최대화하는데 있다. 실제 사례로 SABO공사의 재생공사에서는 주민은 단위세대 내의 설비와 설치물에 관해서 제시된 옵션 중에 몇 개를 기호에 따라 선택할 수가 있다.

② 전문조직

주민을 참가시키면서 공동주택의 재생을 원활하게 추진하기 위해서는 주민 간의 합의형성을 유도하여 효과적인 재생공사 내용을 확인하고, 사업 전체의 경영상의 타당성을 판단할 수 있는 전문가 또는 전문조직의 존재가 중요하다. 그중에서도 공동주택의 관리 · 운영을 담당하는 전문조직의 역할은 크다. 재생사업의 경우 주민이 살고 있는 상태에서 진행되는 것이 일반적이고, 공사종료 후의 운영방식과도 깊이 관련되는 내용을 많이 포함하기 때문이다.

유럽에서는 덴마크와 같은 비영리주택협회 부류가 대표적인 공동주택의 관리운영 조직이다. 그러한 조직은 매스하우징 시대에 공동주택 건설의 중심적인 존재이었는데, 시대상황의 변화 속에서 기존 주택과 단지의 관리운영으로 그 업무의 중심이 옮겨졌다. 예를 들면, 스웨덴의 비영리주택협회의 연합조직인 SABO이다. 스웨덴의 주택정책은 SABO에 가입된 약 320개 협회에 의해 움직여 왔다. 1960년대에서 1970년대까지는 양질의 주택건설을, 1980년대 이후부터는 선진적인 관리 및 운영에 중점을 두고 있다.

③ 공적자금의 활용

공동주택의 재생사업을 원활하게 추진하는 데 있어서 조직의 형태와 함께 자금계획의 형태, 특히 그중에서도 공적자금이 매우 중요하다.

공동주택의 재생사업은 지역사회의 문제와 깊게 관계있으므로 어느 정도 공공적인 성격을 띠므로, 공적자금을 투입하는 근거가 된다. 더구나 주민간의 합의가 있어야 재생사업을 할 수 있는데, 주민합의를 얻기 위해서는 공적자금의 투입이 큰 힘이 될 수 있다.

2) 재생수법의 분류

공동주택 재생에서 각각의 단지는 필요에 따라 다양한 공사요소가 서로 조합되어 독자적인 재생사업을 구성한다. 예를 들어, 일본의 플로

우형 하우징은 그 대부분이 신축이고, 유지보전과 수선과 같은 행위는 신축으로 대표되는 건설과는 다른 산업분야, 즉 유리관리로써 자리매김해 왔다. 그러나 앞으로 중심이 될 스톡형 하우징은 이 두 분야 사이에 재생이라는 형태로 거주환경을 형성하려는 다양한 행위가 나타날 것이다. 그중에는 기존의 유지관리에 대단히 가까운 소규모의 재생공사가 있는가 하면, 건설에 필적하는 대규모 재생공사도 있다.

서구의 건설시장에서 신축시장은 많이 위축되었고, 이미 스톡형 하우징시대로 이행된 지역에서는 건설과 유지관리라고 하는 2분법은 성립하지 않고 유지관리에서 건설까지 연속선상에 놓여 있다. 다시 말해, 기존의 주택과 주택지의 상태에 따라 극히 소규모의 수선적인 공사로 끝나는 경우가 있는가 하면, 재건축에 가까운 투자를 하여 대규모 재생공사를 하는 경우 및 재건축을 하는 경우도 있다. 이처럼 상황과 형편에 맞는 유연한 프로젝트 유형 자체가 스톡형 하우징 시대의 시장특성이다.

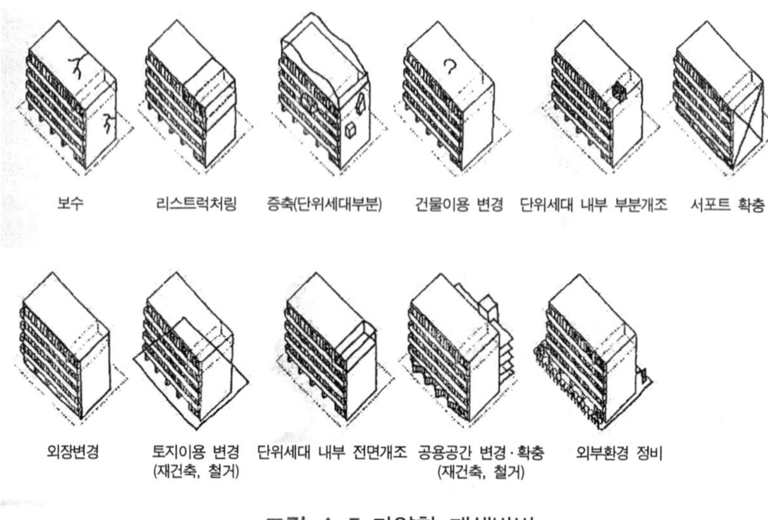

그림 4-5 다양한 재생방법

도시재생 프로젝트의 유형은 프로젝트의 성격, 위치, 사업주체 등에 따라 분류될 수 있는데, 도시공간의 구성시스템, 경관특성 등의 분석을 위한 유형 구분을 위해 프로젝트의 입지와 기능에 따라 ① 주거지재생, ② 공장이적지재생, ③ 역세권재생, ④ 도심상업지재생, ⑤ 수변공간재생, ⑥ 업무지재생 등 6가지 유형으로 구분하였다.

① 주거지재생

신도시개발에서 전형적으로 다루어지던 20세기형 근린주구이론에 의한 단지계획수법은 기성시가지의 주거지재생에 있어서는 적용될 수 없다. 주거지재생에서는 주변지구의 도시적 맥락을 살리는 도시형 주거 및 주거단지 계획수법을 필요로 한다.

② 공장이적지 재생

기성시가지 내 대규모 공장이적지는 계획적 도시재생의 가능성이 있는 대상지가 된다. 우선, 대부분의 공장이적지가 도심에 위치해 있으며 종전까지 공장 등의 산업시설로 인해 주변부가 매우 열악한 도시환경을 형성하고 있다. 이는 역설적으로 공장이적지 재생이 효과적으로 이루어진다면 그로 인해 주변개발의 잠재력이 매우 높다는 것을 의미하기도 한다. 즉, 공장이적지 개발뿐만 아니라 대규모 재생프로젝트로 인해 주변지구의 활성화까지 도모할 수 있는 개발의 촉매역할도 하게 된다. 우리나라에서는 대규모 공장이 입지한 영등포구, 구로구 등의 경우 지금까지 이러한 공장지로 인해 서울에서도 매우 열악한 지구로 알려져 있지만 최근 대규모 공장이적지에 대한 다양한 도시재생계획이 진행 중이다.

표 4-22 주거지재생의 대표적 수법

수법	특징
단지 개방성과 가로공간의 활성화	▸종전의 폐쇄적인 단지형 주거에서 주거가 도시조직(가로와 블록)의 구성 요소로서 계획되면서 개방적인 주거블록을 형성하게 되었다. ▸주거블록이 개방적이지 않은 경우에도 최소한 가로에 면한 주거동이 연도성을 가지거나 혹은 저층부의 다양한 도시 지원시설 통해 가로공간의 활성화를 시도하게 되었다. ▸도시주거를 제안하기 위해 저층부의 다양한 상업시설, 지역커뮤니티 시설, 광장 및 녹지공원, 가로공원 등의 도입을 통해 주변시가지와의 일체화를 도모하고 있다.
개방적 도시가로 및 공중가로의 유입	▸주거단지 내에 개방적인 도시가로를 유입해 보다 주거단지의 공공성을 높이는 수법이 행해진다. ▸유입된 도시가로에는 상가, 커뮤니티 시설 등을 의도적으로 배치해 활성화를 도모하고 있다. 이와 같이 유입된 도시가로는 상업업무지구와 도시주거지구를 자연스럽게 분리하면서 개방된 도시가로를 통한 단지의 활성화를 시도한다. ▸각 주동 간 혹은 주차장, 공원, 광장 등과의 다양한 보행연계를 위해 공중가로라는 별도의 동선시스템으로 커뮤니티의 활성화를 도모한다.
새로운 주거유닛 개발의 시도	▸거주자의 다양한 요구와 라이프스타일의 변화에 따른 다양한 공간수요에 대응할 수 있는 새로운 주거유닛의 개발이 시도되고 있다. 특히 주거유닛 계획은 단순한 주호계획의 차원을 넘어 주동진입방식, 공용부문계획, 가로활성화, 커뮤니티 활성화 등 도시(단지)주거지계획의 종합적인 시점에서 고려될 수 있는 문제이다. ▸알파룸과 같은 새로운 주거유닛공간의 도입은 하나의 대안이 될 것이다. 알파룸이란 가로의 활성화를 위해 간선보행자도로, 중정공간 등에 면해 각 주거자의 개성을 살릴 수 있도록 별도의 방을 설치하는 것을 의미하는데, 다양한 디자인의 알파룸은 1층 부분의 주호에 하나의 새로운 용도의 방을 하나 더 제공해 줌으로서 1층 부분의 취약점인 프라이버시, 일조, 안전 등의 문제를 해결하면서 가로 활성화도 동시에 도모할 수 있는 주거유닛계획의 시도이다.

표 4-23 공장이적지재생의 특징

- ▸ 대부분의 공장이적지가 도심부에 위치해 개발 잠재력이 뛰어나고 도심의 다양한 기능을 수용할 수 있는 입지적 특성을 반영해 도심용도의 복합화가 제안될 수 있다.
- ▸ 대상지뿐만 아니라 대상지 주변부의 활성화를 도모할 수 있는 개발계획의 촉매화가 이루어진다. 즉, 복합용도개발은 대상지 주변부 활성화의 계기로 작용하며 실제 주변역세권 등의 정비가 되는 계기를 마련하게 된다.
- ▸ 공장이적지의 경우 공장의 산업시설을 지원하던 다양한 도시기반 시설(도로, 상하수도, 하천, 철도역사 등)이 양호하게 갖추어져 있어 재생개발계획 수립 시 이러한 인프라시설의 연계활용화가 이루어지게 된다. 예를 들면, 전철역에서의 이동에스컬레이터 설치, 주변 하천공간의 워터프론트 정비계획, 각종 문화인프라시설의 도입 등을 통해 도시재생을 극대화하게 된다.

③ 역세권재생

도시공간에 있어 전철 혹은 철도역은 교통의 주요 결절점을 형성하며 도시의 허브공간 역할을 한다. 또 철도역사 주변지구는 철도 정비창 등이 위치해 있던 곳으로 대규모 미개발지로 남아있는 경우가 많다. 따라서 교통의 요충지에 대규모 미개발지를 형성하고 있는 역세권지역은 도시재생의 좋은 기회를 제공하고 있다. 고속전철(KTX)의 도입으로 대도시 역세권이 도시재생의 중요 요소가 되고 있는데, 역세권재생의 경우 전철 혹은 철도역사 그 자체의 재생계획과 역사 주변지구의 미개발 용지에 대한 복합용도 개발 사례로 구분된다. 철도역사 재생의 경우 역사 건축물의 보존계획과 더불어 새로운 도시교통 결절점의 랜드마크로서 대규모 역사건축물의 재생계획이 논의될 수 있을 것이다. 한편, 역세권 주변부지의 활성화 계획의 경우 새로운 복합용도 개발의 다양한 프로그램의 도입 및 재생계획 개념이 필요하게 된다.

④ 도심상업지 복합도시재생

20세기 도시계획수법의 가장 큰 문제 중의 하나로 지적되는 것이 외연적 도시확산에 따른 도심공동화의 문제이다. 즉, 구시가지로 대표되는 도심상업지가 쇠퇴하면서 오랫동안 방치된 기성시가지가 형성되게 된 것이다. 서울의 청계천 주변 세운상가 등이 대표적인 장소이다. 이러한 도심상업지의 재생을 통한 복합도시로의 전환은 도심부 전체의 활성화에 기여하면서 도시개발의 촉매효과는 물론 도시기반시설의 정비, 공원 등 도시 오픈스페이스의 창출, 문화기반시설의 도입을 통한 커뮤니티 생활공간 등의 정비를 동시에 진행할 수 있는 잠재력을 가지게 된다. 특히, 주거공간의 체계적인 도입을 통해 도심공동화를 방지하면서 지역커뮤니티 활성화를 도모해 나가야 한다.

⑤ 수변공간재생

수변공간은 근대화 과정에서 대규모 공장시설이 집적하면서 대부분 산업시설이 차지하고 있어 생활공간으로서는 많이 활용되지 못하고 있었다. 하지만 최근 수변공간으로서의 매력과 잠재력이 재평가되면서 새롭게 복합도시공간으로 탈바꿈하는 사례가 증가하고 있다. 이러한 수변공간은 기성시가지 내 공장이적지와 유사한 성격을 가지나 수변공간의 활용성을 최대한 살릴 수 있는 계획이 가능하며, 대부분의 경우 매립지로 형성되어 지형의 기복이 거의 없는 점이 특징이다. 또 매립지의 특성상 지하공간의 활용이 거의 불가능해 지상데크공간을 적극적으로 도입하게 되면서 다양한 형태의 인공데크공간을 창출하는 계획상의 특징을 가지게 된다.

⑥ 업무, 비즈니스지구재생

도심부의 업무, 비즈니스 지구는 이미 상당한 업무시설이 집적해 있어 새롭게 대규모 도시개발 프로젝트가 개발되기는 어려운 지구이다. 지금까지 형성되어 있는 업무지구의 대부분은 오피스를 중심으로 한 업무용도의 단순기능으로 야간 및 주말 이용자가 거의 없어 도심공동화의 주요 요인이 되고 있는 지구이다. 서울의 도심부 및 여의도 업무지구, 테헤란로 업무지구 등이 이러한 지구의 대표적인 사례가 될 것이다. 이러한 지구를 24시간, 주말이용을 극대화하기 위한 재생전략이 중요한 개발 테마가 된다. 업무지구의 단계별 재개발계획이 진행되면서 한편으로는 기존 오피스에 다양한 기능을 복합화해가고, 가로공간의 전략적 정비를 통한 특화거리 조성(브랜드 스트리트 등)이 시도될 수 있다. 특히, 이미 많은 기업들이 소유한 대규모 오피스의 지권자가 존재하고 있다는 점을 고려해 이러한 지권자들이 직접 참여하는 협의체의 구성 등을 통해 주민주체의 도시재생, 경관 만들기의 전략적 시도가 이루어질 수 있는 지구라 할 수 있다.

3) 주호내부 갱신

주호내부 갱신의 대표적인 것이 발코니를 실내로 갱신하는 것이다. 발코니의 실내화는 가장 간편하게 바닥면적을 넓힐 수 있는 방법이지만, 바닥면적을 더욱 넓힐 수 있는 방법은 프랑스의 공공주택에서 실행한 유닛공법에 의한 중층 증축을 들 수 있다. 2×4공법으로 한 층 높이의 유닛은 유닛과 유닛 사이에 발코니를 신설하는 등 짧은 기간에 공사할 수 있다는 장점으로 유닛공법이 큰 효과가 있다. 독일에서는 옥상증축이 주목받고 있는데, 구서독의 대도시에서 옥상증축에 의해 27만호의 새로운 주택이 공급되었다. 한편, 감축의 경우에는 지역의 인구감소에 따라 감축하는 경우가 있다.

표 4-24 발코니 내부 확장

- 발코니 실내화의 목적은 단위세대 내 바닥면적의 확장, 겨울철 낮은 사용률의 개선 등이다.
- 발코니의 개구부에 새시를 설치하는 것은 주동 전체 공사가 아니더라도 거주자 개개인이 설치하는 경우가 많고, 간단한 발코니 전용설치공법으로 부품을 손쉽게 구할 수 있다.
- 새시를 설치한 발코니는 일종의 패시브솔라(passive solar)효과를 가진 선룸으로 이용할 수 있어, 주동단위의 재생공사에도 흔히 쓰이는 수단 중 하나이다.
- 거주자의 판단에 의한 발코니의 실내화는 한랭지인 북유럽에 한정되지 않고, 아시아의 아열대지역 등에서도 자주 보이는 거주환경 개선방법이다.

표 4-25 세대통합형 리모델링 사례

▶ 445세대를 56세대로 축소

독신자 숙소였던 기존 445세대(10평)를 65세대(85평)로 리모델링하여, 평균 8세대의 벽을 허물어 1세대로 통합하였다. 기본 골조만 남기고 모든 것을 철거하였다. 기존 아파트는 복도식 아파트였으나, 복도를 없애고, 앞집과 옆집 8가구를 터 1가구로 만들고 외부에 4개의 엘리베이터를 설치해 계단식으로 바꾸고 가구별 전용 엘리베이터를 설치하였다.

내력벽 보강과 마이크로 파일을 설치해 구조체와 건물기초의 내진성능을 향상시키고, 기존 배관과 난방시설도 바꾸어서 신축아파트로 탈바꿈했다. 그리고 가구별 요구조건에 따라 가변활동이 가능하도록 평면을 디자인하고, 가구 내 많은 기둥과 기둥사이를 수납공간을 이용하고, 벽을 배치해 기둥이 외부로 노출되는 것을 최소화하였다.

표 4-26 단지형 리모델링 사례

▶ 국내에서는 최초로 아파트 단지(3개동) 전체를 리모델링한 사례

2007년 1월9일 준공식을 한 방배 예가클래식은 낡은 배관과 난방시설 등을 교체하는 수준을 넘어 세대별 증축뿐 아니라 지하주차장과 편의시설 신설, 녹지 공간 확충 등 단지 전체가 전면 개조에 가까운 변신을 했다는 점에서 크게 주목받고 있다. 단지 전체의 구조변경을 통해 주차난, 주민시설 부족 등의 근본적인 애로사항을 해결하였다. 아파트 동 사이를 5m 이상 굴착해 각각의 지하주차장을 신설하고 이들을 연결하였다. 또한 지상 1층에서 시작되는 기존 엘리베이터를 지하주차장까지 연장하였다.

세대별 내부공간도 3개 동 중 2개 동이 편복도 구조였으나, 계단식으로 바꾸고 앞뒤로 공간을 덧붙이면서 각각 8~11평 넓어졌다. 모든 세대 남향 전면에 발코니 1.5m를 신설하고, 뒷면에는 발코니와 침실, 계단부 등을 신설 증축했다. 증축부분은 기존건물과는 별도로 자립식 내진구조체 방식으로 시공한 후, 기존골조와 연결하여 구조적인 안정성을 높였다.

외부공간도 주거동은 유럽풍의 석재마감을 하고 주현관과 아케이드 필로티, 그리스풍의 기둥 및 몰딩으로 중후함을 내뿜는다. 지하공간의 특화설계로 주민회의실, 서클룸, 운동시설, 세대별 지하 라커, 노인정 등 기존에 없었던 주민편의시설도 다양하게 설치하였다.

리모델링 전(방배 궁전아파트)

리모델링 후(쌍용 예가클래식)

표 4-27 테라스형 아파트 리노베이션 사례

32평 2Bay 구조(아파트의 전면부(거실쪽) 공간. 전면부에는 대개 거실과 안방이 각 한 개씩 위치하는데 이를 '2(two)베이구조'라고 한다. 그러나 최근 거실 1개에 방을 2개 위치시켜 전면부에 3개의 공간을 유치하는 3베이 구조가 인기이다. 전면부 공간수가 많으면 집 전체가 밝아지는 장점이 있다. 특히 3베이는 거실전면의 길이가 늘어나기 때문에 발코니 길이가 늘어나기 때문에 서비스 면적이 증가하며 공간 활용면에서 유리하다. 주호내부 갱신을 통하여 거실과 방의 면적이 늘어나고 주방도 커졌다. 특징적인 것은 베란다 정원이 생긴 것이다. 호수공원 조망아파트나, 공원조망아파트에 적절한 구조이다. 기존의 판상형 아파트보다 두께감이 생기고 지붕을 높여 유럽식 건축 구조물의 정체성을 띈다. 단독주택의 정원의 개념을 발코니에 적용시켜 전원적인 공간을 제공한다. 밑 세대와 윗세대간 변동되는 평면으로 약간의 복층공간을 만들어 수직전인 변화가 있는 공간을 제공한다.

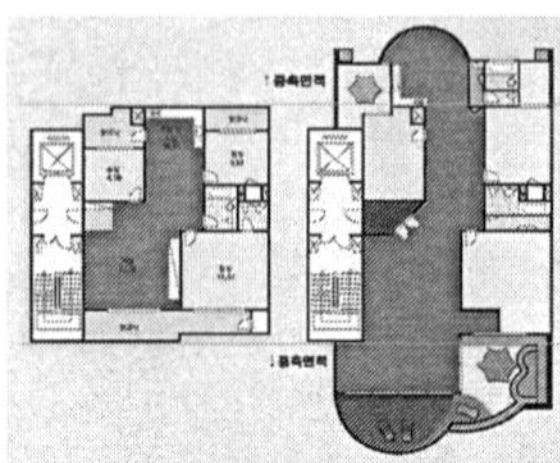

리모델링 평면도

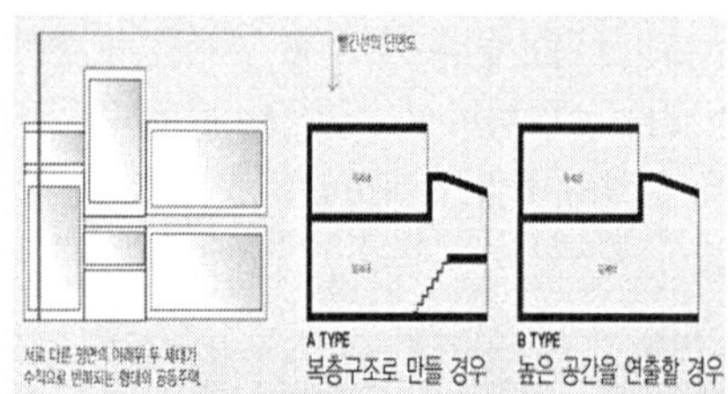

2Bay 구조 공동주택 단독주택형 리모델링

4) 증축과 감축

증축이란 같은 지붕마루 내에서 건축물의 바닥 면적을 늘리는 것으로, 같은 대지 내에서 별채를 추가 신축하는 것도 증축이라 하는 경우가 있다.

감축은 증축과 반대로 건물 일부를 제거하는 수법이다. 일본의 공단주택과 공영주택, 공사주택의 일부에서 진행되고 있는 2호 1호화(경계벽과 경계바닥의 일부를 제거하거나 발코니부분을 증축하는 재생행위)

와 중층 증축(4, 5층짜리 주동의 남면에 방 한 개분의 건축면적을 가진 부속건물을 세운 다음 이것을 연결함으로써 각 단위세대의 바닥면적을 방 한 개만큼 증축하는 재생행위)은 생활자의 불만을 개선하는 증축행위의 전형적인 예이다.

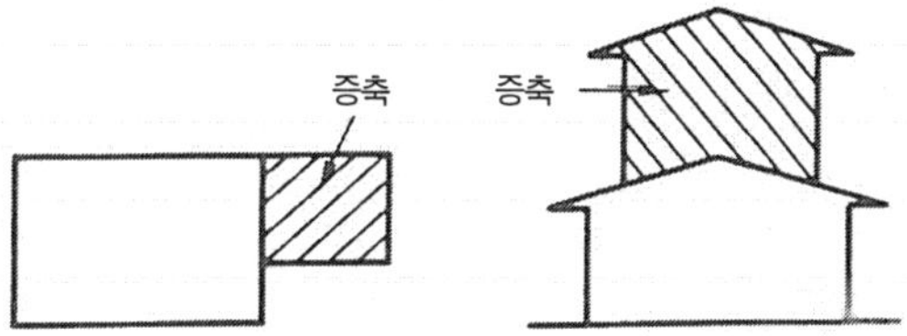

그림 4-6 증축

5) 외부환경정비

여러 세대가 모여 있는 공동주택단지에서는 외부환경정비에 대한 재생이 중요하다. 단지의 외부환경정비에는 놀이터의 정비, 집회시설의 신축 이외에 공동채소밭 만들기, 소규모 동물공원 만들기, 환경공생적인 랜드스케이프 디자인, 주차장의 정비, 태양광발전을 이용한 가로등의 설치 등 여러 가지가 있다. 공동주택의 경우 공용공간과 외부공간이 커뮤니티 활동과 주민의 지역애착에 큰 영향을 미치므로 적극적인 대처가 필요하다.

그림 4-7 단지 내 놀이터 환경개선 전과 후

참고 및 인용문헌

건설교통부 (1998). 도심지 소규모 노후아파트의 주거환경 개선 방안연구. p.7.

건축용어사전 (2011). 현대건축관련용어편찬위원회. 파주: 성안당.

대한주택공사 (1999). 커뮤니티 개념을 도입한 도시정비 활성화방안 연구. p.54.

동아프라임영한사전 (1998). 제3판.

박병순 공역 (2011). 단지재생: 서구 집합주택의 재생. 서울: 기문당. pp.39~42, pp.58~74. pp.80~81. pp.93~104.

밀레니엄 커뮤니티 센터 연구회 (2000). 밀레니엄 커뮤니티 센터. 서울: 연세대학교 출판부. pp.104~108.

주거학연구회 (2000). 세계의 코하우징. 서울: 기문당. pp.205~207, pp.221~224.

이민우 (2011). 마을 만들기에서 주민이 인식하는 주민 간 갈등양상에 관한 연구. 세종대학교 석사학위논문.

이정형 (2007). 도시재생과 경관 만들기. 발언출판사. pp.13~19.

이현상 (2000). 노후공동주택의 리노베이션에 따른 내부공간변화에 관한 건축계획적 연구 : 옥인아파트 실태조사를 중심으로. 한양대학교 석사학위논문.

일본 국민생활심의회 커뮤니티문제 소위원회의 보고서 (1969).

임은영 (2009). 주민참여형 마을만들기의 활성화방안에 관한 연구. 서원대학교 석사학위논문. pp.16~17.

조미란 (2000). 공동주택단지 리모델링 방안 연구. 한국건설기술연구원.

최재순 외 (2000). 주거공간의 계획과 설계. 서울: 기문당. pp.102~103.

참여연대 사회복지위원회 (2002). http://www.peoplepower21.org/Welfare/648996

황정주 (2010). 마을만들기에서 지역문화자원 활용에 관한 고찰. 성공회대 석사학위논문.

Davies & Herbert, D. T. (1993). Community within Cities. p.36[커뮤니티 중심의 주거환경정비 연구 재인용].

Hojnacki, W. (1979). What is a neighborhood(W. Davies and D. Herbert. Community within[커뮤니티 중심의 주거환경정비 연구 재인용].

The Effectiveness of Information Programs. Environment and Behavior. 22. University of Notre Dame Press. [커뮤니티 중심의 주거환경정

비 연구 재인용].
Warren, B. & Warren, D. I. (1977). The Neighbourhood Organizer's Handbook. Indiana.

그림출처

리모델링 평면도. http://kyukyu.co.kr/90134484 286
2Bay 구조 공동주택 단독주택형 리모델링. http://kyukyu.co.kr/90134484286
발코니 실내화의 예. 22 Overfrakker-Facadeinddokniger en eksempelsamling. Bygge-og Boligstyreiwen. 1997.
증축. http://dbscthumb.phinf.naver.net/0731_000_1/20110908172725296_APN3U88JC.jpg/e669_i1.jpg?type=m520
유닛공법 사례. http://www.ctman.kr/paper/data/news/images/2009/0 1/1_L_1231738313_1.jpg
세대통합형 리모델링. 대한주택건설협회. http://khba.or.kr/juteck6/read.jsp?idx=384&boardname=juteck_01& title=juteck_01&gubun=book_1
단지형 리모델링 사례. 대한주택 건설협회. http://khba.or.kr/juteck6/read.jsp?idx=385& boardname=juteck_01&title=juteck_01&gubun=book_1
단지 차선 도색 전 후. http://jhsafe.blog.me/100127081161
단지 내 놀이터 전 후. http://www.neonet.co.kr/repository/complex_trip/1260238832.jpg
리모델링 전(방배 궁전아파트). http://image.moneytoday.co.kr/indexlink_image.php?no=2007011018184299522_1.jpg&index=6
리모델링 후(쌍용 예가클래식). http://khba.or.kr/upload/juteck/0706-jyp2.jpg
대구시 칠곡2차 수정한양아파트 담장허물기 전과 후. http://blog.naver.com/daegu_news/50132987700
대구 약령시 한방문화축제. http://blog.daum.net/cocktalils/13406573
대구 약령시 박물관. http://blog.daum.net/wildflower9345/285
북촌 한옥마을 투어 안내판. http://blog.naver.com/textpic/120172744373
북촌 한옥마을. http://blog.naver.com/textpic/120172744373
홍성 문당리 마을. http://blog.daum.net/beyoung/15995303

5장 공동주택과 관리행정

1. 공동주택의 관리
2. 공동주택 건축물의 유지관리

5장
공동주택과 관리행정

1. 공동주택의 관리

1) 관련법과 제도

(1) 공동주택관리 관련 법체계

공동주택관리와 관련된 최초의 법은 1963년 제정된 〈공영주택법〉이다. 〈공영주택법〉은 국가나 주택공사 등 공공기관에서 건설한 공영주택 및 복리시설의 관리기준과 입주자의 관리의무를 규정하였다. 1972년 〈주택건설촉진법〉이 제정되면서 〈공영주택법〉의 주택관리관련 규정이 〈주택건설촉진법〉으로 이관되었다.

그후 공동주택의 증가로 1979년 주택관리의 기본법이라고 할 수 있는 〈공동주택관리령〉과 〈관리규칙〉이 제정되어 10여 차례에 걸쳐 개정되다가, 〈주택건설촉진법〉이 폐지되고 2003년〈주택법〉으로 개정되면서 〈공동주택관리령〉과 〈관리규칙〉은 폐지되고 〈주택법〉, 〈주택법시행령〉, 〈주택법시행규칙〉으로 흡수 · 통합되었다.

▪ 공동주택의 관리를 직접적으로 규정하고 있는 것은 〈주택법〉이지만 간접적으로 〈민법〉이나 〈집합건물의 소유 및 관리에 관한 법률〉, 기타관계법령이 적용되고 있고 각 단지별로 관리규약에 따라 운영되고 있다. 〈집합건물의 소유 및 관리에 관한 법률〉은 집합건물의 소유 · 관리와 이들 사이에 일어나는 분쟁을 방지 · 해결하기 위하여 〈민법〉의 특별 법률로서 제정되고 있으며, 공동주택뿐만 아니라 2인 이상이 구분하여 소유하는 모든 건축물에 적용되고 있다.

이밖에 〈건축법〉과 〈시설물 안전관리에 관한 특별법〉, 〈도시 및 주거환경 정비법〉이 공동주택관리에 적용되고 있다. 임대주택관리를 규정한 근거법으로는 〈임대주택법〉이 있고, 〈임대주택법〉에 규정되어 있지 아니한 사항은 〈주택법〉, 〈주택법시행령〉, 〈주택법시행규칙〉 등이 적용된다. 임대주택관리가 의무적으로 적용되는 대상(임대주택법시행령 제27조)은 300세대 이상의 공동주택, 승강기가 설치된 공동주택, 중앙집중식 난방방식의 공동주택으로 되어 있다.

(2) 공동주택관리 관련 법 · 제도의 변천

공동주택관리제도의 변천과정을 보면 최초의 관련법인 1963년에 제정된 〈공영주택법〉에서는 공영주택 및 복지시설의 관리기준과 입주자의 관리의무에 한하여 규정하고 있었고 일반주택의 관리에 관한 규정은 없었다.

공동주택관리제도의 체계는 1979년의 〈공동주택관리령〉 제정부터라고 할 수 있다. 주요 내용으로는 신속한 하자처리로 입주자의 불편을 막고, 관리부실을 예방하기 위하여 입주초기 일정기간 동안 사업주체의 의무관리 기간을 신설하며, 입주자의 임의적인 용도변경행위를 제한하고, 특별수선충당금 적립을 의무화하는 내용 등이 있었다.

표 5-1 주택관리 관련 제도 변천 연혁

개정 시기	관련 제도	내용
1963.11	공영주택법 제정	▸ 공영주택 및 복지시설의 관리 기준 ▸ 입주자의 관리 의무
1969.10	공영주택법 시행령	▸ 공영주택 관리조합 조직에 관한 기준
1972.12	주택건설촉진법 제정	▸ 공영주택 및 복지시설의 관리 기준 ▸ 입주자의 관리 의무
1977.12	주택건설촉진법 개정	▸ 주택관리인 제도 신설 ▸ 관리규약 제정 의무
1979.11	공동주택관리령 제정	▸ 사업주체의 의무관리 기간 신설 ▸ 용도변경 등 행위 제한 ▸ 특별수선충당금 적립 의무화
1981.4 1981.10	주택건설촉진법 개정 공동주택관리령 전문 개정	▸ 입주자대표회의의 법제화 ▸ 자치관리기구의 인가 ▸ 안전관리기술자 확보 의무화 ▸ 하자보수기간 및 절차의 강화 ▸ 관리규약의 제 · 개정절차의 구체화

표 5-1 주택관리 관련 제도 변천 연혁(계속)

개정 시기	관련 제도	내용
1983.6	공동주택관리령 1차 개정	▸ 공인회계사의 회계감사 의무화 ▸ 장기수선계획 수립 의무화 ▸ 특별수선충당금 산출방법 및 사용절차 ▸ 자치관리기구의 구성방법
1984.1	공동주택의 장기수선에 관한 기준 개정	▸ 공용부분과 입주자의 공동소유인 부대시설 및 복리시설의 장기수선에 필요한 기준 제정 ▸ 장기수선계획의 작성, 수립대상시설과 표준수선주기 및 수선율, 산정방법, 충당금 예치기준
1984.4	집합건물의 소유 및 관리에 관한 법률 제정	▸ 건물의 구분소유관계 설정 ▸ 관리단의 설립 및 관리인의 선정
1984.12	공동주택표준관리규약 제정	▸ 규약대상물의 범위 ▸ 입주자 등의 권리의무 ▸ 입주자대표회의의 구성, 의결사항, 회의 의무책임 ▸ 관리주체의무, 업무책임, 재정보험 ▸ 공동부분의 범위와 관리책임
1987.12	주택건설촉진법 개정	▸ 주택관리사제도 도입 ▸ 주택관리업자의 등록취소, 영업정지 및 처벌규정 ▸ 공동주택관리에 관한 감찰
1989.9	공동주택관리령 2차 개정	▸ 주택관리사제도 시행 근거 마련(행위허가, 주택관리업 면허등록 및 취소, 주택관리사 시험 등) ▸ 20호 미만의 공동주택 하자보수 의무화
1993.12	공동주택관리령 6차 개정	▸ 동별 대표자의 자격 범위 확대 ▸ 주택관리사보 시험 시 경력자에 대한 특례(1차 면제) ▸ 신 · 증축 대상 공유시설의 확대

표 5-1 주택관리 관련 제도 변천 연혁(계속)

개정 시기	관련 제도	내용
1993.12	주택건설촉진법 전문 개정	▸ 내력구조부에 대한 하자보수기간 및 하자보수보증금의 조정 ▸ 공동주택의 부대·복리시설의 용도변경 등 행위허가절차 간소화 및 기준 완화
1994.8	공동주택관리령 7차 개정	▸ 공동주택의 안전점검 의무 규정 마련 ▸ 공동주택관리규약의 내용 강화 ▸ 특별수선충당금의 예치 및 사용을 입주자대표회의에 일임 ▸ 내력구조부의 하자보수기간과 하자범위 및 안전진단 실시 규정 마련 ▸ 주택관리업 등록 기준
1998.12	공동주택관리령 11차 개정	▸ 주택관리사의 안전점검 실시 허용 ▸ 법정관리대상 공동주택 기준의 완화 ▸ 세입자의 관리업무 참여에의 권익 강화 ▸ 하자보수보증금 반환 시기의 조정
1999.10	공동주택관리령 13차 개정	▸ 주택관리업자 등에 의한 의무관리대상 중 공동관리 범위 마련 ▸ 사업주체에 의한 주택관리업자의 선정 등 삭제

(3) 주택법시행령 및 시행규칙상 주택관리 관련 규정

〈주택법시행령〉에는 주택의 관리방법 등에 관하여 주택관리의 적용범위(제46조)를 비롯하여 행위허가 등의 기준 등(제47조), 주택관리업자 등에 의한 의무관리대상 공동주택의 범위(제48조), 사업주체의 관리(제49조), 입주자대표회의의 구성 등(제50조), 입주자대표회의의 의결사항 등(제51조), 관리방법의 결정 등(제52조), 공동주택관리기구(제53조), 관리업무의 인수 및 인계(제54조), 관리주체의 업무 등(제55조), 관리현황의 공개(제56조), 관리규약의 준칙(제57조), 관리비 등(제58조), 사업주체의 하자보수(제59조), 하자보수보증금(제60조), 하자보수보증금의 반환(제61조), 안전진단(제62조), 장기수선계획의 수립(제63조), 시설물의 안전관리(제64조), 공동주택의 안전점검(제65조), 장기수선충당금의 적립 등(제66조)과 공동주택관리분쟁조정위원회의 구성(제67조) 등이 규정되어 있다.

한편, 주택의 전문관리 등에 대한 규정은 주택관리업의 등록기준과 등록절차 등(제68조), 주택관리업자의 관리상 의무(제69조), 주택관리업 등록말소 등의 기준(제70조), 과징금의 부과와 납부(제71조), 관리사무소장의 배치(제72조), 주택관리사 자격증의 교부 등(제73조), 주택관리사보 자격시험(제74조),시험합격자의 결정(제75조), 시험의 시행 및 공고(제76조), 시험위원회(제77조), 응시원서 등(제78조), 시험수당 등의 지급(제79조), 부정행위자에 대한 제재(제80조), 주택관리사 등의 자격취소 등의 기준(제81조)과 공동주택관리에 관한 감독(제82조)으로 구성되어 있다.

또한 〈주택법시행규칙〉에는 행위허가신청(제20조)을 비롯하여 검사공무원의 증표(제36조)등 17개 조항이 규정되어 있다.

(4) 공동주택관리의 적용범위

〈주택법〉의 규정에 의해 사업계획 승인을 얻어 건설된 공동주택(부대시설과 복리시설 포함)은 〈주택법〉, 〈주택법시행령〉, 〈주택법시행규칙〉에 의하여 관리되어야 한다. 다만, 임대를 목적으로 건설된 공동주택에 대하여는 임대주택의 관리에 필요한 다음의 규정에 한하여 적용된다.

① 행위허가의 기준 등(주택법시행령 제47조)
② 관리주체의 업무 등(주택법시행령 제55조)
③ 관리주체의 동의(주택법시행령 제57조 제3항)
④ 사업주체의 하자보수(주택법시행령 제59조)
⑤ 하자보수보증금(주택법시행령 제60조)
⑥ 하자보수보증금의 반환(주택법시행령 제61조)
⑦ 내력구조부의 하자보수 등(주택법시행령 제62조)

⑧ 시설물의 안전관리(주택법시행령 제64조)
⑨ 공동주택의 안전점검(주택법시행령 제65조)
⑩ 관리사무소장의 배치(주택법시행령 제72조)
⑪ 주택관리사 자격증의 교부 등(주택법시행령 제73조)

〈건축법〉 제8조의 규정에 의해 건축허가를 받아 분양을 목적으로 건설된 공동주택에 대하여는 아래의 규정에 한하여 적용된다.

① 행위허가 등의 기준 등(주택법시행령 제47조, 리모델링 주택조합의 리모델링 행위허가에 한함)
② 사업주체의 하자보수(주택법시행령 제59조)
③ 하자보수보증금(주택법시행령 제60조)
④ 하자보수보증금의 반환(주택법시행령 제61조)
⑤ 내력구조부의 하자보수 등(주택법시행령 제62조)

한편, 〈건축법〉 제8조의 규정에 의해 건축허가를 받아 주택 이외의 시설과 주택을 동일건축물로 건축한 건축물(주상복합건축물)은 〈주택법시행령〉 제5장 제1절 전체규정과 제2절 중 제72조(관리사무소장의 배치)가 적용된다. 다만, 제47조의 행위허가 등의 기준과 관련해서는 리모델링주택조합의 리모델링 행위허가에 한한다.

2) 관리조직

공동주택관리의 관련 조직은 그 성격에 따라 다음과 같이 분류할 수 있다.

첫째, 공동주택관리에 관한 법을 제정하고 이에 대한 정책을 수립하고 집행하는 정부(건설교통부) 및 지자체의 주택관리담당 부서가 있다.

둘째, 아파트 관리업무는 단지 내 의결과 집행이라는 두 축의 상호작용에 의해 이루어지는데 한쪽은 주택관리업무에 대한 의결기능을 수행하는 입주자대표회의와 이들의 모임(전국아파트연합회, 전국입주자대표회의연합회 등)이 있다. 다른 한쪽은 관리업무를 수행하고 있는 주택관리회사와 이들의 협회(한국공동주택전문관리협회)가 있다.

셋째, 비영리단체로서 입주자의 권익보호 및 공동체 향상 등을 도모하고자 하는 각종 시민단체가 공동주택관리에 관여하고 있다.

(1) 공동주택관리 관련 정부조직

■ 주택관리사보 자격시험은 공동주택관리의 전문화를 위해 1990년 제1회부터 2004년 제8회까지 건교부에서 격년제로 시행해 왔는데 2006년부터 LH공사가 업무를 위탁받아 주관하고 있으며 매년 시험을 실시할 계획이다.

공동주택관리와 관련하여 우선 시 · 도지사는 공동주택관리규약 준칙을 〈주택법시행령〉 제57조의 내용에 따라 정하도록 되어 있다. 또한 장기수선계획에 대한 교육을 실시하고 이를 위해 교육수탁기관을 선정하여 실시해야 한다.

한편, 주택관리사보 합격증서를 교부하는 등 주택관리사의 자격에 대한 업무를 담당하며 그와 함께 관리소장은 공동주택관리를 위한 주택관리사보의 배치현황을 시 · 도지사에게 신고하도록 되어 있다. 하지만 법률개정으로 주택관리사보 자격시험은 2006년 하반기부터 주택공사가 위탁받아 실시하게 됨으로써 이에 대한 시 · 도지사의 책임범위는 조정될 것으로 보인다.

표 5-2 공동주택관리와 관련된 광역시 · 도의 참여범위

구분	시 · 도
공동주택관리규약	시 · 도지사는 공동주택관리규약의 준칙 정함(법 제44조 제1항)
장기수선계획	시 · 도지사가 실시하는 장기수선계획의 비용산출 및 공사방법 등에 관한 교육실시(법 제47조 제3항)
관리사무소장의 업무 등	관리사무소장은 주택관리사보의 배치내용을 시 · 도지사에게 신고(법 제55조 제4항)

한편, 공동주택관리와 관련된 시 · 군의 참여범위를 보면, 시장 · 군수 · 구청장은 입주자들의 행위 전에 허가를 하고 신고를 받도록 되어 있으며 리모델링에 대해서도 허가를 받아야 한다. 그리고 공동주택단지의 관리방법을 결정한 후 입주자대표회의는 사업 주체에게 통지함과 동시에 시장 · 군수 · 구청장에게 신고하여야 하며, 시장 · 군수 · 구청장은 입주자대표회의의 구성원을 대상으로 대표회의 운영에 대한 교육을 실시할 수 있다.

그리고 시장 · 군수 · 구청장은 사용검사일로부터 10년 이내에 공동주택의 구조안전에 중대한 하자가 있다고 인정하는 경우 안전진단기관에 의뢰하여 안전진단을 실시하도록 되어 있다. 시장 · 군수 · 구청장은 관리자를 대상으로 안전교육과 방범교육을 실시할 수 있으며, 관리주체는 안전점검 결과, 위해의 우려가 있을 경우 시장 · 군수 · 구청장에게 보고하여야 한다. 이와 함께 시 · 군 · 구에 공동주택관리 분쟁조정위원회를 설치하여야 하며, 그외 시장 · 군수 · 구청장은 주택관리업체에 대한 관리를 하여야 한다.

① 공동주택관리 지원제도

공동주택 내 공용시설물의 유지보수에 대한 행정기관의 합법적 지원이 가능해지면서 현재 지방자치단체에서 지원조례를 이미 제정하였고 점차 확대되고 있는 추세다. 〈주택법〉 제43조 제8항에는 지방자치단체의 장은 당해 지자체의 조례로 정하는 바에 의하여 관리주체가 수행하는 공동주택의 관리업무를 위해 필요한 비용의 일부를 지원할 수 있다고 규정되어 있다.

■ 단독주택단지와의 형평성을 고려하기 위한 공동주택단지의 관리업무 비용지원은 보다 형평성 있고 공정한 공공재원의 투입을 하여야 한다.

적용범위는 보통 〈주택법〉과 〈도시 및 주거환경정비법〉에 따라 건설된 20세대 이상의 공동주택이라고 규정하고 있으며 조례에 따라 다른 규정을 두고 있기도 하다. 지원대상은 대부분 단지 내 주도로와 하수도, 어린이놀이터, 공원, 체육시설, 경로당, 담장, 주차장 등 여러 시설물의 유지보수를 위한 비용지원이다.

공동주택관리 관련 지원은 지방자치단체가 단순한 행정지도와 감독이 아니라 능동적이고 적극적인 관리활동에 참여한다는 면에서 그 의미가 크다.

② 공동주택 분쟁조정위원회

공동주택관리 분쟁조정위원회는 공동주택관리 관련 분쟁 등에 있어서 주민들이 스스로 해결하고 조정할 수 없는 부분에 대해 객관적인 입장에서 분쟁을 중재하기 위한 것이다. 이 위원회는 공동주택관리 시 나타날 수 있는 주체 간 모든 형태의 충돌에 대해 보다 심각한 해결방안을 선택하기 전에 행정적 차원에서 해결책을 모색할 수 있는 기회를 갖는 등 긍정적인 측면도 있다. 그러나 그 실효성을 높이고 분쟁조정위원회가 효율적으로 운영되기 위해서는 전문인력의 확보와 수사권 확대 등이 마련되어야 한다.

2006년 2월 24일 시행된 〈주택법〉 개정에는 지자체에 공동주택관리 분쟁조정위원회 상설기구로 구성하도록 하고 있다. 따라서 공동주택관리 분쟁조정위원회가 구성되지 않은 지방자치단체에서는 공동주택관리 분쟁조정위원회를 의무적으로 구성해야 한다(제52조 제1항).

분쟁조정위원회는 공동주택관리의 분쟁 등에 대해 조정하고 시장의 자문역할을 하게 되며 위원회는 위원장, 부위원장을 포함하여 10인 이내로 구성된다.

표 5-3 분쟁조정위원회의 업무내용

첫째, 입주자대표회의의 구성, 운영 및 동대표의 자격, 선임, 해임, 임기에 관한 사항 둘째, 자치관리기구의 구성, 운영 등에 관한 사항 셋째, 관리비 사용료 및 장기수선충당금의 징수, 사용 등에 관한 사항 넷째, 공용부분의 유지, 보수, 개량 등에 관한 사항 다섯째, 그 밖에 분쟁의 조정이 필요하다고 지자체의 조례로 정한 사항

분쟁의 당사자는 공동주택 분쟁조정 신청서를 조정위원회에 제출하여 신청하고 위원회는 조정신청을 받은 날부터 60일 이내에 심사하여 조정안을 작성하도록 규정하고 있으며, 작성된 조정안을 각 당사자에게 제시하여 제시받은 날부터 15일 이내에 수락여부를 조정위원회에 통보하고 당사자가 수락하면 위원회는 15일 이내에 분쟁조정서를 작성하도록 되어 있다. 조정위원회의 조정절차에 필요한 비용은 조정의 각 당사자가 부담하며, 위원회는 필요한 경우 금융기관을 정하여 비용을 예치할 수 있다.

(2) 주택관리사 및 단체

① 주택관리사 등(주택관리사, 주택관리사보)

주택관리사의 기본적 임무는 법에서 규정하고 있는 관리업무를 수행하는 것이다. 이러한 법에서 규정한 업무를 수행하기 위해서 주택법에는 주택관리사 및 주택관리사보에 대한 자격규정을 두고 있다.

아파트관리와 관련된 비리의 원인 가운데 하나는 관리 주체의 책임의식 결여, 입주자대표회의의 관리주체에 대한 월권 내지 직절한 감독기능이 적절히 작동되지 않는다는 것이다. 현실적으로 관리주체와 입주자대표회의와의 관계는 관리계약에 의해 맺어지는데 현재 대부분 공동주택에서 체결되는 공동주택 위 · 수탁관리 계약서는 형식상 위임계약의 성격을 띠고 있다. 그러나 실제 관리업무 집행 형태를 보면 관리사무소장을 포함하여 관리사무소 종사자들의 급여를 지급할 때 입주자대표회의 의장의 결제를 얻어 지급하고 있어 자연히 입주자대표회의의 간섭이 많아질 수밖에 없고, 주택관리사들은 입주자대표회의의 간섭 때문에 전문적 역할을 발휘할 수 없다고 느끼게 된다. 따라서 관리방식과 상관없이 입주자대표회의에 의해 관리사무소 직원의 인사가 이루어지고 있으며 입주자대표회의의 업무 관여는 오히려 관리의 효율 및 전문성을 떨어뜨리고 있다는 비판이 일고 있다. 앞으로 주택관리사의 역할이 변화되고 그에 맞게 능력이 제고된다면 입주자대표회의의 기능은 관리감독보다는 참여로 그 활동이 전환되어야 할 것이다.

② 대한주택관리사협회

▪ 주택관리사협회는 주택관리사 또는 주택관리사보들이 회원으로 되어 1991년 2월 24일 창립되었으며, 1992년에 건설부 산하 사단법인으로 인가되었다. 또한 2004년 1월 14일 〈주택법〉 제81조 제2항 및 제82조 제1항에 의거한 정식 법정단체로 인가되었다(인가증번호: 건교주택 제2004-1호).

대한주택관리사협회의 목적은 주택관리사 등의 경제적 · 사회적 지위 향상을 위해 노력하며 주택관리에 관한 업무 등에 관한 연구와 그 업무의 효율적인 수행으로 공동주택 등의 관리능력을 개발 및 향상, 보호와 국가경제발전에 기여함을 목적으로 한다.

협회의 주요업무는 공동주택관리제도 개선을 위한 조사 및 연구, 주택관리사의 자질 향상 및 윤리의식 고취, 협회 및 공동주택 정보화기반 구축업무, 공동주택의 과학적 · 체계적 관리시스템 연구 및 개발, 주택관리사 권익보호 및 업무지원, 국내외 관련 업계와 교류 및 협력, 공동주택 입주자 민원상담 및 해결 등을 목적으로 하고 있다.

주택관리사는 주택관리사협회에 소속되어 능력향상을 위한 재교육과 권익신장을 위한 노력을 하는 것도 중요하지만, 위탁관리가 선호되는 현실에서 주택관리사는 주택관리업자가 설립한 전문관리기구에 소속될 수밖에 없다. 따라서 주택관리사협회는 위탁관리전문업체의 발전을 위해 만들어진 공동주택전문관리협회와 협력관계를 유지하면서 공동주택관리의 발전을 위해 기여해야 할 것이다.

(3) 입주자대표회의

공동주택에서는 입주자 가운데 그 대표를 뽑아 주택관리업무의 제반 사항을 결정하는 의결기관인 입주자 대표회의를 구성하여 운영하고 있다. 즉, 입주자대표회의는 공동주택관리 관련 대표권과 의결권, 관리사무소 관리감독 등 또 실질적으로 공동주택관리를 책임지고 있는 주체로서 법적으로 그 활동이 보장되어 있다.

관리규약준칙에 보면, 입주자대표회의는 동별 대표자 선출, 대표회의 구성, 동대표 결격사유 및 임원의 임기 선출공고, 회의 개최, 임원회의, 회의소집절차, 의결사항, 의결방법, 재심의, 회의록, 겸임금지, 운영비, 의무와 책임, 선거관리위원회 등과 관련된 일을 하도록 되어 있다. 특히 대표회의는 한 단지의 최고 의결기관 및 심의결정권, 관리업무 감독권을 행사하고 경우에 따라서는 관리직원의 인사, 노무관리도 관장한다. 그러나 입주자대표회의는 때때로 비리나 권력남용과 같은 문제를 안고 있으며 관리사무소의 업무를 감독하는 수준을 넘어 자신들의 이익에 따라 관리사무소를 운영하는 사례까지 발생하고 있다.

따라서 대표회의의 고유한 권한을 존중하되 합법적 의결사항의 집행, 주민동의 절차 및 여론수렴 이행뿐만 아니라 입주자대표회의에 대한 책임을 규명할 절차적 규정도 마련되어야 할 것이다. 또한 동대표의 교육참여 권장, 편견 및 정실에 편승한 업무유도 지양, 중복업무의 배제, 대화창구의 확대로 공감의식 유발 등의 노력이 필요하다.

(4) 그외 관련단체

① (사)전국아파트 입주자대표회의연합회, (사)전국아파트연합회

입주자대표회의 단체는 공동주택관리 효율화 방안 공청회를 비롯해 도농간 자매결연 및 직거래 장터 개설에 관한 건, 민간단체 지원사업 보조금 신청 공문 발송(행자부) 등의 활동이 그 주를 이룬다.

전국 각 시 · 도의 지부 및 지회로 구성된 (사)전아연은 각 지부와 지회 단위 아파트지도자들의 교육, 아파트의 입주자대표회의 임원들과 부녀회를 대상으로 아파트 회계감사(회계실무)와 주택법 개정에 따른 교육(시행규칙, 시행규정 등), 장기수선계획, 하자보수 관련 요청(시공사 대응) 등의 활동을 한다. 또한 임원들의 교육 및 연수로 조직의 활성화를 꾀하고 아울러 재정자립도를 향상시켜 법률 개정청원 내지 민원처리 등의 입주민 권익보호운동을 한다.

② 위탁관리전문회사 및 단체

〈주택법〉에 의하여 주택관리업을 전문적으로 수행하는 위탁관리전문회사가 제도화되어 있다. 〈주택법〉 제43조 제1항에 해당하는 공동주택의 관리를 업으로 하고자 하는 자는 시장 · 군수 · 구청장에게 등록하여야 한다. 이 경우 등록사항에 변경이 있는 때에는 건설교통부령이 정하는 바에 의하여 변경신고를 하여야 한다고 규정하고 있다.

그러나 이들 위탁관리업체는 적은 자본금으로 회사를 설립할 수 있으며, 또한 특별한 관리기술을 축적하기보다는 대부분 관리위탁수수료를 많이 받기 위한 영업 위주의 경영을 펼치고 있는 것은 문제점으로 지적되고 있다.

③ 아파트관리 관련 NGO

공동주택관리와 관련해 시민단체의 역할은 매우 중요하다. 이들의 활동은 표준관리규약 보급 활동, 관리비 비교조사, 공동체 활동 지원 등의 방법으로 시민단체의 활동이 다양화된 모습을 나타내고 있다. 공동주거관리문화의 향상을 위한 시민단체도 점차 늘어나고 있는데, 대표적으로 주거복지연대, 광주 YMCA, 경실련, 녹색소비자연대 등이 있다.

3) 관리방식

공동주택의 관리방식은 입주자들이 자주적으로 관리하는 자치관리와 관리업무를 제3자인 관리업자에게 위탁하는 위탁관리, 그리고 양자를 혼합한 혼합관리방식이 있다. 어떤 방식이든 자유로이 선택할 수 있으며, 관리방법의 선택은 입주자대표회의에서 결정하면 된다.

각종의 관리방식은 관리주체의 이해정도에 따라 장단점이 있으므로 처해진 환경에 따라 적당한 관리방식을 선택함과 동시에 그 방식의 결점을 보충하여 운영하여야 한다. 예를 들어 다음과 같은 제안도 있다.

① 고층이며, 대단위 주택단지는 위탁관리를 한다.

② 종래 자치관리를 하다가 위탁관리로 이행할 때는 혼합관리방식으로 관리하다 전환한다.

③ 자치관리를 하더라도 특수한 업무, 즉 승강설비의 보수 관리, 화재경보기, 관내 방송설비 등의 보수관리와 유리창 청소, 알루미늄, 스테인리스 외장 닦기 등은 적절히 외주한다.

(1) 자치관리

자치관리방식은 자기관리 또는 자영관리라고도 하며, 입주자들이 스스로가 관리 기구를 두어 관리하는 방식이다. 이 방식은 단독주택 및 빌딩에까지 널리 이용되고 있는데, 관리주체가 스스로 의사결정을 마음대로 내릴 수 있으며, 관리에 큰 힘을 들이지 않아도 된다.

표 5-4 자치관리의 장단점

장점	① 소유주체의 관리업무 지휘 · 통제권한이 강하다. 주택의 소유자는 주택을 자기 생각대로 관리하고 싶어 한다. 소유자는 관리를 생각대로 할 수 있고, 또 관리원을 일시로 유용할 자유도 있다. ② 종합적으로 운영할 수 있고, 특히 보안관리 면에서 유리하다. 자치관리는 관리주체가 관리원을 직접 고용하기 때문에 관리업무 각 부분의 연락이 신속하다. 그래서 고장 · 파손의 조기발견과 응급조치도 편리하다. 특히 화재발생 등의 비상사태 시 설비관리원, 환경미화원, 보안원 등이 관리지휘자의 통솔하에 임기응변의 행동을 취하기 쉽다. ③ 기밀유지와 보안의 면에서 안심감이 있다. 자치관리는 위탁관리보다 종업원에게 친근감이 있고 안도감이 있다. 도난사고 등에 대한 종업원의 신원에 불안감이 없다. ④ 친절한 서비스를 제공할 수 있다. 자치관리 하는 곳에서 거주자는 관리원의 주인이다. 따라서 스스로 친애감이 우러나고, 그 친애감은 서비스정신으로 연결된다. 서비스정신에서 우러나는 기분 좋은 업무는 입주자에게 호감을 주는 동시에 좋은 관리의 기초가 된다. ⑤ 관리원의 건물 · 설비에 대한 강한 애착심이 건물관리에 플러스가 된다.

표 5-4 자치관리의 장단점(계속)

장점	⑥ 공동주택의 입주자 상호 간의 친목증대에 유효하며, 민원해결에 유리하다. 자치관리는 주민참여도가 높기 때문에 스스로 문제해결에 노력하며, 그로 인해 친분이 증대하고 상호 간에 이해가 높아지며, 민원해결도 잘 되게 된다.
단점	① 업무에 나태해지기 쉽고, 적극적인 의욕을 상실하기 쉽다. 자치관리요원이 일단 지위를 확보하면, 간단히 해직시키기 어렵다. 그 반면에 주택단지에서는 근무를 잘한다하여 승진의 기회가 보장되는 것도 아니어서, 종업원은 적극적인 근무의욕과 자극을 받지 못하고, 큰 실수가 없으면 그만이라는 무사안일에 빠지기 쉽고, 업무에 아주 소극적이 될 수 있다. ② 인사가 정체되고 기강이 바로서기 어렵다. 부서배치의 기회와 폭이 좁아 인사가 정체되며, 이 상태가 지속되면 상사의 명령도 잘 받아들이지 않는 풍토가 조성되고, 개선도 곤란해지는 사태가 발생한다. ③ 인건비가 필요 이상 상승한다. 관리종업원이 동일한 지위에 오래 있기 때문에 연공서열형의 급여체계에서는 노령의 고액 급여자가 많게 되어 관리인건비가 현저히 상승한다. ④ 입주자 개인의 시간과 노력 등이 희생된다. 소유자들의 참여가 많아지므로 시간과 노력이 희생되기 마련이다. ⑤ 관리를 둘러싼 분쟁과 부정의 우려가 있다. 관리권한을 쥐고 있는 입주자대표들과 이들을 견제하는 그룹 간에 분쟁이 발생하기 쉬우며, 또 이들과 관리사무원들에 의해 회계부정이 발생할 염려가 많다. ⑥ 노사문제가 발생하면 곤란해진다. 임금협상 등이 잘 안 되면 노사관계가 원만치 않아 문제점 등이 발생할 수도 있다.

(2) 위탁관리

위탁관리방식은 관리내용의 전부 또는 일부를 전문업자 등 타인에게 위탁하여 관리하는 방식이다. 이 방식은 최근 공동주택 관리방식으로 점차 채용이 증가하는 추세다. 그 이유는 1970년대 이후 대도시에서 공동주택이 급격히 집합화되고 고층화됨에 따라 규모가 커지고 또 설비시설 등이 복잡하여 전문적인 지식이 없이는 관리가 어렵게 되어 가고 있기 때문이다. 즉, 관리에 대한 전문지식의 필요성 제기와 함께 위탁관리업의 법제도적인 보장이 필요하였고 사회적으로 이슈가 되었다.

거주자가 위탁자로서 전문관리업자를 선택해야 하는데, 관리업자라고 해서 모두 전문성을 갖고 있다고 보기 어렵다. 따라서 거주자는 관리회사의 기술력, 긴급 시 대응력, 대표회의의 운영참여 외 재정운영면의 대응력, 주생활에 대한 계몽력, 각종 제안능력의 유무, 업계의 평판 등을 조사하여 능력 있는 회사를 선택하도록 하여야 한다.

표 5-5 위탁관리의 장단점

장점	① 전문 관리업자를 이용할 수 있다. 청소 같은 단순한 업무조차도 건축자재의 물리적 · 화학적 성질에 따른 청소법이 필요하고 청소용 기계기구와 왁스, 세제 등의 전문지식이 필요하여 업무가 전문화되고 있다. 특히 설비관리는 전문적 지식과 특수기능을 요하므로, 국가시험에 합 격한 관리자의 관리가 의무화되는 등 업무가 고도화되고 있다. 이 때문에 공동주 택관리의 경험이 없는 단지에서는 스스로 관리하기 어려운 설정이므로 전문 관리 업자에게 위탁하여 그들의 서비스를 받을 수 있다. ② 소유자는 본업에 전념할 수 있다. 소유자는 경험이 부족하고 지식도 없을 뿐 아니라, 자기의 본업이 있기 때문에 공동주택관리에 적극 관여할 수 없다. 그러나 전문관리회사가 관리하면 소유자들은 자기본업에 전념할 수 있다. ③ 전문가의 뛰어난 관리서비스를 받을 수 있다. 주택관리업자는 주택관리의 전문적인 지식과 서비스를 가지고 있다. 위탁자는 그들의 축적된 경험과 기술에 의한 전문적이고도 뛰어난 서비스를 받을 수 있다. ④ 경비가 싸고 안정적이다. 위탁관리는 자기관리보다 다소 경비가 싸게 들고, 그 관리비도 어느 기간 동안은 안정될 수 있다.

표 5-5 위탁관리의 장단점(계속)

단점	① 신뢰할 수 없는 관리업자도 있다. 다른 업에 비하여 비교적 설비투자 등에 다액의 창업비가 들지 않고, 적은 자본으로도 개업할 수 있기 때문에 실적이 없거나 신뢰할 수 없는 회사도 있기 때문에 관리회사 선정에는 주의하여야 한다. ② 종업원을 충분히 신용하기 어려운 점이 있다. 위탁관리회사에서 파견된 종업원은 직접 채용하는 것이 아니므로 전적으로 신뢰할 수 없는 점이 있다. ③ 종업원의 소질과 기술이 낮아질 염려가 있다. 업자의 형편에 따라 전문기술 수준이 낮은 종업원으로 교체되는 수가 있다.

(3) 혼합관리

혼합관리방식은 자치관리와 위탁관리의 장점을 각각 활용한 방식이다. 위탁하는 부분은 대개 설비보수업무와 청소업무다. 그러나 혼합관리의 결과가 반드시 양방식의 장점만으로 나타나지는 않을 뿐 아니라, 그 장단점의 중간에 위치하는 것도 아니다.

표 5-6 혼합관리의 장단점

장점	① 관리업무의 지도력을 확보할 수 있고, 위탁관리의 편의를 이용할 수 있다. 전면적 위탁관리는 자칫하면 소유자의 지도력을 약화시킨다. 자치관리를 하기 힘든 업무만을 외주에 의존하는 혼합관리는 주택관리의 주체성을 약화시키지 않고 위탁관리의 이점을 얻을 수 있다. ② 자치관리에서 위탁관리방식으로 전환할 때 유리한 방식이다. 자치관리에서 위탁관리로 이행할 때 과도기방식으로 유리한 방식이다. 단번에 자치관리에서 위탁관리로 전환하면, 전부터 일하던 종업원들의 반발도 있을 것이고, 혼란이 야기될 수 있다. 위탁할 수 있는 부분부터 위탁하고 점차로 관행을 바꿔가면서, 위탁관리로 전환할 수 있는 과도기적 관리를 이 방식으로 할 수 있다.

표 5-6 혼합관리의 장단점(계속)

단점	① 책임소재가 불분명하고, 전문업체를 충분히 활용하기 어렵다. 수탁업자는 수탁받은 주택을 자기 회사의 신용과 명예를 걸고 관리하려 할 것이다. 그러나 부분적으로 수탁 받은 업자는 부분만을 관리하게 되므로 이익이 나는 만큼만 힘을 기울이며, 책임을 지려하지도 않는다. 혼합관리에서 관리의 전반적 책임은 위탁자인 소유자에게 있으므로, 수탁업자는 소유자 측의 관리인으로서만 작업하면 그만이라는 식이 되기 쉽다. ② 자치관리인과 위탁관리종업원 간의 원만한 유대가 어렵다. 혼합관리에서 자치관리종업원과 수탁관리종업원 간의 신분 차 같은 것이 생기고, 일상의 세세한 대우의 불평등 등으로 인해 원만하기 어려우며, 나아가서는 관리종업원 전원의 통일성과 연대성 확보에 저해 받는 수가 많다. ③ 운영이 나쁘면 양 방식의 결점만 노출되는 수가 있다. 어떤 방식이라도 그 결과는 운영 여하에 달려 있다. 혼합관리는 양자의 장점을 택한 방식이지만, 자치관리종업원은 나태해지고, 부분위탁을 받은 업자는 책임을 면할 정도의 일만 한다는 식의 최악의 사태까지 초래할 위험이 있다.

4) 사무 및 인사관리

(1) 사무관리의 개념

사무관리는 공동주택관리와 관련된 문서를 체계적 · 효율적으로 기록하고 보관하여 공동주택관리업무의 효율성이 향상되도록 하기 위한 것이다. 즉, 공동주택의 사무관리는 공동주택단지 내의 공동생활을 원활하게 유지하는 것을 목적으로 입주자대표회의에 신속 · 정확 · 저렴한 정보를 제공하기 위해 정보를 능률적으로 수집 · 처리 · 정리 · 보관 · 활용하는 일련의 노력이다.

사무관리의 궁극적인 목적은 최소비용으로 입주자 등의 권익을 위한 최대 서비스를 제공하는데 있다. 이러한 목적을 위해 사무관리는 다음의 기능을 수행한다.

첫째, 사무관리는 다양한 관리활동들을 연결시키는 결합기능을 수행한다. 특히, 사무관리가 정확한 회계업무, 감사, 감독을 위한 근거자료를 제공하는 기능을 수행한다는 것은 적법성, 효율성, 적정성 확보의 측면에서 매우 중요하다.

둘째, 사무관리는 관리업무의 일관성과 계속성을 유지시킨다. 공동주택관리는 다양한 사람들에 의한 다양한 활동으로 이루어지는데, 다양한 활동들이 사람에 따라 다르게 진행되면 공동주택관리가 추구하는 소기의 목적을 달성하기 어렵다. 더구나 공동주택 입주자들은 수시로 다양한 관리활동을 요구하는데, 유사한 요구에 다른 관리활동이 나타나거나 혹은 관리주체 등의 변경에 따라 특정 관리활동이 중단된다면 입주자 등의 불만이 고조될 수밖에 없다. 따라서 공동주택관리에 요구되는 여러 활동들을 일관성 있게 지속적으로 수행할 수 있는 시스템이 필요하다. 이러한 역할을 하는 것이 사무관리이다.

사무관리는 합리적이고 적절한 절차, 형식, 문서에 따라 이루어져야 한다. 기존의 활동, 절차, 형식을 변경하기 위해서는 합의를 요구하고 있다. 이러한 시스템을 통해 사무관리는 다양한 관리활동들의 일관성과 계속성을 확보할 수 있다.

(2) 문서관리

공동주택관리와 관련된 활동들은 평소에 기록 · 정리 · 보관되어 있어야 한다. 이러한 기록들이 없다면 사무관리의 적정성, 적법성, 효율성, 일관성, 지속성을 유지하는 것이 매우 어렵다.

① 문서분류의 원칙

문서관리를 효율적으로 하기 위해서는 먼저 문서분류의 원칙이 정해져야 한다. 문서분류의 원칙으로는 종합성의 원칙, 일관성의 원칙, 점진성의 원칙, 상호배제성의 원칙, 병렬성의 원칙이 있다.

표 5-7 문서분류의 원칙

종합성	▸ 문서를 분류할 때 개개의 활동들에 대한 문서를 각기 세분하는 것이 아니라 유사성과 편리성을 고려하여 분류하여야 한다는 원칙이다. ▸ 문서관리의 중요한 목표 중에는 효율성, 신속성, 정확성이 있다. 모든 활동들에 대한 문서가 개별적으로 분리되어 관리된다면 필요한 문서를 찾는데 소비되는 시간이 늘어나고 경우에 따라서는 해당문서를 찾지 못할 수도 있다. 이러한 상황은 효율성, 신속성, 정확성을 확보하는 데 도움이 되지 않는다. ▸ 따라서 모든 관리활동을 종합하여 주요항목과 세부항목으로 구분한 후, 이에 따라 관련 문서를 분류하여야 한다.
일관성	▸ 문서분류의 목적에 따라 분류기준을 명확하게 정한 다음, 이에 따라 일관성 있게 문서가 분류되어야 한다는 원칙이다. 상황이 변할 때마다 그리고 직원이 바뀔 때마다 문서분류의 기준이나 내용이 변경되어서는 안 된다는 의미이다. ▸ 명확한 분류기준에 따라 일관성 있게 문서가 분류되지 않으면 문서관리에 혼란이 야기될 수 있고, 관리활동이 원활하게 수행되지 못하며, 입주자 등의 불만이 높아질 수 있다.
점진성	▸ 간단한 문서부터 정리하면서 점차 복잡하게 묶어야 한다는 원칙이다. ▸ 처음부터 복잡한 기준에 의해 문서가 분류되면 혼란을 야기시키고 시간낭비를 초래할 수 있다.
상호 배제성	▸ 애매하지 않고 중복을 피하면서 문서를 분류해야 한다는 원칙이다. ▸ 문서를 분류하는 목적 중 하나는 업무효율성을 향상시키는 것이기 때문에 문서를 애매하게 분류하거나 중복하여 분류하는 것은 배제되어야 한다.
병렬성	▸ 병치의 방법을 사용하여 비슷한 것끼리 그리고 관계있는 것끼리 병렬되도록 문서가 분류되어야 한다는 원칙이다. ▸ 관련이 있는 내용의 문서를 병렬 보관하는 것은 의사결정을 위한 정보 파악에 요구되는 시간을 절약하게 하고 업무효율성 향상에 이바지할 수 있다.

② 문서관리의 원칙

문서관리의 기본원칙에는 효율성의 원칙, 표준화와 간소화 원칙, 신속성과 정확성의 원칙, 집중처리와 전담처리의 원칙, 처리전진의 원칙,

즉일처리의 원칙, 기계화의 원칙 등이 있다.

표 5-8 문서관리의 원칙

효율성	▸ 효율성은 문서관리의 효율성과 사무관리의 효율성으로 분류될 수 있다. ▸ 효율성의 원칙은 문서관리를 함에 있어 시간과 비용을 줄이고 문서를 원하는 수준으로 관리하면서, 나아가서 문서관리를 통해 사무관리의 효율성을 향상시키고 비용을 최소화하는 데 기여하여야 한다는 것이다.
표준화와 간소화	▸ 문서관리를 하는 목적에는 누구나 쉽게 관리내용을 파악할 수 있도록 하는 것이 포함되기 때문에 문서처리규정을 제정하여 문서관리의 절차와 방법을 표준화함과 동시에 간소화할 필요가 있다.
신속성과 정확성	▸ 불필요한 일과 절차를 제거함으로써 문서관리에 소요되는 시간을 단축하여 신속성을 확보하고, 또한 문서관리과정에서 불완전성을 감소하여 정확성을 높여야 한다는 원칙이다.
집중처리와 전담처리	▸ 개인별로 문서를 관리하거나 부서별로 문서를 관리하면 혼란과 비효율성이 야기될 수 있다. ▸ 따라서 문서관리는 한 부서에서 전담하여 집중적으로 관리하는 것이 업무 파악과 통제에 더욱 효과적이다.
처리전진	▸ 문서를 관리하는 것은 그 자체에 목적이 있는 것이 아니고 수단의 역할을 한다. ▸ 문서관리는 공동주택관리업무의 적정성, 효율성, 일관성, 적법성 등을 확보하기 위한 수단이다. ▸ 따라서 문서는 서류상자에 정체되어 있어서는 안 되고, 업무를 추진하는 방향으로 활용되어야 한다.
즉일처리	▸ 즉일처리의 원칙은 업무가 발생되면 바로 문서화하여 관리되어야 한다. 반드시 해당 일에 문서가 처리되어야 하고, 다음날로 미루어져서는 안 된다.
기계화	▸ 기계화의 원칙은 내용에 대한 이해도를 높이기 위해 통일된 형식으로 관리되어야 하면서 동시에 신속하고 정확하게 문서가 처리되어야 한다. ▸ 따라서 컴퓨터를 사용하여 문서를 처리하는 것과 같이 기계적인 처리가 문서관리에는 필요하다.

③ 문서의 종류

공동주택을 효율적으로 관리하기 위해서는 관리사무소에 기록 · 관리 · 보관하여야 하는 문서의 종류가 매우 다양하다. 그 중에서 대표적인 것으로는 문서대장, 문서철, 각종 일지, 각종 기록부 등이 있다.

문서대장에는 문서접수대장, 문서발송대장, 내부결재문서대장 등이 있다. 문서접수대장에는 접수번호가 일련번호로 기록되고, 문서발송대장에는 발송번호가 일련번호로 기록되며, 내부결재문서대장에는 발송을 필요로 하지 않는 내부결제문서가 일련번호로 기록된다.

문서철에는 서무관계철, 인사관계철, 관리관계철, 예산관계철, 규정철, 소방계획서철, 안전진단계획서철, 허가 · 신고철, 조정관계철, 보수관계철, 조달관계철, 용역계약철, 감사관계철, 급여관계철, 입주자대표회의관계철, 기타 등이 있다.

각종 일지에는 업무일지, 경비일지, 청소용역일지, 소독일지, 쓰레기수거 작업일지, 보안 및 방화 점검일지, 안전진단점검일지가 있다.

각종기록부에는 출근부, 외출기록부, 교통비 수불부, 시간 외 근무명령부, 시간 외 근무 및 휴일근무 명세표, 민원사무처리부(구술 및 전화에 관한 민원선고 포함), 비밀관리기록부, 검수대장, 소화기관리대장, 저수조 점검기록부, 오염물질 자가측정기록부, 방류수 수질 자가측정기록부, 오염물질 배출기록부, 조경관리기록부, 승강기 점검기록부 등이 있다.

④ 문서보관

문서의 보전기관은 공동주택단지 관리규약으로 정할 수 있으나, 향후의 법적 분쟁의 소지가 있는 것은 영구보존하고, 중요도에 따라 보존기관을 다르게 정할 수 있다. 예를 들어, 회계관련서류의 보존기간은 5년이지만(2008년 서울특별시 공동주택 표준관리규약 제60조 제4항), 일부 회계관련 자료는 영구 혹은 10년을 보존기간으로 할 수 있다.

표 5-9 문서보존 기간

보존 기간	문서 종류
영구 보존	예산안, 결산보고서, 업무위탁계약서 등 계약서, 공동주택관리규약, 장기수선계획서류, 기타 필요하다고 인정되는 문서
10년 보존	현금출납장, 예금출납장, 수입·지출기본대장, 비품대장과 고정자산대장, 유가증권대장, 적립금대장, 영수증, 기타 필요하다고 인정되는 문서
5년 보존	수입전표, 지출전표, 전표의 부속서류, 기타 필요한 서류
3년 보존	방류수수질 자가측정 기록부, 오염물질배출 기록부

(3) 인사관리의 개념

공동주택의 관리에서 관리직원의 채용과 관리는 매우 중요하다. 최고의 시설을 가진 공동주택이라고 하더라도 관리직원들의 관리활동이 제대로 이루어지지 않을 경우 입주자 등의 불편과 부담이 가중되고, 건물의 내용연수가 단축되며, 생활환경이 빠른 속도로 나빠질 수 있기 때문이다. 특히, 정보화·지식화 사회가 진행되면서 공동주택단지의 관리에 있어서 직원들의 중요성은 더욱 강조되고 있다. 직원들의 노력 정도에 따라 더 좋은 관리지식과 기술이 신속하고 효율적으로 도입될 수 있고, 입주자 등에게 생활환경과 관련된 더 좋은 정보를 제공할 수 있기 때문이다. 즉, 직원이 공동주택관리의 주요 구성인자 중의 하나로 부각되고 있다.

따라서 직원들의 능력과 근무의욕을 고취시킴으로써 직원들이 소극적인 자세로 공동주택을 관리하는 행태를 지양하고 적극적인 근무행태를 지니도록 할 필요가 있다.

인사관리는 공동주택관리를 위해 필요한 인적 자원을 효율적으로 관리하는 활동이다. 즉, 인사관리는 공동주택을 효율적·체계적·종합적으로 관리하기 위해 필요한 인적자원을 충원하고 유지하며, 근무의욕을 고취하고 통제하는 일련의 활동이다.

인사관리의 핵심 내용은 적재를 충원하고, 지속적인 능력 발전을 도모하며, 높은 근무의욕을 유지하는 데 있다. 이에 대해 살펴보면 다음과 같다.

첫째, 공동주택단지 관리와 관련된 다양한 업무들을 분석하여 직제를 규정하고, 이에 따라 능력을 갖춘 직원을 채용하여야 한다.

둘째, 채용된 직원의 능력 발전을 지속적으로 추구하여야 한다. 공동주택관리와 관련된 기술과 상황은 계속하여 변하기 때문에 채용 당시에는 필요한 지식과 기술을 갖춘 직원이라고 하더라도 자기발전에 소홀히 한다면 적재가 될 수 없게 된다. 그러므로 새로운 정보, 지식, 기술을 습득하는데 주저하지 않는 분위기를 창출하여 직원들이 끊임없이 능력향상을 위해 노력할 필요가 있다.

셋째, 직원들이 근무하고자 하는 의욕이 충만하여야 한다. 공동주택관리업무 중에는 고도의 전문 지식이나 기술이 요구되는 것도 있지만 그렇지 않은 업무도 있다. 이에 따라 직원들 중에는 고도의 전문 지식이나 기술을 가지지 않은 사람들도 존재하기 마련이다. 이들에 대한 보수나 대우가 높지 않아 높은 이직율과 연계될 수 있다. 따라서 인사관리에 있어 직원들의 높은 근무의욕의 유지는 매우 중요한 관리 요소이다.

(4) 인사관리의 내용

① 채용

적재의 채용은 인사관리의 성패를 결정한다. 즉, 관련 업무에 가장 적절한 사람을 채용하여 해당 업무를 담당하게 하는 것이 매우 중요하다.

일반적으로 채용관리는 직무수행에 요구되는 자격요건 확정→ 채용인원수 계획→ 모집→ 선발→ 배치와 같은 과정을 통해 이루어진다.

② 인사고과

인사고과는 근무성적평정에 해당된다. 근무성적평정은 직원에 대한 능력, 근무성적, 가치관, 태도 등을 평가해 훈련수요를 평가하고, 승진과 보수, 훈련, 퇴직 등의 인사관리자료를 얻고자 하는 인사관리의 한 과정이다.

근무성적평정의 방법으로는 다음과 같은 방법들이 있다. 즉, 서열법은 직원의 능력과 업적에 대해 순위를 매기는 성적순위방식이다. 평가척도법은 사전에 마련된 척도에 따라 직원을 채점하고 평가하는 방법이다. 대조리스트법은 평가할 표준요소 또는 행동에 대한 세부일람표를 만들고 해당 사항을 조사하여 평가하는 방법이다. 강제할당법은 미리 정해진 비율에 맞추어 고과대상자를 강제로 할당하는 방법이다.

근무성적평정의 하나의 방법인 성과관리제도(Performance Management System)는 직무분석을 통해 도출된 성과책임을 바탕으로 성과목표를 설정·관리·평가하고, 그 평가결과를 보수 등에 적용하는 일련의 과정이다.

③ 교육훈련

교육은 개인의 잠재력을 종합적으로 개발하는 것이며, 훈련은 개인이 맡은 직책 수행에 부족한 능력을 보충하는 것이다.

교육훈련의 방법으로는 강의식 방법, 회의식 방법, 시청각식 방법, 사례연구 방법 등이 있다.

교육훈련의 종류에는 직장 내 교육훈련, 직장 외 교육훈련, 자기계발이 있다. 직장 내 교육훈련(OJT: on the job training)은 직무훈련이라고도 불리는 것으로서, 실제적이고 실무적인 지식과 기술을 라인중심으로 전달하는 방법이다. 즉, 상사가 부하에게 직접 개별지도를 통해 교육훈련하는 방법이다. 직장 외 교육훈련(OFF JT: off the job training)은 직무 외 훈련이라고 불리는 것으로서, 현장작업과 직접적인 관련이 없는 작업에 대한 사고방식, 작업개선방안, 인간관계 등에 대해 상사가 아닌 사람에 의해 교육 훈련하는 것이다. 자기계발(SD: Self Development)은 자기의 책임 하에 스스로 자기훈련을 하는 자주적인 교육훈련이다.

④ 노무관리

노무관리의 사전적 의미는 근로자의 사용을 합리화하고 생산성을 높이기 위해 경영자가 행하는 관리의 한 부문이다. 노무관리의 주요 내용은 근로계약, 임금관리, 노동조합문제 등이다.

표 5-10 노무관리의 내용

근로계약	① 근로계약은 직원이 근로를 제공하고 이에 대해 임금을 받는 것을 목적으로 체결된 계약을 말한다(〈근로기준법〉 제17조). 〈근로기준법〉에 정해진 기준에 미치지 못하는 근로조건을 정한 근로계약은 그 부분에 한하여 무효이다. ② 근로계약은 근로자와 사용자 사이에 채권 · 채무를 발생시키는 법률행위이다. 즉, 근로자가 노동력 제공을 약정하고 사용자가 이에 대한 임금지급을 약정함으로써 양 당사자에게 각각 채권 · 채무가 발생되는 채권계약이다. 근로계약은 근로자는 임금을 목적으로 노무를 급부하고 사용자는 근로자의 노동력을 이용하고자 임금을 지급하는 것으로 임금지급과 노무제공은 서로 대가적(對價的) 관계를 맺고 있다. ③ 근로계약의 체결에 관한 일반원칙인 법률행위 당사자의 의사능력 · 행위능력 · 대리 등에 관한 〈민법〉상의 규정이 적용된다. 다만, 〈근로기준법〉은 노사관계의 특수성에 따른 근로자 보호목적의 견지에서 〈민법〉의 일반원칙에 대하여 약간 수정 · 보완하고 있다. 예를 들어, 친권자 또는 후견인은 미성년자의 근로계약을 대리할 수 없게 하고(〈근로기준법〉 제67조 제1항), 법정대리인 또는 노동부장관은 근로계약이 미성년자에게 불리하다고 인정될 때에는 향후 이를 해지할 수 있도록 규정한 것(〈근로기준법〉 제67조 제2항) 등이 그것이다. ④ 근로계약에서 명시해야 할 주요 근로조건은 임금, 근로시간, 취업 장소와 종사해야할 업무에 관한 사항, 취업규칙에 관한 사항, 기숙사 규칙에 관한 사항(사업장의 부속 기숙사에 기숙하는 경우) 등이다.

표 5-10 노무관리의 내용(계속)

임금관리	① 임금이란 근로의 대가로 근로자에게 임금, 봉급, 기타의 명칭으로 지급되는 일체의 금융이다(〈근로기준법〉 제2조). ② 임금은 근로자의 유일한 생활원이기 때문에 임금문제는 사용자와 근로자 간의 분규의 주대상이고, 이는 공동주택관리분야에서도 예외가 아니다. ③ 공동주택단지 내의 직원들이 기본적인 생활을 영위할 수 있을 정도의 임금을 받을 수 있도록 관리되어야 하며, 이러한 관점에서 볼 때 노무관리의 핵심 내용 중에 임금관리가 포함된다.
노동조합	① 노동조합은 근로자가 주체가 되어 자주적으로 단결하여 근로조건의 유지 · 개선 그리고 기타 근로자의 경제적 · 사회적 지위의 향상을 도모하는 것을 목적으로 조직된 단체이다(〈노동조합 및 노동관계조정법〉 제2조의 4). ② 근로자는 자유로이 노동조합을 조직하거나 이에 가입할 수 있지만, 공무원과 교원에 대하여는 따로 법률로 정하고 있다(〈노동조합 및 노동관계조정법〉 제5조). ③ 〈노동조합 및 노동관계조정법〉상의 근로자는 직업의 종류를 불문하고 임금 · 급료 · 기타 이에 준하는 수입에 의하여 생활하는 자를 말한다. ④ 노동조합은 그 규약이 정하는 바에 의하여 법인으로 할 수 있다(〈노동조합 및 노동관계조정법〉 제6조 제1항).

5) 회계관리

회계관리란 관리주체가 공동주택관리의 목적을 달성하기 위하여 경제적 비용인 관리비 등을 수납 · 사용하는 기술적인 업무를 말한다. 즉, 금전출납, 예산 편성 · 결산, 관리비의 징수 · 집행 등에 대한 예산회계상의 기록유지 등에 관한 모든 업무를 회계관리라고 한다. 이러한 회계관련 업무를 수행하기 위하여 관리사무소에서는 현금출납부, 은행예금출납부, 각 계정 등을 필수적으로 보유해야 하고 현금출납부는 매일 마감해야 한다. 공동주택의 기능이 점차 복잡해지고 그 수도 증가함에 따라 그에 필요로 하는 재원의 확보, 예산의 운영 및 회계관리의 중요성도 증대되고 있다. 공동주택의 회계관리에서 가장 중요한 것이 관리비이다.

공동주택의 입주자 및 사용자는 그 공동주택의 유지·관리를 위하여 필요한 관리비를 관리주체에게 납부하여야 한다(〈주택법〉 제45조).

▪공동주택의 관리비는 공동주택의 공용부분, 공유시설물 등의 유지보수 및 공용공간의 청소 등에 소요되는 인건비, 수선유지비 및 기타 제경비와 중앙난방의 경우 난방비, 급탕비, 승강기가 설치된 경우 승강기유지비를 포함한 모든 경비를 말한다.

(1) 관리비 구성내역

공동주택 내의 관리비는 다음 비목의 월별금액의 합계액으로 하며, 관리주체는 이 비목 이외에는 어떠한 명목으로도 관리비를 징수할 수가 없으나, 다만 전기(공동으로 사용되는 시설의 전기료 포함), 수도(공동수도료 포함) 또는 가스 등의 사용료는 관리주체가 입주자를 대행하여 사용료 등을 받은 자에게 납부할 수 있다. 또한 관리주체는 장기수선충당금, 시설물의 안전관리에 관한 특별법의 안전점검의 대가, 〈주택법〉 제62조, 제65조이 정하는 안전진단 실시비용 및 안전점검비용을 관리비와 구분하여 징수해야 한다(〈주택법시행령〉 제58조 제1항, 제2항, 제3항).

표 5-11 관리비 비목

거주자 납부	① 일반관리비 / ② 청소비 / ③ 경비비 / ④ 소독비 ⑤ 승강기유지비 ⑥ 난방비(주택건설기준 등에 관한 규정 제37조에 의하여 난방열량계 등이 설치된 공동주택의 경우에는 난방열량계 등의 계량에 의하여 산정한 난방비를 말함) ⑦ 급탕비 / ⑧ 수선유지비(냉난방시설의 청소비를 포함)
관리주체가 입주자를 대행하여 납부	① 전기료(공동으로 사용되는 시설의 전기료를 포함한다) ② 수도료(공동으로 사용하는 수도료를 포함한다) ③ 가스사용료 ④ 지역난방 방식인 공동주택의 난방비와 급탕비 ⑤ 정화조오물수수료 / ⑥ 생활폐기물수수로 ⑦ 공동주택단지안의 건물 전체를 대상으로 하는 보험료 ⑧ 입주자대표회의의 운영비

(2) 관리비의 산정방법

관리비는 사용자가 부담하며, 세대별 면적에 따라 공평하게 부담하는 것이 원칙이다. 관리비 정산방식은 연간예산제와 월별정산제가 있다.

연간 예산제란 1년간 소요될 총 경비를 추정하여 12개월로 배분하고, 이를 다시 총 연건평으로 배분, 각 세대별 평수를 곱하여 매월 일정액을 고지하는 방식이고, 월별 정산제는 매월 실제 사용된 비용을 각 비목별로 정산하여 총 연건평으로 배분해서 각 세대별 평수를 곱하여 고지하는 방식이다.

표 5-12 연간예산제와 월별정산제

■ **연간예산제** (연간 총 발생비용 ÷ 12월 ÷ 총 연건평) × 당해 주택평수 = 당해 주택 월 관리비 예: (6억 3천만 원 ÷ 12월 ÷ 15,000평) × 32평 = 11만 2천 원
■ **월별정산제** (전월 사용비용 ÷ 총 연건평) × 당해 주택평수 = 당해 주택 월 관리비

관리비는 입주자가 납부해야 하지만 생활고로 인해 체납하는 사례가 있다. 관리비는 세대의 사용분 뿐 아니라, 단지의 공용부분을 적정하게 유지관리 하는데 필요한 비용도 포함되어 있다. 그러므로 어떤 세대가 연체하면 선의의 다른 입주자가 그 책임을 떠안게 된다.

따라서 관리주체는 입주민 부담을 가중시키는 연체관리비를 원활히 징수하는 방안을 모색해야 한다. 이를 위한 가장 합리적인 방법으로 주목받는 것이 지급명령제(민사독촉절차)이다. 이 제도는 본안 소송비용의 10분의 1이라는 저렴한 수수료를 부담하면서 법원이 지급명령을 내리는 즉시 채무가 확정되기 때문에 확정판결과 동일한 효력이 있다.

공동주택관리회계처리지침(건설부지침 1984.4.14)은 1995년 10월 7일 폐지되었다.

표 5-13 관리비의 구성내역 및 산정방법

<table>
<tr><th>비목</th><th>구성내역</th><th>산정방법</th></tr>
<tr><td>1. 일반
관리비</td><td>▸ 인건비: 급여 · 제수당 · 상여금 · 퇴직금 · 산재보험료 · 고용보험료 · 국민연금 · 국민건강보험료 및 식대 등 복리후생비
▸ 제사무비: 일반사무용품비 · 도서인쇄비 · 교통통신비 등 관리사무에 직접 소요되는 비용
▸ 제세공과금: 관리기구가 사용한 전기료 · 통신료 · 우편료 및 관리기구에 부과되는 세금 등
▸ 피복비
▸ 교육훈련비
▸ 차량유지비: 연료비 · 수리비 및 보험료 등 차량유지에 직접 소요되는 비용
▸ 그 밖의 부대비용: 관리용품구입비 · 회계감사비 그 밖에 관리업무에 소요되는 비용</td><td>월간 실제 소요된 비용을 분양면적에 따라 균등배분하거나 월 예산액을 분양면적에 따라 균등배분하고 사용실적에 따라 정산한다. 다만, 단지의 여건상 분양면적에 의한 단지전체의 균등배분이 불합리할 경우 동별로 고정 배치된 경비원의 인건비는 동별로 구분하여 분양면적에 따라 균등배분할 수 있고, 입주자대표회의가 선정한 주택관리업자에 의한 관리인 경우에는 입주자대표회의와 주택관리업자간의 계약으로 정한 월간비용을 분양면적에 따라 균등 분배한다.</td></tr>
<tr><td>2. 청소비</td><td rowspan="3">용역 시는 용역금액, 직영 시는 청소원인건비 · 피복비 및 청소용품비 등 청소에 직접 소요된 비용이나 경비원인건비 · 피복비 등 경비에 직접 소요된 비용, 소독용품비 등 소독에 직접 소요된 비용</td><td rowspan="3">월간 실제 소요된 비용을 분양면적에 따라 균등배분하거나 월 예산액을 분양면적에 따라 균등배분하고 사용실적에 따라 정산한다.</td></tr>
<tr><td>3. 경비비</td></tr>
<tr><td>4. 소독비</td></tr>
<tr><td>5. 승강기
유지비</td><td>용역 시에는 용역 금액, 직영 시에는 제부대비 및 자재비 등. 다만, 전기료는 공동으로 사용되는 시설의 전기료에 포함한다.</td><td>월간 실제 소요된 비용을 분양면적에 따라 균등배분하거나 월 예산액을 분양면적에 따라 균등배분하고 사용실적에 따라 정산한다.</td></tr>
</table>

표 5-13 관리비의 구성내역 및 산정방법(계속)

비목	구성내역	산정방법
5. 승강기 유지비		다만, 3층 이하의 층으로서 승강기를 운행하지 않는 층의 세대는 비용부담 대상에서 제외할 수 있으며, 단지의 여건상 분양면적에 의한 단지 전체의 균등배분이 심히 불합리할 경우, 당해 승강기를 사용하는 동별로 구분하여 분양면적에 따라 균등배분할 수 있다.
6. 난방비	난방 및 급탕에 소요된 원가(유류 대·난방비 및 급탕용수비)에서 급탕비를 뺀 금액	월간 실제 소요된 비용을 분양면적에 따라 균등분배(분양면적에 의한 산정이 심히 곤란한 경우에는 전용면적에 따라 균등분배한다)하거나 월 예산액을 분양면적에 따라 정산하며 열 사용량 계측기가 설치된 경우에는 월간 사용량에 의한 비용을 세대별 계측기에 의하여 분배한다.
7. 급탕비	급탕용 유류대 및 급탕용수비	예정원가에 의하여 입방미터 당 급탕비 단가를 결정하고 세대별 사용량 계측기에 의하여 산출한다.
8. 수선유지비	▸ 보수 용역 시에는 용역금액, 직영 시에는 자재 및 인건비 ▸ 냉난방 시설의 청소비, 소화기 충약비 등 공동으로 이용하는 시설의 보수유지비 및 제반 검사비	월간 실제 소요된 비용을 분양면적에 따라 균등배분하거나 월 예산액을 분양면적에 따라 균등배분하고 사용실적에 따라 정산한다.

(3) 장기수선충당금

장기수선충당금은 관리비와 구분하여 징수해야 하며, 장기수선계획에 따라 공동주택의 주요시설의 교체 및 보수에 필요한 금액을 당해 주택 소유자로부터 징수해야 한다(주택법 제 51조).

한편, 관리주체는 필요에 따라서 이 계획을 조정할 수 있고, 수립 또는 조정된 장기수선계획에 따라 주요시설을 교체하거나 보수해야 한다. 만일 장기수선계획을 조정할 경우에는 조정하기 전에 관리소장으로 하여금 시도지사가 실시하는 장기수선계획의 비용산출 및 공사방법 등에 관한 교육을 받을 수 있도록 법으로 정하고 있다(주택법 제47조 제2항, 제3항).

표 5-14 장기수선충당금 산정방법

$$\text{월간세대별 장기수선충당금} = \frac{\text{장기수선계획기간 중의 수선비총액}}{\text{총공급면적} \times 12 \times \text{계획기간(년)}} \times \text{세대당 주택공급면적}$$

표 5-15 관리비의 관리

아파트 관리비가 가계소비에서 차지하는 비중은 2009년 5.8%에서 2010년 6.3%를 거쳐 2011년 6.6%에 이를 정도로 꾸준히 상승하고 있다. 한국아파트 신문에 따르면 아파트 관리비와 관련된 소송은 2005년에는 158건이었지만 2009년에는 966건으로 폭증하였다. 이에 국토교통부는 공동주택관리정보시스템(http://www.k-apt.go.kr/)을 개설하여 공동주택의 관리비를 투명하게 관리하고 있다. 뿐만 아니라 서울특별시는 〈아파트관리비내리기 길라잡이〉를 만들어 경제적인 아파트관리비 관리를 돕고 있다.

2. 공동주택 건축물의 유지관리

1) 시설물 관리

(1) 주차장

공동주택단지는 전용면적을 기준으로 다음과 같이 주차장을 확보하도록 하고 있다. 세대당 주차대수가 1대(세대당 전용면적이 60m^2 이하인 경우에는 0.7대)이상이 되도록 하고 있다.

표 5-16 아파트 단지 주차장 설치기준

주택의 규모별 (전용면적 : m^2)	주차장설치기준(대/m^2)			
	특별시	광역시 및 수도권내시지역	시 지역 및 수도권내군지역	기타지역
85 이하	1/75	1/85	1/95	1/110
85 초과	1/65	1/70	1/75	1/85

특별시 · 광역시 및 수도권 내 시 지역에서 300세대 이상의 주택을 건설하는 주택단지에는 세대 당 전용면적이 60m^2 이하인 경우에는 주차장의 10분의 3 이상, 60m^2 초과~85m^2 이하인 경우에는 10분의 4 이상, 85m^{2}를 초과하는 경우에는 10분의 6 이상에 해당하는 주차장을 지하에 설치하도록 하고 있다(〈주택건설기준 등에 관한 규정〉 제27조 제2항).

주차장의 주차단위구획은 백색실선(경형자동차 전용주차구획의 주차단위구획은 청색실선)으로 표시하여야 하며, 평행주차형식과 평행주차형식 외 형식에 따라 다음과 같은 규격으로 구획해야 한다(〈주차장법 시행규칙〉 제3조).

표 5-17 주차단위 구획기준

구분	너비		길이	
	평행주차형식	평행주차 형식 외	평행주차형식	평행주차 형식 외
경형	1.7m 이상	2.0m 이상	4.5m 이상	3.6m 이상
일반형	2.0m 이상	2.3m 이상	6.0m 이상	5.0m 이상
보도와 차도의 구분이 없는 주거지역의 도로	2.0m 이상	-	5.0m 이상	-
확장형	-	2.5m 이상	-	5.1m 이상
장애인전용	-	3.3m 이상	-	5.0m 이상

특히 오래된 아파트단지는 주차장이 부족하여 주차할 수 없는 거주자가 있기 마련이다. 공평하게 주차장을 사용하기 위해서는 미리 주차장사용에 대한 규정을 정하여 이용해야 한다. 단지 내에 주차장이 부족하면 단지 내에 주차하는 입주자들에게 주차료를 받아서 그 비용으로 단지 내에 주차하지 못하는 입주자들에게 지원해 줄 필요가 있다. 즉, 단지 내에 주차하지 못하는 입주자는 인근 유료주차장을 이용해야 하므로 그 비용을 단지 내에 주차시키는 입주자들이 부담하고 이에 대한 관리를 관리사무소에서 규정을 정하여 분쟁이 생기지 않도록 해야 한다.

아파트 주차장

관리자는 주차장에 주차하는 차의 보관이나 주차장 내의 정리정돈을 하여야 한다. 관리자의 관리사항은 출입하는 주민자동차의 확인, 방문자 주차의 확인, 엔진정지와 사이드브레이크 확인, 자동차안의 물품도난 주의, 화기엄금, 주차장내의 정리, 정돈(누수 및 오물청소) 등이다.

표 5-18 주차장 관련 신문기사

▶ 수원시, 원룸 · 고시텔 주차장 기준 대폭 강화

경기 수원시가 고시텔과 원룸형 난립에 따른 주차장 부족문제를 해결하기 위해 주차장설치기준을 대폭 강화하기로 했다. 수원시 관계자는 16일 "그동안 주차장 조례는 완화만 가능하고, 강화할 수는 없었다"며 "그러나 이번에 관련 규정이 개정돼 고시텔과 원룸형 확산에 따른 주차장 부족문제를 해결하기 위해 주차장 조례를 강화하게 됐다"고 밝혔다.

입법예고안에 따르면 앞으로 고시원과 도시형생활주택 중 원룸형의 부설주차장 설치기준이 대폭 강화된다. 제1종근린생활시설과 제2종근린생활시설, 숙박시설은 시설면적 135m²당 1대의 주차시설을 갖춰야 한다. 특히 고시원은 80m²당 1대 또는 실당 0.3대의 주차시설을 확보(주차대수 많은 것 적용)해야 한다.

시는 현재 영통구 망포동, 신동 등에 상당수 원룸이 고시텔로 불법 개조돼 주차대란의 원인을 제공하고 있다고 보고, 고시원의 주차시설 기준 강화를 추진키로 했다. 다가구주택, 공동주택(기숙사 제외), 업무시설 중 오피스텔은 세대 당 1대(세대 당 전용면적 60m² 이하인 경우 0.93대)의 주차시설을 갖춰야 한다. 주택규모별 전용면적이 85m² 이하인 경우 1대, 85m² 초과 시 70m²당 1대를 확보해야 한다. 도시형생활주택 중 원룸형은 40m²당 1대(준주거 및 상업지 8m²당 1대), 업무시설 중 오피스텔은 1실당 1대를 갖춰야 한다.

단독주택(다가구주택)은 기존 기준이 그대로 적용된다. 시설면적 50~134m² 이하 1대, 시설면적 134m² 초과 시 1대에 87m² 당 1대를 더 갖춰야 한다. 시는 이와 함께 이면도로상의 주차장 설비기준을 현지 상황에 따라 탄력적으로 적용할 수 있도록 노상주차장 설치기준을 마련했다. 너비 6m 미만의 도로는 보행자의 통행이나 자동차 운행에 지장이 없는 경우, 주차장 부족문제 해결을 위해 노상주차장을 설치할 수 있도록 했다.

출처: 수원 뉴스1(2012. 08). http://news1.kr/articles/778848

(2) 경로당 · 어린이놀이터

공동주택은 어린이부터 노인까지 다양한 세대가 살고 있기 때문에 다양한 커뮤니티 공간이 필요하다. 특히 경제활동을 적게 하는 노인들이 언제라도 모여서 휴식할 수 있는 공간은 물론 옥상채원 · 공용정원

가꾸기 등의 일을 하도록 역할을 주면 좋을 것이다.

익명성이 높은 공동주택단지인 만큼 노인들에 대한 특별한 대책을 세워 그들이 소외되지 않고 즐거운 노후생활을 보낼 수 있도록 배려하여야 할 것이다.

100세대 이상의 주택을 건설하는 공동주택단지에는 40m^{2}에서 150세대를 넘는 매세대당 0.1m^{2}를 더한 면적(거실 또는 휴게실의 면적을 말한다) 이상의 경로당을 설치하도록 되어 있어(주택건설기준 등에 관한 규정 제55조제1항), 노인들이 모여서 휴식을 취할 수는 있으나, 놀이나 휴식만으로 보람을 찾기는 어렵다. 적당히 소일할 수 있는 일거리를 찾아주는 것이 중요하다.

어린이를 위한 시설로는 단지 중앙이나 감시가 가능한 곳에 어린이 놀이터를 제공하여야 한다. 또 어린이들을 위한 실내공간으로는 그들이 자유로이 출입할 수 있는 어린이전용 방을 마련해 주는 것도 좋다. 또는 집에서 책을 가지고 와 어린이문고를 만들 수도 있다. 300세대 이상 공동주택은 문고설치가 의무화되어 있으므로(〈주택건설기준〉 제55조제5호), 한쪽에 어린이 전용서가를 설치할 수도 있다.

공동주택은 50세대 이상이면 어린이놀이터를 두도록 하고 있으나(〈주택건설기준 등에 관한 규정〉 제46조), 그 배치에 따라 이용도가 달라진다. 또 놀이터에 설치되어 있는 놀이기구도 일상점검을 통하여 필요한 경우 조처를 취해야 한다. 놀이기구는 어린이들이 빈번히 사용하고, 주의하지 않기 때문에 정비불량이나 부주의로 사고가 생기는 수도 있다. 이에 대해서도 주의가 요구된다.

또한 놀이터의 모래도 2~3년에 한번 씩 갈아주고, 둘레에는 폐타이어를 색칠하여 장식하면 안전에도 좋다. 최근에는 놀이터에 CCTV를 설치해 집에서도 아이들이 노는 모습을 볼 수 있게 하는 곳도 많아지고 있다.

(3) 도로 · 배수로 등

① 배수시설

배수로가 매몰되지 않도록 해빙기 및 장마기를 전후하여 연 2회 준설을 실시한다. 배수로 · 유입 및 유출구 부근이 유수에 의해 파손되었을 경우는 기초부위를 보강하여 보수하도록 한다. 침하 또는 역구배로 배수가 불가능할 때는 재시공한다. 맨홀 뚜껑이 파손된 곳은 안전 표지판을 설치하고 즉시 교체한다. 맨홀 뚜껑 면은 포장 면과 일치되어야 하며, 요철이 있는 구간은 재시공 또는 보완한다.

경사면 상단에 물이 고이는 녹지에는 면적 및 수량을 고려하여 배수로(U형, 반원형 측구 등)를 추가 설치한다. 배수관의 기초는 기초지반이 좋을 때는 모래 기초로, 보통일 때는 막돌 또는 자갈 기초로, 불량한 경우 콘크리트 기초가 좋다. 배수관 매설시 중심을 맞추어 물이 정체되지 않도록 최소한 3% 이상 경사지게 한다. 배수관은 하중과 동결에 견딜 수 있도록 최소한 지하 50cm 이하에 매설한다. 유입, 유출구의 위치를 잘 선정하여야 한다. 배수관의 이음부 몰탈이 경화될 때까지 배수관이 움직이지 않도록 주의한다.

② 도로

비가 온 후 물이 고이는 곳을 파악하여 보수한다. 도로하단부가 경사면일 경우에는 우수에 의해 유실되는 곳이 없는지 점검하고 유실된 경우 즉시 흙 가마니 등으로 보완한다. 포장이 파손된 부분은 가마니를 덮어 기층부분이 유실되는 것을 막도록 한다. 지반이 침하 · 파손된 지역에는 표지판을 설치하고 차량을 통제한다. 보도블록 · 경계석 등 콘크리트 구조물이 동해를 입어 겉 표면이 벗겨지고 침하 · 파손 등이 발생된 곳은 해당 구조물을 헐어 내고 재시공한다. 라인마킹은 야간에 물을 비췄을 때 잘 나타나야 하고 잘 보이지 않을 경우 보수조치 한다.

아스팔트 포장보수는 파손 및 침하부분을 충분한 여유를 두고 각형으로 굴착한다. 지반을 충분히 다지고 물이 고이지 않도록 한다. 포장 후 진압을 충분히 하고 기포장된 부분과 접속되는 부분이 수평이 되도록 시공한다. 보수공사 시에는 표지판을 설치하여 통행인이 알도록 하여야 한다.

보도 보수는 보도침하 및 블록 파손 시 공사용 표지판을 설치하고 보도블록을 걷어낸다. 원지반을 다지고 모래를 두께 3cm 정도 깐다. 보도블록의 무늬를 맞추어 깔고 골고루 밟은 후에 모래를 살포하고 비질하여 블록사이에 모래를 채운다. 보도블록은 같은 품질과 같은 무늬를 사용한다.

주차선 재도색은 단지 내 도로 또는 주차장의 주차선이 지워져 안전 및 미관상 좋지 않을 때 시행한다. 주차선(라인마킹) 재도색은 3년에 1회를 원칙으로 한다.

③ 울타리

철제류 담장은 부식성이 높으므로 습기와 접촉되지 않게 하고, 흙으로 덮여 있든가 우수가 고이는 곳이 없도록 조치한다. 철제류 담장은 보수가 쉬우므로 장기간 사용으로 부식이 된 곳은 부식부분을 쇠 솔로 털고 도장을 실시한다.

(4) 기타 복리시설

공동주택에는 위에 든 경로당 · 어린이놀이터 외에도 유치원 · 주민운동시설 · 근린생활시설 등의 복리시설을 설치하도록 하고 있다.

① 유치원

2천세대 이상의 주택을 건설하는 주택단지에는 유치원을 설치하도록 정하고 있는데, 복합건물로 짓는 경우는 의료시설, 주민운동시설, 보육시설, 종교집회장 및 근린생활시설만 함께 설치할 수 있다.

② 주민운동시설

500세대 이상의 주택을 건설하는 주택단지에는 300m^{2}에 500세대를 넘는 200세대마다 150m^{2}를 더한 면적이상의 운동장을 설치하고, 그 안에 체육시설을 설치하되, 1개소 이상의 실외체육시설을 설치하도록 정하고 있다.

③ 보육시설

300세대 이상 주택에는 20인 이상 영유아를 보육할 수 있는 시설설치가 의무화되어 있다.

④ 주민공동시설

300세대 이상 주택에는 주민공동시설을 설치해야 한다. 규약에서 공용부분이 관리대상이 되므로, 관리자는 이를 잘 숙지하고 있어야 한다. 물론 이러한 규정이 재정되기 이전에 공급된 주택단지는 이중 일부가 없는 경우도 있다.

2) 조경관리

조경관리란 공동주택단지에 조성된 경관을 잘 보존하고 육성하며, 장래 발생할 수 있는 사항을 예상하고, 점검 · 예방하는 모든 활동을 말한다. 공동주택이 갖는 밀집된 공간과 콘크리트의 삭막함이 정원의 필요성을 더욱 웅변해 준다.

공동주택은 보통 단지면적의 3할을 녹지로 확보하여 공해방지 또는 조경을 위한 식재 기타 필요한 조치를 하도록 하고 있다. 한편, 300세대 이상 단지는 500세대 당 1개소의 휴게시설을 설치하고, 그곳에 파고라나 분수, 연못 기타 이와 유사한 시설과 25명 이상이 동시에 휴식할 수 있는 의자를 설치하고, 주변에는 나무를 심도록 하였다(〈주택건설기준등에 관한 규정〉 제29조 제1항, 제2항).

공동주택단지 내의 조경관리대상은 주로 건물과 건물 사이의 휴식공간이나 어린이놀이터 또는 건물 주위의 정원에 식재된 수목과 잔디 등이 된다. 그런데 대개의 공동주택단지의 입지조건이 식생육에 적합한 토지가 별로 없다. 매립지나 조성지 등으로 토양조건은 나쁘고 빌딩풍이나 일조부족 현상 등, 식물생육조건에는 악조건이 많다.

(1) 수목관리

수목을 식재하는 목적은 여러 가지 의도나 계획을 포함하고 있으나 다음과 같은 세 가지 기능을 목적으로 하고 있다.

첫째, 인접해 있는 건물을 은폐하고 통로의 생 울타리 역할을 하며 수림의 완충지대를 형성하는 등의 물리적 기능을 담당한다.

둘째, 아름다운 꽃 · 향기 · 나무의 모양을 즐길 수 있는 관상적 기능을 가지고 있다.

셋째, 녹지나 수림의 존재로 공기나 물의 정화작용을 꾀하는 생물적 · 생태적 기능이 있다.

① 식재

식재는 일반적으로 수목의 활착이 어려운 하절기(7~8월)와 동절기(12~2월)는 피하여 봄과 가을에 실시한다. 식재에 있어서는 그 나무가 많은 햇볕을 필요로 하는 양수인가 또는 그늘에서도 견디어 낼 수 있는 음수인가를 알아서 적당한 자리에 배식하도록 해야 한다. 식재 후에는 수목이 활착하여 생장할 때까지 주기적으로 충분히 물을 준다. 병충해의 발생유무를 수시로 관찰하고 발생 시에는 즉시 구제하여 수세가 약해지지 않도록 한다. 가을에 식재할 경우에는 월동대책을 세워 짚이나 새끼 등으로 보호 조치한다.

표 5-19 음수와 양수의 외형적 특징

항목	음수(그늘에 견디는 나무)	양수(양지를 좋아하는 나무)
어린 모종의 자생지	어린 모종은 나무그늘 또는 풀밭 등 그늘진 자리에만 난다.	양지바른 곳에서만 자라나며 그늘진 자리에서는 자라지 못한다.
생장의 특징	모종 시에는 생장속도가 느리고 자라남에 따라 생장속도가 커지는 동시에 거목이 되어도 강한 생장을 계속한다.	모종 시의 생장은 빠르나 나이가 많아짐에 따라 차차 약해지고 노목이 되면 극히 미약한 생장을 보인다.
지엽의 형태	지엽이 밀생하고 가지를 치밀하게 치며 아래가지나 내부로 향한 가지가 오래도록 살아남는다.	가지는 소생하고 수관이 개방적이며 아래가지는 일찍 말라 떨어져 버린다.
자라나는 방향	줄기의 선단부가 북쪽 또는 그늘진 쪽으로 자라나며 굵은 가지 역시 북쪽 또는 그늘진 쪽으로 자라나는 습성이 있다.	줄기의 선단부와 굵은 가지가 남쪽 또는 햇볕에 닿는 쪽으로 자라나는 습성이 있다.
수종	주목, 갸라목, 개비자나무, 비자나무, 전나무, 가문비나무, 독일가문비나무, 솔송나무, 왜금송, 가시나무류, 매자나무, 수국, 돈나무, 꽝꽝나무, 개동청목, 사철나무, 동백나무, 팔손이나무, 식나무, 만병초, 양만병초, 호랑가시나무, 광나무, 아왜나무, 조릿대, 고려조릿대	은행나무, 히말라야시다, 소나무, 흑송, 섬잣나무, 잣나무, 대왕송, 리기다소나무, 측백나무, 수양버들, 포플라, 은백양, 자작나무, 졸참나무, 갈참나무, 느티나무, 프라타나스, 해당화, 장미류, 병자나무, 서부해당화(꽃아그배나무), 피라칸타, 낙상홍, 앵두나무, 홍매, 복숭아나무, 매화나무, 자귀나무, 싸리나무류, 아카시아, 가중나무 등

② 가지치기

가지치기는 특수한 수형을 만들거나 유지시킨다. 필요치 않은 가지를 잘라냄으로써 모든 가지를 건실하게 자라게 한다. 노쇠한 가지를 제거하여 가지의 갱신효과를 거둔다. 꽃이 제대로 피지 못하는 꽃나무는 가지와 잎을 줄여 노쇠를 막는 동시에 꽃피는 상태도 향상시킨다. 나무를 이식할 경우 지상부의 줄기, 잎 등을 적당히 제거하여 수목활착에 도움을 준다.

표 5-20 가지치기의 종류와 시기

굵은 가지 제거	▸ 필요 없는 가지를 밑동부터 쳐버리는 작업으로 지상부가 너무 무성할 경우 병충해피해 및 바람에 넘어지기 쉽고 수형이 난잡해지는 것을 방지한다. ▸ 생장속도가 빠른 나무는 관리에 수월하도록 수고를 낮추기 위해 실시한다. ▸ 톱을 사용하여 가지밑동을 제거하되 원 줄기가 파손되지 않도록 유의하고, 침엽수와 낙엽활엽수는 휴면기인 늦가을부터 이른 봄 새싹이 나오기 직전에 실시하되 혹한기는 피한다. 상록활엽수는 4월 상·중순 새싹이 나오기 직전에 실시한다.
가지솎음	▸ 밀생상태의 수관내부를 적당히 소개하여 통풍과 채광이 잘 되도록 한다. ▸ 전정가위로 밀생한 잔가지 또는 도장한 가지, 병든 가지, 죽은 가지를 제거한 후 적당히 솎아버린 후에 남은 가지의 선단에서 모양을 정돈한다. 6~8월에 가지가 지나치게 무성하다고 생각될 때 실시한다.
가지 다듬기	▸ 수관전체를 전정가위로 고르게 다듬어서 둥근 형태나 모난 형태로 만드는 작업을 말한다. ▸ 대체로 가지와 잎이 작고 맹아력이 강한 회양목, 사철나무, 개나리, 무궁화, 향나무 등에 적용한다. 늦은 봄부터 6월 중순까지와 9월이 적기이다.

③ 병충해방재

병해와 충해는 다양하다. 충해의 경우, 짚 또는 거적 등으로 나무줄기를 감아서 월동하기 위하여 나무줄기를 따라 내려오는 유충을 유인하여 그 속에서 고치를 지어 월동하게 한 다음 불에 태워 죽이는 방법으로 10월 상순경에 지상 1.5m 내외 높이로 설치하고 2월중에 제거하여 불에 태운다.

약제를 살포할 때는 고무장갑, 마스크, 모자 등을 착용하여 안전을 기한다. 바람이 부는 방향에서 살포하여 몸에 약이 묻지 않도록 유의한다. 약이 몸에 묻으면 비누로 빨리 씻어야 한다. 약의 희석배율을 준수하여 농도가 짙어지지 않도록 한다. 작업 중에는 음식을 먹거나 담배를 피우지 않는다.

약을 한 곳에만 치우치지 않도록 뿌리고, 잎의 앞, 뒷면과 잔가지에도 약이 고루 살포되도록 한다. 기온이 높아지면 약해를 일으키는 경우가 있으니 바람이 없는 날 오후에 뿌리는 것이 좋다. 사용하고 남은 약은 구덩이를 파고 묻어 버리고 원제는 어둡고 서늘한 곳에 보관한다. 사용한 기구는 잘 씻어서 보관한다. 약을 뿌리다가 중독을 일으켰을 때는 빨리 옷을 갈아입히고 단추를 풀어 안정시키며 바람이 잘 통하는 곳에 눕혀놓고 의사의 진찰을 받도록 한다.

표 5-21 대표적인 병충해

구분	내용
병해	① 소나무잎녹병: 피해수종은 소나무류, 잣나무이고, 잎에 황색의 작은 주머니가 생기며 그 부위는 퇴색되어 고사되며, 아래로 늘어진다. 봄에 발병한다. 5월 하순과 9~10월에 4-4식 석회보르도액이나 다이센수화제를 2주 간격으로 살포한다. ② 향나무녹병: 피해수종은 향나무류이고, 4~5월경에 잎 표면 또는 잎과 잎 사이에 혓바닥모양의 갈색돌기가 형성된다. 이 돌기는 병원균 덩어리로 물기를 흡수하면 한천과 같은 모양이 된다. 4~7월 사이에 4-4식 석회보르도액이나 다이센수화제 800배액을 여러 차례 살포한다. ③ 가지마름병: 피해 수봉은 삼나무, 편백, 화백, 향나무이고 가지가 마르며 고사한다. 6~7월에 다이센수화제 800배액을 살포하여 방제한다. ④ 흰가루병: 피해 수종은 사철나무, 배롱나무, 동백나무, 단풍나무 등이 있고, 수간 및 가지에 흰가루가 발생되며 고사한다. 톱신 1,000배 또는 벤레이트 1,500배액을 봄과 여름에 여러 차례 살포한다.
충해	① 흰불나방: 피해수종은 대부분의 활엽수이고 1년에 2~3회 발생하여 유충이 잎을 갉아먹고 초기에는 실을 토하며 잎에 막을 치고 그 속에 모여 살지만 4령기 이후에는 실을 토하지 않고 나무전체에 흩어져 엽액만 남기고 잎을 모조리 갉아먹는다. 슈리사이드 1,000배액을 부화직후 군서생활에서 분산하기 시작하여 잎을 가해하기 시작할 살포한다. ② 회양목명나방: 유충 때 실을 토하여 회양목의 잎을 묶어놓고 그 속에서 잎을 식해한다. 유충의 발생 초기에 다이메크론 또는 디프유제를 살포한다. ③ 진딧물, 응애류: 다이메크론 1,000배액또는 테디란 800배액을 발생 초기에 약액이 흐르지 않을 정도로 고로 뿌린다.

④ 시비

시비는 수목의 종류, 토양조건, 사용하는 비료의 종류 등을 고려하여 시비시기를 결정해야 하나 편의상 복합비료를 사용하여 2월 상순부터 3월 하순까지와 7월에 각1회씩 시비한다. 비가 올 때나 비오기 직전 또는 강풍 시에는 시비하지 않는다. 이슬이 없는 오전 10시부터 오후 5시 사이에 시비한다.

시비의 방법은 구덩이시비와 전면시비가 있다. 구덩이시비는 뿌리 주위에 환상으로 도랑을 파서 시비한다. 시비구멍 지름은 수목 근원직경의 3~6배, 폭은 20~30cm가 적당하고, 깊이는 10~20cm면 충분하다. 전면시비는 수관 밑을 가볍게 파고 전면에 시비한다.

시비할 때에는 비료입자가 식물체에 직접 닿지 않도록 한다. 인분, 계분, 퇴비 등은 완전히 부식된 것을 사용해야 한다. 과다한 양을 주지 말아야 한다. 장마기간, 늦여름, 늦가을에는 가급적 시비하지 말아야 한다. 사전지식 없이 화학비료와 유기질 비료를 혼합하여 사용하지 말아야 한다.

⑤ 월동대책

장미(넝쿨장미 제외), 배롱나무, 호박, 목련, 수국, 히말라야시다, 편백, 오동나무, 모란, 포도나무, 백철쭉 등과 당년 가을 식재분 각종 묘목 및 어린 묘는 월동대책을 세워야 한다. 월동대책은 짚을 싸주는데, 그 시기는 11월 하순~12월 초순에 하고, 제거는 3월 초순~3월 중순에 한다.

⑥ 한발대책

식재한지 2년 미만의 수목은 한발대책을 세워야 한다. 빗물, 하천수, 지하수 등을 지표로부터 15cm 정도까지 물이 스며들 수 있도록 충분히 관수한다. 그 시기는 오전 10시 이전 및 일몰전후가 좋으며, 근원주위에 물집을 만들어 물의 유실을 방지한다. 그리고 짚, 낙엽 등을 근원부 지표 5~15cm 정도 덮어주고, 나무주위 겉흙을 깊이 3~5cm 정도 호미로 긁어준다. 줄기감기는 수간을 새끼, 마대 등으로 감아 수피에서의 증산작용을 억제시킨다.

⑦ 고사목보식

식재공사 하자보수 의무기간은 준공 후 2년이다. 매월 정기적으로 수목생육상태를 점검하여 고사목 발생 시에는 수량을 파악하여 즉시 시공자에게 보식을 요청한다. 동절기 및 하절기에 발생한 고사목은 수급자와 합동으로 수량을 파악한 후 지상 10cm에서 고사목을 절단하여 제거하고 봄과 가을에 일괄 보식한다. 하자보식대상은 하자기간 내 고사하거나 그 원형을 잃었을 경우를 말하며, 보식수목은 기 식재된 수목과 동등품을 심는다.

(2) 잔디밭 관리

손질이 잘된 잔디밭의 푸름은 아파트단지의 관리상태가 잘 되어있다는 인상을 준다. 잔디의 종류는 여러 가지가 있으나 아파트단지의 정원에 심는 잔디는 들잔디가 일반적이다. 들잔디는 생육력이 가장 왕성하고 적응지역이 광범위하다. 잔디밭을 보다 아름다운 상태로 유지하기 위하여 계속적인 관리가 필요하다.

표 5-22 잔디밭 관리

시비	▸ 1년에 2회(4월, 7월) 시비한다. 복합비료를 평방미터당 20g 씩 시비하면 무난하다. ▸ 비료가 땅에 떨어지도록 잔디 깎기를 실시한 후에 시비한다. ▸ 비오기 전후, 이슬이 마르기 전엔 오전에 시비하는 것은 피해야 한다.

표 5-22 잔디밭 관리(계속)

제초작업	▸ 제초작업을 하지 않을 경우 잡초와 잔디가 양분 및 수분 등의 경합을 일으키며 결국 생장력이 우세한 잡초만 남게 되므로 제초작업을 철저히 한다.
잔디 깎기	▸ 잔디관리에 있어 가장 중요한 것이 잔디 깎기이다. ▸ 잔디 깎기의 높이는 잔디의 종류와 장소에 따라 다르나 일반적으로 높이가 5cm 내외가 되도록 5월부터 9월까지 최소한 월 1회 이상 실시하는 것이 좋다. ▸ 잔디 깎기는 잔디의 키가 평탄하게 유지되어 이용이 편하고, 줄기와 뿌리의 치밀도를 높여 잡초의 침입을 억제한다. ▸ 통풍을 좋게 하여 병충해를 예방하고 미관을 유지시켜 준다. 답압으로 인한 피해부위를 제거하여 잔디를 항상 새롭게 해주는 목적이 있다.
배토	▸ 잔디밭에 다량의 흙을 사용하는 것을 배토 또는 뗏밥주기라 한다. ▸ 배토는 흙(사질토) 또는 비료분이 혼합된 흙을 비교적 다량 사용함으로써 잔디의 지하경과 토양과의 분리현상이 일어나는 것을 막고 잔디면을 평탄하게 하며 잔디의 질을 좋게 하며 잔디 깎기를 용이하게 한다.

표 5-23 월별 조경관리 포인트

	관리 내용
1월	계획서 작성(작업), 정원수 제설작업, 토목공사, 고사목 마른가지 다듬기
2월	12, 1월과 같음. 구조물 시설 및 보수작업, 낙엽수전정, 화단등 갈아엎기, 밑거름주기, 토양소독
3월	정원수의 정식과 이식, 뿌리돌림(이식할 것), 잔디의 복토입히기, 초화류 파종, 방한물 철거작업, 거름주기(밑거름)
4월	정원수의 정시고가 이식, 접붙이기, 꺾꽂이 등 시기, 잔디의 복토입히기, 초화류 파종 및 춘근심기, 병충해 예방 및 구제 등 약제살포, 관수작업
5월	향나무, 소나무 등 순자르기, 침엽수,상록수 이식적기, 잔디깎기, 풀 기타 잡초깎기(뽑기), 생울타리 거름주기, 잔디입히기(보수)
6월	잔디깎기 및 보수작업, 생울타리 풀깎기, 병충해 방제 및 구제 약제 살포, 상록수, 활엽수 순치르기, 거름주기(밑거름방사선형으로), 관수작업

표 5-23 월별 조경관리 포인트(계속)

7월	잔디거름주기(비료 및 속효성 거름), 관수작업, 생울타리 깎기, 잔디, 풀 기타 깎기, 뽑기, 병충해 방제 및 구제 약제 살포, 관수작업
8월	관수작업, 웃자람의 전정하기, 잡초깎기,뽑기, 병충해 방제 및 약제 살포, 엽면 시비
9월	잔디깎기 입히기, 초화류 파종(가을용), 생울타리치기, 잡초 기타 뽑기, 병충해 방제 및 약제 살포
10월	정원수 정식 및 이식, 가지치기, 거름주기(추비), 가을용 추근심기, 낙엽태우기 및 묻기, 병충해 방제 및 구제
11월	낙엽수이식, 상록수전정, 방한설치준비, 거름주기(추비), 장미의 월동피복 완료
12월	거름주기(밑거름), 토목공사(배수로), 가지치기 및 이식, 공작물의 수리 및 시설
수시	병충해 발생시에는 언제든지 살포, 장마/가뭄대책에 대한 방비 및 예방

3) 환경관리

주택이란 사람이 정신적으로나 육체적으로 편안히 쉴 수 있는 장소여야 한다. 그러기 위한 쾌적하고 위생적인 생활환경조건이란 적당한 일조 · 온도 · 습도가 유지되고 통풍 · 환기가 잘되며 소음이 방지되는 것이라 할 수 있다.

(1) 일조조건

일조란 햇볕을 직접 받는 것을 말한다. 일조를 한껏 받을 수 있는 주택은 열 · 빛 · 위생상 직접적 효과가 더욱 커진다. 즉, 햇볕은 집안에 따뜻함 · 밝음 · 위생 · 정신적 안정을 가져온다. 이 네 가지 이점은 각기 기계나 시설로 보충할 수도 있지만 어디까지나 보충이나 대용일 뿐, 자연이 주는 혜택을 따를 수는 없다. 또한 일조 조건이 좋은 주택은 동시에 통풍 · 환기 · 방온 등 다른 위생조건도 만족시켜줄 뿐 아니라, 조망이 좋고 프라이버시를 지키는데 편리하다.

그러나 고층아파트가 밀집되어 있을 때는 일조권 침해문제가 많이 발생한다. 대부분의 아파트건물은 남향 · 남동향 또는 남서향으로 짓기 때문에 하루에 일조시간이 충분하여야 하나, 동간거리를 너무 좁게 설계하여 배치한 곳에서는 인접건물의 그늘에 가려져 일조의 혜택을 못 받는 경우가 많다. 또 1~2층의 경우 정원에 심은 수목에 가려서 직사광선의 장해를 받게 된다. 보통 주택에 필요한 최소한 1일 일조시간은 4~6시간 정도이다.

(2) 온도와 습도

쾌적한 주생활을 하기 위한 조건의 하나는 더위와 추위를 느끼지 않는 것이다. 인체가 느끼는 더위와 추위, 즉, 체감은 온도 · 습도 · 기류 · 복사열(이상을 4온열 요소라 한다)은 의복 · 작업 상황 · 인종 · 성별 · 연령 · 체질 · 훈련 등에 따라 다르다. 인체의 생활열량과 방열량이 평형상태가 되도록 체온조절기구가 원만하게 작용하는 상태를 쾌적범위라 한다. 쾌적범위를 벗어난 때는 적장한 풍속의 바람 · 수증기의 증발 · 일사의 조정 · 의복 등으로 어느 정도까지는 준쾌적상태를 유지할 수 있지만, 이와 같은 보충수단만으로 불충분한 경우, 냉난방의 작용으로 인위적인 실내기후를 형성할 수밖에 없다.

일반적으로 쾌적범위는 여름과 겨울에 따라 달라진다. 여름엔 온도 21℃~26℃, 습도 30%~65%, 겨울엔 온도 20.2℃~24.5℃, 습도 30%~65%가 좋다.

(3) 통풍과 환기

통풍과 환기란 옥내에 있는 사람이나 각종 기기 등에서 발생하는 오염물질 또는 열이나 수증기에 의하여 오염되고 악화된 옥내공기를 깨끗한 공기와 바꾸는 것을 말한다. 옥내공기의 오염은 악취가 나는 경우 이외에는 우리 감상으로는 인식할 수 없으며, 인체의 건강에 크게 영향을 미친다. 특히 공동주택의 건축구조가 철근 콘크리트조 및 알루미늄 새시의 보급으로 인하여 기밀성이 높아서 충분한 통풍이나 환기를 의식적으로 행하지 않으면 안 되게 되었다.

고층아파트의 경우 중앙집중식 난방방식을 채택하고 있기 때문에 부엌에서 조리 작업 시 일어나는 냄새 · 연기 · 수증기 등의 배출을 위하여, 또 욕실에서 목욕 시 다량의 수증기 배출을 위하여 각 세대에서 나오는 것을 외부로 배출하는 대형 환기장치를 건물옥상에 설치하는 경우가 많다. 기계장치에 의한 환기설비 방식은 환기팬이나 송풍기에 의한 강제식이 있으며 송풍기의 위치에 따라 3가지가 있다. 목적에 따라 적당한 것을 선택하면 된다.

(4) 소음과 진동

소음이란 생활감정이나 생활기능에 대하여 방해가 되는 음으로 공장 · 건설 공사장 · 도로 · 철도로부터 발생하는 기계 · 기구 · 시설 기타 물체를 사용하여 나는 강한 소리이며, 진동은 이로부터 발생하는 강한 흔들림을 말한다. 이것들은 종류나 성질에 관계가 없이 해를 준다.

물체의 진동에 의하여 생기는 음파는 공기를 통하여 전파되며 그 속도는 평상온도에서 340m/sec이고, 사람의 청각으로 들을 수 있는 음주파수의 범위는 매초 20~2000헤르츠(Hz)이다. 사람의 귀에 들리는 음의 물리적인 강도와 음압레벨은 1000Hz의 음에서 0데시벨(dB)이 최소가청한계이며, 120dB이 최대가청한계이다. 그 이상이 되면 귀에 통증을 느끼게 된다. 이때 dB이란 음압레벨의 단위이다. 그런데 사람의 청각이 느끼는 음의 강도는 주파수에 따라 차가 있으며 같은 음압레벨을 갖는 음도 주파수가 다르면 소리의 크기를 다르게 느끼게 된다.

그런데 도시화와 더불어 주생활이 많은 생활소음으로부터 노출되어 있어, 주거의 쾌적성이 저해 받고 있다. 그래서 주택은 건설당시 애당초부터 건설지점에서 소음도가 65dB 이상인 경우엔 소음발생경계선으로부터 수평거리 50m 이상 이격하거나, 방음벽 · 수림대 등의 방음시설을 설치하여 소음도가 65㏈ 미만이 되도록 하여야 한다(〈주택건설기준 등에 관한 규정〉 제9조). 뿐만 아니라 확성기의 소음, 공장 및 사업장의 소음 등의 생활소음이 규제대상으로 규제받고 있다. 그 범위는 45~70㏈ 범위이지만(〈소음진동규제법〉 제21조 및 동시행규칙 제20조, 동시행규칙), 그것으로 보장되는 건 아니다.

사람이 참을 수 있는 한계는 70㏈이라지만, 쾌적한 주거환경보호를 위해서는 50㏈ 이하는 확보되어야 한다. 따라서 간선도로변이나 고속도로 · 철도변의 공동주택은 적절한 방음벽을 설치하거나 대책을 세워야 하며, 인근에 공장과 사업장이 있거나 확성기를 사용하는 경우엔 적절한 조처를 취해야 할 것이다.

표 5-24 건설소음규제기준[단위 Leq dB(A)]

시간별 / 대상지역	조석 (05:00~08:00, 18:00~22:00)	주간 (09:00~18:00)	심야 (22:00~05:00)
주거지역, 녹지지역, 준도시지역 중 취락지구 및 운동휴양지구, 자연환경보전지역, 학교 · 병원 · 공공도서관의 부지경계선으로부터 50m 이내의 지역	65 이하	70 이하	55 이하
상업지역, 공업지역, 농림지역, 준농림지역 및 준도시지역 중 취락지구 외의 지구, 미고시지역	70 이하	75 이하	55 이하

비고 : 1. 대상지역의 구분은 국토이용관리법에 의하며, 도시지역은 도시계획법에 의한다.
2. 공사장 소음의 규제기준은 주간의 경우 소음발생시간(작업시간)이 1일 2시간 미만일 때에는 +10dB, 2시간 이상 4시간 이하일 때에는 +5dB을 보정한다.

표 5-25 건설 · 생활소음진동 규제기준

대상지역 \ 시간별	주간 (06:00~22:00)	야간 (22:00~06:00)
주거지역, 농지지역, 준도시지역 중 취락지구 및 운동휴양지구, 자연환경보전지역 · 학교 · 병원 · 공공도서관의 부지경계선으로부터 50m 이내의 지역	65 이하	60 이하
상업지역, 공업지역, 농림지역, 준농림지역 및 준도시지역 중 취락지구 외의 지구, 미고시지역	70 이하	65 이하

비고 : 1. 대상지역의 구분은 국토이용관리법에 의하며, 도시지역은 도시계획법에 의한다.
2. 본 규제기준은 주간에 한해 진동발생시간이 1일 4시간 이하일 때에는 +5dB을 보정한 값으로 한다.

표 5-26 생활소음규제기준[단위 Leq dB(A)]

대상지역	대상지역 \ 시간별		조석 (05:00~08:00, 18:00~22:00)	주간 (09:00~18:00)	심야 (22:00~05:00)
주거지역, 농지지역, 준도시지역 중 취락지구 및 운동휴양지구, 자연환경보전지역 · 학교 · 병원 · 공공도서관의 부지경계선으로부터 50m 이내의 지역	확성기에 의한 소음	옥외설치	70 이하	80 이하	60 이하
		옥내에서 옥외로 방사되는 경우	50 이하	55 이하	45 이하
	공장 · 사업장 또는 건축설비에서 발생하는 소음		50 이하	55 이하	45 이하
	공사장의 소음		65 이하	70 이하	55 이하
상업지역, 공업지역, 농림지역, 준농림지역 및 준도시지역 중 취락지구 외의 지구, 미고시지역	확성기에 의한 소음	옥외설치	70 이하	80 이하	60 이하
		옥내에서 옥외로 방사되는 경우	60 이하	65 이하	55 이하
	공장 · 사업장 또는 건축설비에서 발생하는 소음		60 이하	65 이하	55 이하
	공사장의 소음		70 이하	75 이하	55 이하

비고 : 1. 대상지역의 구분은 국토이용관리법에 의하며, 도시지역은 도시계획법에 의한다.
2. 공사장 소음의 규제는 주간의 경우 소음발생시간(작업시간)이 1일 2시간 미만일 때에는 +10dB, 2시간 이상 4시간 미만일 때에는 +5dB를 보정한다.
3. 확성기 사용기준: 옥외에 설치한 확성기의 사용은 1회 2분 이내로 하며, 15분 이상 간격을 두어야한다.

(5) 대기오염

공동주택은 중앙난방방식을 채택하는 경우, 집중식 열 공급 시설을 설치하기 때문에 분진 · 가스 · 검댕 등의 공해물질을 배출할 염려가 있다. 쾌적한 입주생활을 영위하고 인근의 주거환경을 적정하게 유지하기 위해서는 열처리 공급시설을 적절히 관리하고, 배출시설에서 발생하는 유해물질이 법정기준을 넘지 않도록 하여야 한다. 또 이를 적절히 관리하기 위해 관리인도 두어야 한다.

공동주택은 열 공급 시설의 가동으로 말미암아 대기를 오염시킬 염려가 있는데, 환경부장관이 대기 중의 환경기준을 정해놓았다(〈환경정책기본법〉 제5조 및 동시행령 제2조). 단, 서울특별시장 · 광역시장 · 도지사는 지역환경의 특수성을 고려하여 환경부장관의 승인을 얻어 당해 지방자치단체의 조례로 별도의 환경기준을 설정할 수 있다(동법 제10조 제3항).

공동주택 관리주체는 공동주택 열공급시설의 배출시설에서 배출되는 가스 등 오염물질의 허용기준에 따라 배출해야 한다(〈대기환경보전법〉 제16조 제1항, 동시행규칙 제15조).

표 5-27 대기오염물질의 종류와 피해

종류	① 그을음: 연소 시 발생하는 유리탄소가 응결하여 발생하는 입자의 지름이 1미크론(10~6m) 이상이 되는 입자상의 물질을 말한다. ② 분진 또는 매진: 대기 중에 떠돌아다니거나 비산 · 강하하는 미세한 입자상의 물질을 말하며, 먼지 형태를 띤다. ③ 매연: 연소 시 발생하는 유리탄소를 주성분으로 하고 연기모양을 한 입자상 물질을 말한다. ④ 가스: 연소나 화학반응에서 발생하는 암모니아 · 이산화탄소 · 일산화탄소 · 황화산화물 · 질산화합물 등의 유독가스를 말한다.

표 5-27 대기오염물질의 종류와 피해(계속)

피해	① 매진: 각종 오염물질을 대기 중에 운반하며, 기관지염을 유발시킨다. ② 납: 크롬 · 수은 등과 함께 인체에 유해한 대표적 금속으로서 그 입자가 대기오염 및 수질오염 등을 통해서 인체에 다량 축적되는 경우 치명적이며, 소량 축적되는 경우 빈혈 등 만성중독증상을 일으킨다. ③ 일산화탄소(CO): 연탄가스의 주성분이며, 인체의 헤모글로빈과 결합하여 산소의 공급을 저해 · 차단함으로써 현기증 · 두통 · 피로 등의 증상을 일으키며 심한 경우엔 치명적일 수 있다. ④ 오존: 경우에 따라서는 살균작용도 하고 또한 지구를 둘러싼 오존층을 형성하여 태양의 과도한 자외선 및 태양열을 조절하여 지구온난화현상을 막는 역할도 한다. 그러나 대기 중의 오존은 폐활량을 감소시키고 심하면 기관지염을 유발한다. ⑤ 황화산화물: 대표적인 물질로는 SO2(이산화황)이 있으며, 기관지의 통기저항(공기의 출입을 어렵게 하는 것)을 증가시켜 기침 · 호흡곤란 · 기관지염을 발생시킨다. ⑥ 질소산화물: NO, NO2, N2O 등이 있고 기관지의 통기저항을 증대시켜 기침 · 호흡곤란 등을 일으키며, 심한 경우 기관지염 · 폐렴 등을 발병시킨다. ⑦ 포름알데히드: 눈을 자극하고 기침 · 호흡곤란의 원인이 된다.

4) 안전관리

(1) 안전 및 유지관리계획

공동주택의 수명을 연장하고 경제적 가치를 유지하기 위해서는 정기적으로 안전을 점검하는 일이 중요하다. 특히 공동주택은 고층화되고 있어 화재 등으로부터의 안전이 중요하다. 그래서 16층 이상 20층 이하 공동주택은 2종 시설물로, 21층 이상 공동주택은 '공중의 이용편의와 안전을 도모하기 위하여 특별히 관리할 필요가 있거나 구조상 유지관리에 있어 고도의 기술이 필요하다고 인정하여 정하는 시설물'로서 1종 시설물로 지정하여 안전관리계획을 세워 특별히 관리하도록 정하고 있다(〈시설물의 안전관리에 관한 특별법〉 제1조, 시행령 별표1). 따라서 공동주택 관리주체는 국토해양부장관이 5년마다 정하는 기본계획에 따라 소관 시설물에 대한 안전 및 유지관리계획을 수립하여 관할 시장, 군수, 구청장에게 제출해야 하고, 시행하여야 하며 그 시행여부를 연 1회 이상 확인받아야 한다(〈시설물의 안전관리에 관한 특별법〉 제3조, 제4조제1항, 제3항, 제5항).

안전 및 유지관리계획은 소관 시설물별로 매년 수립 · 시행하여야 하며, 다음 각 호의 사항이 포함되어야 한다(동법 제4조제6항, 동시행령 제5조제1항, 제2항, 동시행규칙 제4조).

① 시설물의 적정한 안전 및 유지관리를 위한 조직 · 인원 및 장비의 확보에 관한 사항
② 긴급상황 발생 시 조치체계에 관한 사항
③ 시설물의 설계 · 시공 · 감리 및 유지관리 등에 관련된 설계도서의 수집 및 보존에 관한 사항
④ 안전점검 또는 정밀안전진단 실시계획 및 보수 · 보강 계획에 관한 사항
⑤ 안전 및 유지관리에 필요한 비용에 관한 사항
⑥ 시설물의 안전 및 유지관리 실적(전년도의 안전점검 또는 정밀안전진단 실적, 보수·보강 실적 및 사용제한 등의 조치실적을 포함한다)에 관한 사항
⑦ 시설물의 제원, 시설물의 증 · 개축 등 시설물 현황변경에 관한 사항

관리주체는 반기마다 안전점검을 실시하여야 한다. 다만, 16층 이상인 공동주택에 대하여는 다음에 해당하는 자에게 〈시설물의 안전관리에 관한 특별법〉 제13조의 규정에 의한 지침에 따라 안전점검을 실시하도록 하여야 한다.

① 〈시설물의 안전관리에 관한 특별법시행령〉 제7조의 규정에 의한 책임기술자로서 당해 공동주택단지의 관리직원인 자

② 당해 공동주택의 관리사무소장으로 배치된 주택관리사 또는 주택관리사보로서 〈시설물의 안전관리에 관한 특별법시행령〉 제7조의 규정에 의한 안전점검교육을 이수한 자

③ 〈시설물의 안전관리에 관한 특별법〉 제9조의 규정에 의하여 건설교통부장관으로부터 지정받은 안전진단전문기관

④ 〈건설산업기본법〉 제9조의 규정에 의하여 시 · 도지사에 등록한 유지관리업자

⑤ 관리주체는 안전점검의 결과 건축물의 구조 · 설비의 안전도가 취약하여 위해의 우려가 있는 경우에는 다음 각 호의 사항을 시장 · 군수 또는 구청장에게 보고하고, 그 보고내용에 따른 조치를 취하여야 한다. (점검대상 구조 · 설비, 취약의 정도, 발생 가능한 위해의 내용, 조치할 사항)

⑥ 시장 · 군수 또는 구청장은 규정에 의하여 보고를 받은 공동주택에 대하여는 건설교통부령이 정하는 바에 의하여 이를 관리하여야 한다.

표 5-28 공동주택시설물에 대한 안전관리진단

구분		대상시설	점검횟수
정기진단	해빙기진단	석축, 옹벽, 법면, 교량, 우물, 비상 저수시설	연 1회(2월 또는 3월)
	우기진단	석축, 옹벽, 법면, 담장, 하수도	연 1회(6월)
	월동기진단	연탄가스배출기, 중앙집중식 난방시설, 노출배관의 동파방지, 수목보온	연 1회(9월 또는 10월)
	안전진단	변전실, 고압가스시설, 소방시설, 맨홀(정화조의 뚜껑을 포함한다), 유류저장시설, 펌프실, 승강기, 인양기	매분기 1회 이상(다만, 승강기의 경우에는 승강기제조및관리에관한 법률에서 정하는 바에 따른다)
	위생진단 및 청소	비상저수시설, 우물	연 2회 이상
수시진단		노후시설, 위해발생의 우려가 있는 시설	매분기 1회 이상

(2) 안전점검

시장 · 군수 · 구청장은 안전점검의 결과 구조, 설비의 안전도가 취약하여 재해의 우려가 있는 공동주택에 대하여는 건설교통부령이 정하는 바에 따라 이를 관리하여야 한다. 안전점검은 동별 · 기능별 책임자를 선임하여 일일점검 및 주간점검을 실시한다. 그리고 점검 시 발견된 위해요소는 조치대책을 수립하여 작업에 임하고, 당일 조치하기 어려운 사항은 응급조치 후 조치방안을 강구한다. 또한 관리사무소에서 처리하기 곤란한 사항은 전문가에게 기술지원을 받아야 한다. 작업완료시에는 일지에 기록하여 보관한다.

시장 · 군수 · 구청장은 공동주택단지 안의 각종 안전사고의 예방을 위하여 경비업무 종사자에게 안전교육을 실시할 수 있으며, 교육사항은 관할 경찰서장에게 위탁할 수 있다. 경비업무 종사자에게 실시하는 교육은 연 2회 이내로 하고 매회별 교육시간은 4시간을 초과할 수 없다. 시장 · 군수 또는 구청장은 교육을 실시하고자 하는 경우에는 교육실시 14일 전에 교육에 필요한 사항을 관리주체에게 통보하여야 한다. 입주자 또는 관련자에 대하여 단지 내 유선방송이나 반상회, 게시판 등을 통하여 안전관리에 대한 계몽을 실시하며, 그 내용으로는 가스의 안전사용수칙, 소화전, 소화기사용법, 화재예방에 대한 대처요령 등이며, 단지 내에 위험시설물이나 기기에 안전수칙 및 표지판을 설치하여 안전의식을 고취시킨다.

한편, 〈건축법시행령 제46조〉에서는 공동주택 중 4층 이상인 층의 각 세대가 2개 이상의 직통계단을 사용할 수 없는 경우에는 발코니에 대피공간을 하나 이상 설치하도록 정하고 있다.

표 5-29 안전점검의 구분

일일점검	▸ 시설물의 기능유지, 기기의 정상작동, 안전사고방지 등을 위하여 수시로 점검해야 할 사항은 일일점검을 실시한다. ▸ 일일 점검 결과는 일일점검표 양식에 의거 기록 후 보관 · 비치한다.
주간점검	▸ 자주 점검을 하지 않아도 시설물 불가동, 입주자의 불편, 안전사고 등의 우려가 적은 사항은 주간 점검을 실시한다. ▸ 주간점검 대상물을 선정하고, 점검표를 만들어 점검사항을 점검하여 보관한다.
월간점검	▸ 일일점검 · 주간점검 사항을 일괄하여 매월 월간점검을 실시한다. ▸ 월간 점검사항은 시행결과를 기록하여 보관한다.

표 5-30 안전사고의 대처

안전사고	▸ 관할 경찰서에 신고하고 현장 보존한다. ▸ 사고원인을 조기에 파악하고 관리사무소의 태도를 분명히 한다. ▸ 관할 경찰서의 수사에 적극 협조한다. ▸ 사고처리가 끝나면 사고 및 그 처리경위를 입주자에게 홍보한다.
도난사고	▸ 관할 경찰서에 신고하고 현장 보존한다. ▸ 경찰관서의 수사에 협조한다. ▸ 자체 경비태세 재점검 및 문제점을 검토하여 보완한다. ▸ 경비원의 근무태도 불량으로 도난이 발생했을 경우에는 행정처리를 한다.
화재사고	▸ 소화기 및 자체소방시설을 동원하여 응급 진화한다. ▸ 관할 소방서에 신고한다. ▸ 화재원인을 조사하여 입주자에게 재발생하지 않도록 홍보한다.
전기사고	▸ 자체 응급조치를 한다. ▸ 한국전력공사에 통보한다. ▸ 사고원인을 조사하여 입주자에게 홍보한다. ▸ 조기에 복구한다.

(3) 방재관리

방재관리의 목표는 재해발생의 근본원인을 제거하고, 재해극복을 위한 환경을 조성하는 것이다. 재해가 발생했을 때는 지체 없이 재해복구를 위하여 계획성 있게 업무처리를 한다.

방재의 사전대책으로는 석축 · 옹벽 · 담장 · 맨홀 등 중요시설물에 대하여 관리책임자를 선임하여, 각 시설물을 점검하게 한다. 시설물의 점검은 해빙기점검, 우기대비점검, 월동대비점검, 시설물별 특별점검, 관리책임자 자체점검 등의 주기적으로 실시한다.

재해발생위험이 있는 제 시설물을 보완하고, 맨홀 등 위험지역에 표지판을 설치한다. 그리고 양수기, 리어카, 삽, 가마니, 말목, 비닐, 새끼 등 수방자재를 실정에 맞게 확보한다.

대민 홍보로는 단지시설물의 보호, 위험시설물 및 위험지역 신고, 위험지역 통행금지, 피해신고 및 복구참여, 피해복구 적극 참여유도 등을 실시한다.

표 5-31 재해복구

응급복구	▸ 비축장비 및 자재동원 ▸ 피해확대 방지 ▸ 항구복구시까지 충분히 유지할 수 있도록 조치 ▸ 복구비용은 선집행 후 정산 ▸ 시공자의 하자사항은 응급복구 후 복구비용을 시공자에게 청구
항구복구	▸ 피해 및 복구비 내역을 입주자대표회의에 보고한다. ▸ 원상복구를 원칙으로 하며, 재발생 우려가 있는 곳은 개선복구한다.
방재기록 정리	▸ 재해발생 및 조치사항을 대장에 정리하여 비치한다. ▸ 재해복구대장에는 재해지구, 재발생 일시, 기상상태, 피해액, 피해내용, 피해원인, 복구내용, 복구비, 피해사진 및 복구사진 등을 기록하여 보존한다.

(4) 방화관리

방화관리자를 두어야 할 소방대상물의 관리자 또는 점유자는 자위소방대를 조직하여 방화관리자를 정하고, 소방계획을 작성하여 소방훈련을 실시하여야 한다(〈소방법 시행령〉 제8조). 방화관리자를 선임할 때에는 7일 이내에 소방서장에게 신고하여야 한다(동법 제9조 제4항).

표 5-32 방화관리자의 직무

① 소방계획의 작성
② 소방계획에 의한 소화, 통보, 피난 등의 훈련 및 교육
③ 자위소방대의 조직과 조직원의 임무에 관한 사항
④ 피난통로, 피난구, 안전구획, 배연구획 및 기타 피난설비의 유지 · 관리계획
⑤ 방화구획, 제한구역, 방화내장 및 방염, 그 밖의 방화상 구조 및 설비의 유지관리계획
⑥ 인원의 수용계획
⑦ 소방훈련 및 교육훈련계획
⑧ 위험물의 저장 취급에 관한 사항
⑨ 분임방화관리에 관한 사항
⑩ 공사장의 방화관리에 관한 사항
⑪ 기타 관할 소방서장이 명하는 사항

소화의 원칙은 우선 가연물질을 제거하고, 산소공급을 차단하며, 연소물질을 냉각시켜야 한다.

일반화재(A급 화재)는 불이 타고난 후 재를 남기는 화재를 말하며, 소화방법으로는 연소하고 있는 물질을 인화점 이하로 냉각시키기 위하여 물 또는 물의 성분을 많이 함유한 포말소화기를 사용해야 한다. 유류화재(B급 화재)는 액체나 기체에 화재가 발생하여 불이 타고난 후 아무것도 남기지 않는 화재를 말하며, 소화방법은 질식방법으로 산소제거작용을 하는 포말 또는 분말소화기로 소화한다. 전가화재(C급 화재)는 전기누전 등의 원인으로 인하여 발생하는 화재를 말하며, 소화방법은 부도

체인 소화기를 사용하여 소화한다.

누전에 의한 화재 발생 시에는 전기스위치를 끈다. 화재는 초기진압이 중요하므로 모래, 물, 소화기 등을 사용하여 최단시간 내에 소화하도록 한다. 진화가 불가능하다고 판단된 경우 가구나 신변잡기에 미련을 두지 말고 즉시 대피하여야 하며, 고층건물인 경우에는 화재발생 후 1분 내에 대피하여야 한다. 대피 시 출입문이 뜨겁다든가 문틈 사이로 연기가 스며드는 경우 문을 열면 갑작스런 화염이나 유독가스에 피해를 당하게 되므로 문을 열지 말고 문틈을 젖은 수건으로 봉한 후 다른 통로를 찾거나 구조요청을 한다.

대피를 유도할 때에는 당황하지 말고 침착하게 행동하도록 유도한다. 연기 속을 지날 때 젖은 수건을 코와 입에 가까이 가져간다. 불이 타고 있는 곳을 파악하여 피난방향을 결정하여야 한다. 화염에 둘러싸였을 때에는 침착하게 천이나 의류 등을 연결하여 창문을 통하여 비상구 또는 이웃 건물 등으로 내려간다. 당황하여 뛰어내리지 말고 옥상 등으로 대피하여야 한다. 실내에 갇혀 있을 때에는 의복이나 기타 물건을 창밖으로 내던져 실내에 사람이 있다는 것을 밖에 알리고 구조를 기다린다.

인명탐색 중 사람을 발견하였을 때에는 생사 여부를 확인한다. 부상자 발견 시는 다친 상처에 유의하면서 신속히 안전한 곳으로 구출하여 즉시 병원으로 옮긴다. 인명구조를 위하여 옥내로 진입할 때에는 로프, 전지, 갈고리, 물수건 등을 휴대하고, 계단, 난간, 벽체를 따라 진입하되 비상시 탈출구를 찾아 놓아야 한다. 고열, 유독가스 발생 시는 함부로 들어가지 말고, 창문 등을 부수어 공기를 소통시켜야 한다. 막다른 곳이나 창문근처, 화장실, 계단입구 등에 중점을 두고 인명색출을 한다. 구출된 환자는 응급조치 후 신속히 병원으로 후송하여야 한다. 구조요원은 가급적 2인 1조로 활동한다.

참고 및 인용문헌

공동주택관리연구회 (2008). 공동주거관리이론. 파주: 교문사. pp.58~67.

김준기 (2004). 주택관리사 5주 완성. 서울: 시스컴. p.723.

김철호, 이옥동 (2008). 주택관리론. 서울: 법문사. pp.313~315.

문영기 (2008). 공동주택관리론 제2판. pp.395~437.

문영기, 방경식 (2008). 공동주택관리론. 서울: 부연사. pp.141~151, p.177~179, p.182, pp.199~201, pp.207~233, pp.395~437.

이원준, 김준, 이승재 외 (2002). 주택관리실무. pp.307~315.

이종수, 윤영진 (2007). 새행정학. 서울: 대영문화사. pp.450~455. p.459. p.471.

임재현, 한상삼 (2009). 최신 공동주택관리론. 서울: 부연사. pp.162~185.

Shafritz. J., Riccucci, N., Rosenbloom, D., & Hyde, A. (1992). Personnel Management in Government: Politics and Process. N.Y.: Marcel Dekker.

찾아보기

ㅈ

ㅊ

ㅋ

ㅌ

ㅍ

ㅎ

저자 소개

대표저자

안옥희

일본 국립 나라여자대학 대학원에서 생활환경학을 전공하고 학술박사학위를 취득하였다. 현재 영남대학교 가족주거학과 주거환경학트랙 교수로 재직하고 있다.

공동저자

서지은

경북대학교 대학원에서 건축계획을 전공하고 공학박사학위를 취득하였다. 현재 영남대학교 가족주거학과 주거환경학트랙 부교수로 재직하고 있다.

강혜경

일본 국립 나라여자대학 대학원에서 생활환경학을 전공하고 학술박사학위를 취득하였다. 현재 ㈜호영건설에 근무하면서 영남대학교 가족주거학과 주거환경학트랙 겸임교수로 재직하고 있다.

공동주택과 커뮤니티

2014년 3월 5일 1판 1쇄 인쇄
2014년 3월 10일 1판 1쇄 발행
2017년 3월 10일 1판 2쇄 발행
2020년 9월 10일 1판 3쇄 발행

지 은 이 안옥희 서지은 강혜경
펴 낸 이 최용구
펴 낸 곳 도서출판 신정

주 소 (04316) 서울시 용산구 원효로 89길 19 (원효로1가)
전 화 02) 3211-4782 · 0266(영업부), 3211-4783(편집부), 3211-4784(팩스)
이 메 일 shinjeong72@naver.com
홈페이지 www.sjbook.co.kr
등 록 2001년 5월 11일 제13-702호

기획마케팅 최용구 장만동 최충구 진소희
책임편집 석기은 황가연
본문편집 초심
표 지 SDY

ISBN 978-89-5912-314-8 93590

정가 13,000원